寒区水循环模拟与河流生态需水过程研究

胡 鹏 王 芳 周祖昊等 著

科学出版社
北京

内 容 简 介

本书以松花江流域为例，全面、系统地介绍了寒区水循环过程的系统概化与数学描述研究，建立了较为完善的寒区分布式二元水循环模型，利用模型开展了寒区水功能区设计流量和冰封期纳污能力的计算与情景分析，模拟得出保障冰封期水质安全的水质水量联合调控措施，提出了不同时期松花江流域重点断面生态基流和鱼类主要产卵时间的脉冲流量建议值、发生时机、持续时间和频次要求。

本书可供水文水资源及水环境、水生态等相关领域的科研人员，高校相关专业教师和研究生，以及从事寒区流域水文分析、水资源与水生态环境规划管理的技术人员参考。

图书在版编目(CIP)数据

寒区水循环模拟与河流生态需水过程研究 / 胡鹏等著. —北京：科学出版社，2020.1

ISBN 978-7-03-063574-7

Ⅰ. ①寒… Ⅱ. ①胡… Ⅲ. ①松花江–流域–水循环–水流模拟 ②松花江–流域–生态环境–需水量–研究 Ⅳ. ①TV882.6②TV21

中国版本图书馆 CIP 数据核字（2019）第 273868 号

责任编辑：王 倩 / 责任校对：樊雅琼
责任印制：吴兆东 / 封面设计：无极书装

科学出版社 出版

北京东黄城根北街 16 号
邮政编码：100717
http://www.sciencep.com

北京虎彩文化传播有限公司 印刷
科学出版社发行 各地新华书店经销

*

2020 年 1 月第 一 版 开本：787×1092 1/16
2020 年 1 月第一次印刷 印张：15
字数：350 000

定价：**178.00 元**
（如有印装质量问题，我社负责调换）

前　　言

我国境内寒区分布广泛，主要包括东北寒区、西北寒区和青藏高原三大板块，占我国陆地面积的比例超过40％。对寒区河流而言，枯水期往往伴随着土壤水冻结、河流冰封等水文过程，加之人类活动取用水的影响，枯水期流量的衰减程度更甚。而在一个完整的水文过程中，枯水期流量是河流水环境容量和水生态状况的决定性因素。目前开展的分布式水文模拟研究一般均以河流的整个径流过程作为研究和模拟的对象，而河流在汛期的高流量往往掩盖了模型对枯水期流量的模拟效果和科学性，使得水文模型对枯水期径流量的模拟结果与实际偏差较大，难以应用于河流纳污能力计算、生态流量目标制定等重要工作，因此急需对寒区冰封期的水循环过程及其生态环境影响开展深入研究。

2008年，国家水体污染控制与治理科技重大专项河流主题设立"松花江流域水质水量联合调控技术及工程示范"课题，2012年，在"十二五"阶段研究中，继续设立了"基于水环境风险防控的松花江水文过程调控技术及示范"课题。在前后两个课题近10年的研究过程中，笔者结合相关领域研究进展和发展趋势，在对影响寒区枯水期径流量的冻土消融过程、人类取用水活动等进行研究和模拟的基础上，建立较完善的寒区分布式二元水循环模型，实现对寒区枯水期径流量的有效模拟，并与流域水功能区划相结合，实现对水功能区设计流量和纳污能力的快速计算和情景分析，支撑松花江流域冰封期水质水量联合调控研究，并建立了寒区河流生态需水过程核算技术，为流域水利工程生态调度提供了技术支撑。

按照"模型工具–能力核算–联合调控–生态流量"的总体思路，本书主要包括以下6方面内容：①寒区冻土水文效应观测试验与水热耦合模拟。选择典型区域开展冻土水文效应观测实验，系统总结研究区土壤冻结与融解规律及冻土对土壤水运动的影响；建立各层土壤之间的水热连续方程，提出系统边界和重要参数的确定方法，实现对土壤冻融过程的水热耦合模拟，并与分布式水文模型 WEP-L 相结合，形成物理机制明确、能适用于大尺度寒区流域、突出冻土水文效应的寒区分布式水文模型。②"自然–社会"二元水循环过程化紧密耦合模拟。以二元水循环的过程耦合为重点，分别对社会水循环的取水、用水、排水和输水过程进行概化，并分别提出相应的定量描述方法，形成"自然–社会"二元水循环过程化紧密耦合模拟方法。③松花江流域冰封期水质水量联合调控研究。针对寒区冰封期水环境风险，从水量调控和污染负荷调控两个维度开展了联合调控方案设置和优化，综合考虑调控措施可行性，分别提出2020年和2030年松花江流域保障冰封期水质安全的水量调控措施、污水处理厂和企业废水排放浓度标准等。④松花江流域河流生态基流研究。基于天然径流过程的还原，利用水文学方法提出生态基流的初始建议值，冰封期根据鱼类越冬需求进行修正，然后将初始建议值与相应河段的水功能区设计流量、现状水利工程建设运行情况及现状实际流量过程进行对比分析，综合确定重点断面的生态基流标准。

⑤松花江流域鱼类产卵期生态需水研究。基于对松花江 95 种鱼类产卵习性的综合分析，确定了 4 月、5 月、6~7 月 3 个不同种类鱼类主要产卵时段，提出了各产卵时段脉冲流量的发生时机、持续时间和频次要求，然后综合天然径流过程、栖息地模拟模型和湿周法，确定了 26 种鱼类重点保护河段的产卵期脉冲流量需求，并对各月份现状达标情况进行了分析。⑥基于生态恢复的汛期洪水过程研究。在对汛期洪水过程的生态意义进行分析的基础上，主要基于天然径流过程提出了松花江流域重点生态断面 2 年一遇小洪水和 10 年一遇大洪水的洪峰流量要求，并对近 10 年各断面洪水过程达标情况进行了分析。

全书共分 11 章，由胡鹏、王芳、周祖昊统稿，各章节主要撰写人员如下。第 1 章：胡鹏、周祖昊、贾仰文、王康、杨泽凡、张璞；第 2 章：周祖昊、贾仰文、储立民、罗静、韩昆、杨静；第 3 章：胡鹏、王康、李佳、曾庆慧、刘扬、杨钦；第 4 章：胡鹏、曾庆慧、罗静、韩昆、张梦婕、闫龙；第 5 章：胡鹏、肖伟华、曾庆慧、罗静、张梦婕、杨静；第 6 章：游进军、贺华翔、李佳、刘欢、罗静、张梦婕；第 7 章：胡鹏、杨泽凡、王芳、唐克旺、储立民、李佳；第 8 章：胡鹏、杨泽凡、王芳、刘欢、刘扬、张梦婕；第 9 章：杨泽凡、曾庆慧、刘欢、杨静、闫龙、韩昆；第 10 章：杨泽凡、游进军、贺华翔、刘欢、闫龙、刘扬；第 11 章：胡鹏、王芳、周祖昊、贾仰文、唐克旺。

在项目研究和本书编写过程中，得到水利部松辽水利委员会、松辽流域生态环境监督管理局、吉林省水利科学研究院、黑龙江省水文局等单位和部门的大力支持，得到课题负责人王浩院士以及陈荷生、周岳溪、徐宗学、梁冬梅、李其军、黄霞、孟凡生等专家的悉心指导，得到研究单位领导、同事和研究生的大力支持，在此表示衷心感谢！本书的出版得到了国家重点研发计划课题"河沼系统生态需水核算及调控技术"（编号：2017YFC0404503）、国家水体污染控制与治理科技重大专项课题"基于水环境风险防控的松花江水文过程调控技术及示范"（编号：2012ZX07201-006），以及中国科学技术协会、中国水利学会首届青年人才托举工程的资助，在此一并表示感谢！

由于作者水平有限，难免有不足之处，敬请广大读者批评指正，以便进一步完善和提高！

作　者

2019 年 12 月

目　　录

第1章 绪 论

1.1 研究背景和意义

按照陈仁升等（2005）对我国寒区的划分和界定，我国寒区面积为417.4万 km²，占全国陆地面积的43.5%。寒区流域冬季土壤冻结、河流冰封，造成其枯水期（12月至次年3月）径流量占比远小于其他流域。以松花江流域为例，其干支流主要水文控制断面枯水期天然径流量占全年径流量的比例仅为0~5%，其中部分小型支流冬季连底冻，枯水期径流量为0；流域出口断面佳木斯站枯水期径流量比例最大，为5.2%。而同样处于北方地区的黄河流域，其干支流主要断面枯水期径流量占全年径流量的比例一般在8%~30%，其中干流均在10%以上，支流中占比最大的是无定河上的白家川站，枯水期径流比例超过30%。寒区流域枯水期径流量小的特征，造成了对其年内径流过程特别是枯水期径流量进行模拟的难度大幅度提升，而枯水期径流量又是决定水功能区设计流量、河流生态基流等指标的关键要素。因此，开展寒区水循环及河流生态流量研究，首要任务是实现对寒区枯水期径流量的准确模拟。

目前开展的分布式水文模拟研究一般均以河流的全年径流过程作为模拟的对象，其验证一般采用长系列月平均径流量的实测与模拟数据的相对误差、Nash效率系数等作为判别模拟效果的指数。由于一年之中汛期径流量所占比例较大，汛期的模拟效果往往直接决定了全年的模拟效果。在水文模型率定和验证完后，长系列逐月份的模拟效果达到要求，但如果只分析枯水期（如12月至次年3月）模拟结果，其模拟效果可能很差，与实际偏差较大，难以应用于河流纳污能力的计算等重要工作。急需对影响枯水期流量的主要因素进行分析，寻求合理的数学描述方法进行模拟和概化，实现对枯水期径流量的有效模拟。

近年来，随着我国水污染防治和水环境治理力度的不断加大，江河湖泊水质恶化的趋势基本得到控制，2016年全国Ⅰ~Ⅲ类水河长比例为76.9%，比2015年上升3.5个百分点；劣Ⅴ类水河长比例为9.8%，比2015年下降1.7个百分点。在此背景下，水生态逐渐成为我国治水实践和科学研究的热点和重难点。2013~2014年水利部在全国范围内选择了105个市（区、县）开展水生态文明建设试点，国家水专项河流主题明确提出"到2020年，实现由河流水质功能达标向河流生态系统完整性过渡的国家河流污染防治战略目标"。

在水生态系统中，水生生物和水文条件是两个基本要素，水生生物依赖于适宜的水文条件生长繁殖，水体也需要水生生物的存在助其自净并充满活力。在有关学科和研究领域中，单一地针对水生生物、水文水动力已有深厚的研究基础，针对二者开展生态需水的综合研究也有很多，我国从20世纪80年代开始针对生态需水开展系统性的研究，但结合水生生物栖息地来评估河流生态需水量的应用仍处在探索阶段。2018年，水利部启动河湖生态流量（水量）研究工作，河湖生态流量工作逐步从研究迈向实践管理阶段。

松花江流域位于中国东北地区北部，行政区划包含黑龙江省全部、吉林省大部、辽宁省和内蒙古自治区一部分，是中国重工业城市的集中地、重要农牧业生产基地，很多国际级和国家级的重要湿地位于该流域。该流域地处中高纬度地区，冬季寒冷漫长，年负温期达5个月左右，季节性冻土与多年冻土广泛分布，河流一般于11月进入冰封期，次年4月解冻。受区域经济快速发展影响，松花江流域污染比较严重，一方面，生产生活污染的排放量大，污染治理速度跟不上污染排放速度；另一方面，水资源的不合理利用也加剧了水环境恶化的程度。根据松花江流域各河流1980~2010年系列观测资料，松花江流域共有29条河流发生过河道断流。特别是在冰封期，河流受土壤水冻结、河流冰封、人工取用水等因素影响，径流量较小，加之冰封期水温较低，微生物生化代谢活性较弱，污水处理厂处理能力和河流自净能力同步降低，水环境风险较大，是影响流域水质达标的关键时期。现有关于流域水功能区纳污能力和水质水量联合调控的研究均以全年过程为研究和调控对象，较少对冰封期水质安全进行针对性研究。

本书选择松花江流域作为研究区，开展寒区水循环过程模拟、冰封期水质水量联合调控及河流生态需水过程研究。首先，通过对寒区冻土水文效应的试验观测与水热耦合模拟，对"自然-社会"二元水循环过程化紧密耦合模拟，力图建立物理机制明确的寒区二元水循环模拟模型，实现对寒区枯水期径流量的有效模拟。其次，利用模型实现对流域水功能区设计流量和冰封期纳污能力的快速计算，对规划水平年不同情景方案下水功能区限制纳污控制目标实现情况进行分析，从水量调度和污染治理两个方面提出优化调控方案，支撑松花江流域水功能区限制纳污红线的管理和落实，促进松花江流域冰封期水质安全保障。最后，结合流域河道断面形态、水文过程特点和目标物种的生物习性，综合栖息地模拟法和流量脉冲方法，提出鱼类产卵期重点河段的生态需水要求，以期为河流生态修复适应性管理提供基础支撑。

1.2　研究进展

本书对寒区自然水循环的模拟以冻土水文效应的水热耦合模拟为核心，对寒区社会水循环的模拟以"自然-社会"二元水循环过程化紧密耦合模拟为主要研究内容，开展冰封期水质水量联合调控研究，并在此基础上讨论了寒区河流生态需水过程。以下分别从冻土水热耦合与寒区水文模拟、二元水循环基础理论与耦合模拟、水质水量联合调控研究和河流生态需水过程研究4个方面对相关研究进展进行综述。

1.2.1　冻土水热耦合与寒区水文模拟

寒区自然水循环最大的两个特点分别是土壤冻结和河流冰封过程，其中尤以前者对寒区自然水循环过程产生的影响最为明显。

（1）冻土水热耦合机理研究

冻土的生成改变了土壤的导水传热性能（徐学祖和邓友生，1991；徐学祖等，2001；

郭占荣等，2002），土壤水以固态的形式存在也增加了陆地水文过程中水的相态变化过程，直接影响水循环的下渗、蒸发、壤中流等过程，对流域产、汇流机制造成深层次的影响（Baker and Spaans，1997），同时影响微生物活动（Watanabe and Ito，2008），碳、氮循环（Hansson et al.，2004；IPCC，2007；Cheng et al.，2008）等土壤水运动伴生（伴随）过程。

非冻土条件下，土壤水流通量符合达西定律，水流通量为水力传导度和水势梯度的线性函数。然而在冻土条件下，土壤水体存在着固体和液态两种形式，温度降低到0℃后，土壤中的水分并不立即全部结冰，土壤中液态含水率与负温之间存在着动态平衡（刘霞，1996；荆继红等，2007；李瑞平等，2009），土壤中液态含水率与负温的变化关系称为冻结曲线（Koopmans and Miller，1966），温度变化在很大程度上影响了土壤水固体和液态平衡关系与流动通量。Miller（1980）根据冰压力与毛管力之间的关系，耦合 Clapeyron 方程建立温度与负压的关系，表明水分特征曲线与冻结曲线具有相似性（Bittelli et al.，2003）。为了克服采用与非冻土相同的水力传导度（Harlan，1973；Flerchinger and Saxton，1989）的情况下计算流动通量偏人（Jame and Norum，1980；Lundin，1990）的问题，一些研究采用放大因子的方法来纠正由直接利用非冻土的水力传导度引起的误差（Zhao et al.，1997；Stähli et al.，1999），但这一方法由于没有实际的物理意义而通常不被认同（Newman and Wilson，1997）。试验研究表明，即使在0℃以下很小的温度范围内（0~0.6℃和0~0.35℃），土壤的水力传导度亦会发生陡降（Burt and Williams，1976；Horiguchi，1983），McCauley 等（2002）利用石油测定了冻土的饱和水力传导度，发现水力传导度随着温度的降低和冰含量的增加呈幂函数形式降低。Wanatabe 和 Flury（2008）引入毛管理论研究冻土中水分运动规律，结果表明，尽管毛管理论在一定程度上描述了冻土中水分运动规律，然而同时也面临着土壤冻结后孔隙结构的变化，土壤水分和温度的耦合作用关系，以及水体相变所导致的流动机理变化等诸多机理性问题。

（2）水热耦合方程

冻土水热耦合模型热量方程中考虑温差引起的热量传递、液态水流动所挟带的能量转化及水和相变的影响，以及液态水的运动、冰和水的变化、水汽扩散的影响。水流运动方程中则仍然以达西定律描述液态水的运动，对其中水力学和热力学变量的计算考虑了冻土结构中冰晶存在的影响（雷志栋等，1999；Hansson et al.，2004），水热传输模型可表示为

$$\frac{\partial \theta_l}{\partial t} = -\frac{\rho_i}{\rho_l}\frac{\partial \theta_i}{\partial t} - \frac{\partial}{\partial z}\left[-K\frac{\partial h}{\partial z} + K\right] + \frac{1}{\rho_l}\frac{\partial}{\partial z}\left[D_{TV}\frac{\partial T}{\partial z}\right] \tag{1-1}$$

$$\frac{\partial C_v}{\partial T} - \frac{\partial \rho_i \theta_i}{\partial t} = \frac{\partial}{\partial z}\left[K_e\frac{\partial T}{\partial z}\right] \tag{1-2}$$

式中，θ_l 和 θ_i 分别为液态含水率和体积含冰率；ρ_i、ρ_l 分别为冰密度、水密度；t、z 分别为时间空间坐标（垂直向下为正）；h 为土壤水势；T 为土壤温度；D_{TV} 为温度梯度引起的水汽扩散系数；C_v、K、K_e 分别为与土壤质地有关的土壤体积热容量、水力传导度和热传导系数。冻土中液态含水率 θ_l 和含冰量 θ_i 关系为

$$h = h_0\left(\frac{\theta_l}{\theta_s}\right)^{-b}(1 + c_k\theta_i)^2 \tag{1-3}$$

式（1-3）为根据观测数据建立的经验关系（Koren et al., 1999），有相当的不确定性。其中，h_0 为土壤饱和水势；θ_s 为空隙度；c_k 为由观测数据拟合的参数，变化较大；b 为经验常数，与土质有关。式（1-1）和式（1-2）中有 3 个未知量，即液态含水率、体积含冰率和土壤温度。基于平衡态热力学理论遵从土壤水势与温度的关系（非饱和土壤冻融关系），用以模拟土壤的冻融变化过程。在非饱和土壤中，土壤并不像自由水那样在冰点（273.15K）结冰，在平衡态假设适用情况下，土壤水势和温度之间存在的平衡态热力学关系可表示为（Zhao et al., 1997; Poutou et al., 2004）

$$h = \frac{L_{il}T}{gT_0} \tag{1-4}$$

式中，L_{il} 为冰水融化潜热；T 为土壤温度；g 为重力加速度；T_0 为绝对零度。式（1-4）对特定的土质定量地描述液态含水量、含冰量、土壤温度和土壤水势之间的关系。需要指出水开始结冰或者融化过程和温度、液态含水率之间的关系，液态含水率与含冰量之间的比例，在不同的冻土模型中有不同的方案，总体上可归纳为 4 种类型。

1）认为土壤冻结过程发生在 0℃，温度大于 0℃ 时，土壤只有液态水，温度小于 0℃ 时，则全部液态水变成冰。在 0℃ 时，含冰量和液态含水率比例变化根据体系所含的能量状态确定。BASE（Slater et al., 1998）、NCAR/CLM3（Dai et al., 2003）、CCSR/NIES GCM（Takata and Kimoto, 2000）等模型都采用这类方法计算土壤水冻融速度，然而需要指出，这种假设与实际情况存在较大的差异，对研究地点而言，土壤盐碱含量在很大程度上影响了土壤的冻结过程。此外，大量的观测事实亦表明在非饱和土壤中，土壤在 0℃ 时并不结冰。

2）认为冻（融）过程发生和完成在冰点到冰点之下某一温度区间，BATS 模型（Dickinson et al., 1993）就采用这类方法。然而需要指出，理论上可以证明，非饱和土壤内的结冰过程是一个连续发生的过程，即使温度很低，也可能有液态水存在。室内外观测事实也表明，不同的土质、不同的总含水率，随温度下降结冰过程的进程有很大的差别，不可能在共同的某一固定温度区间内完成冻（融）过程。

3）利用未冻水含率与温度的经验函数来确定土壤液态含水率，然后多余的水都结冰（Pauwels and Wood, 1999）。然而这类方法的经验性较强，通用性较差。

4）建立在热力学平衡态基础上的冻融方案（Koren et al., 1999; Molders et al., 2004）。即认为发生在土壤内的过程相对较慢，系统的热力学状态和所有热力学变量都处于热力学平衡态。现有的研究对非饱和的非冻土内水热输运过程研究基本建立在这一基础上。然而，对在非饱和土壤内的非平衡态水热输运过程，则鲜有报道。

（3）冻土水文过程研究

冻土学中冻土水热耦合运移问题与水文过程有密切的关系。Harlan（1973）建立了第一个水热耦合运移模型（物理模型），认为冻土中的未冻水的运移类似于非饱和土体的水分运移。很多学者对 Harlan 的思想进行了理论分析或者基于其思想发展了冻土水热耦合数值模型。这些数值模型分为两类：一类是研究冻结对土壤内部水热分布规律影响的模型，不涉及土壤外部的水流（Taylor and Luthin, 1978），另一类是研究季节性水文过程的模型，涉及外部降水、融雪等过程（Flerchinger and Saxton，1989）。

相比物理过程模型，一些模型的建立则较多地考虑能量平衡和能量状态变化对冻土水文过程的影响。Whitaker 建立了局部体积平均法以描述一维瞬时水热耦合传输问题。由于自然界的状况复杂多变，除辐射、气温外，降水、植被、地形、地质等对冻土也有很大的影响。

在对自然条件下季节性冻土进行模拟时，必然要考虑降水和冰雪融化对土壤水热状况的影响，这就涉及冻土的入渗问题。雷志栋等（1998）对内蒙古河套灌区地下水浅埋条件下整个土壤冻融过程进行了模拟，分析了越冬期土壤水热迁移规律。樊贵盛等（2000）基于季节性冻土地区冻融期间自然冻融土壤的大田入渗试验，分析了田间耕作土壤的冻融特点，探讨了冻融土壤的减渗机理。研究表明，冻土入渗过程可分为两个阶段：瞬时阶段和拟稳态阶段。一旦入渗过程达到拟稳态阶段，土壤深处的温升则主要由地表冰的融解潜热提供。

（4）寒区水循环模拟

国外对寒区的水循环研究起步较早，Kuchment 等（2000）开发了多年冻土区基于物理过程的分布式产流模型，模型在考虑基本水文过程的基础上又考虑了冻土冻融对水循环的影响。Warrach 等（2001）将陆面过程的水文模型与大气模式耦合，应用一些经验方程对土壤的冻融过程进行模拟，模拟的土壤温度及土壤水含量精度较高。Goran 等（2002）基于实测数据开发了一个简单的土壤冻结深度模型，并将其耦合到 HBV 模型中。Dornes 等（2008）将基于物理机制的分布式水文模型应用在加拿大的亚北极和北极地区，将水文模型的陆面植被参数进行区域化来模拟融雪和冻土对水资源的影响。Quinton 和 Carey（2008）通过模拟土壤和水的冻融过程，实现水热的紧密耦合来模拟北极及高山冻土区的径流过程。

我国学者中，20 世纪 90 年代以来，张学成等（2002）、杨志怀等（1992）、杨针娘等（1993）通过实验观测及统计模型对冻土的水文过程进行了研究，发现其冻结和解冻过程直接影响着冻土区径流的产汇流过程及其径流特征。关志成等（2001，2002）、关志成（2003）分别将水箱模型和萨卡拉门托模型结合寒区开发的扩展包及其开发的基于寒区的概念性水文模型应用在寒区，有比较好的模拟结果。张世强等（2004）应用可变下渗能力（variable infiltration capacity）模型对青藏高原多年冻土的水循环要素，如土壤湿度、温度和蒸发量等水热变量进行了模拟。陈仁升等（2006）将分布式水热耦合陆面过程模型（DWHC）与 MM5 模型嵌套，模拟了高寒地区的水文特征。陈仁升等（2007）通过大量试验和模型计算，研究了黑河源区高山草甸的冻土及水文过程。王兴菊等（2008）利用我国第一个湿地气象水文自动观测站的地温资料，初步研究了扎龙湿地季节性冻土的冻融规律，以及季节性冻土的冻融过程对湿地生态水文过程的影响。牟丽琴（2008）将基于 REW 的流域热力学系统水文模型应用在宏观尺度来描述流域的水文过程，为寒区水循环模拟提供了新思路。周剑等（2008）考虑积雪融雪和冻土影响，建立了适合寒区流域的分布式 PRMS 模型，利用该模型对黑河上游出山径流过程进行了模拟与预报。

需要指出的是，尽管在实验室尺度及小流域尺度开展了大量的冻土水热耦合试验及机理和模型研究，但现有的研究更加注重冻融条件下的水热耦合机理，以及不同相态下的水分运动和能量转化，对冻融过程和水文过程耦合的水资源转化机理研究则鲜有报道，冻土影响下的流域水循环演变机制也尚不明确。当模型和机理用于大尺度水文模拟应用时，则无论是模型理念，还是参数率定，都需要进行深入探讨，建立具有物理机制的寒区水循环模型面临着诸多挑战。

1.2.2　二元水循环基础理论与耦合模拟

（1）"自然–社会"二元水循环基础理论

现代条件下流域水循环过程变得日趋复杂，由原来的主要依靠太阳辐射和地球引力驱动，增加了人工的化石能和机械能，转变为"天然–人工"二元力驱动；水循环结构上，经济社会取用水在以降水、产流、蒸发、入渗、排泄为基本环节的自然水循环基础上形成了以取水、输水、用水、耗水、排水为基本环节的社会侧支水循环，且通量日趋加大；水质成分由原来相对简单的天然有机物、矿物质和泥沙，转变为包含化肥、农药、工业洗涤剂、持久性有机物、医用抗生素、激素等上千种化学成分。流域水循环从水量和水质两方面均呈现出明显的二元演化趋势。

我国对社会侧支水循环的研究始于 20 世纪 80 年代，陈家琦于 1986 年正式提出了"水的侧支循环"概念。以社会侧支水循环系统为明确对象的研究主要在 90 年代中后期开始。王浩等（2004）在国家"九五"、"十五"科技攻关计划和国家重点基础研究发展计划（973 计划）中，提出了"天然–人工"二元水循环基本结构与模式。陈庆秋和陈晓宏（2004）在探索社会侧支水循环概念性框架的基础上，提出了基于社会侧支水循环的城市水系统环境可持续性评价的基本构架，并对其调控机制和调控手段开展了研究。张杰等（2006）针对我国社会侧支水循环和生态环境现状，提出了以城市为主体的水健康循环理念，以及包括节制取水、节约用水、污水深度处理和再生水循环利用的健康社会侧支水循环模式。李文生和许士国（2007）在借鉴二元水循环模式的基础上，提出了健全水循环的新定义。程国栋（2003）引入了第一类资源和第二类资源的概念，通过虚拟水的研究拓展了实体社会侧支水循环的外延。贾绍凤等（2004）指出，社会经济系统水循环指社会经济系统对水资源的开发利用及各种人类活动对水循环的影响。王西琴等（2006）基于二元水循环理论，考虑人类活动影响，提出生态需水量不仅来自天然降水，而且受到社会系统排水的补充。钱春健（2008）从社会水循环的概念入手，提出了社会水循环的概念模型及整体示意，结合苏州市水资源开发利用的 3 种途径，提出了水资源保护的方法。国家 973 项目"海河流域水循环演变机理与水资源高效利用"开展了社会侧支水循环效率的评价研究。此外，一些学者还在社会侧支水循环的结构、过程、通量与评价，以及城市水循环系统演化和调控评价方面开展了研究（龙爱华，2008）。

国际上对社会水循环的研究主要集中在近十几年，1997 年英国学者 Merrett 给出了与自然水循环（hydrological-cycle）对应的术语——社会水循环（hydrosocial-cycle），并借鉴城市水循环（urban water cycle）的概念性框架，给出了社会侧支水循环的简要描述模型。

瑞典著名水文学家 Falkenmark（1997，2003）研究了社会侧支水循环与自然水循环之间的相互作用。还有学者构建了区域社会水循环的通量（包括真实水和虚拟水）平衡分析框架（Turton et al.，2001；Richard and Anthony，2003；Merrett，2004）。

二元水循环基础理论研究，对客观认识我国水循环系统的演变历史，解决由经济活动和社会水循环系统对自然水循环系统过度扰动造成的一系列生态、环境、地质问题，重建河流健康和生态平衡意义重大，是流域水循环合理调控的重要科学基础，引起了国内外学者的广泛关注，但结构完整、逻辑自洽的理论体系尚未建立。

（2）二元水循环耦合模拟

模拟模型是水文科学研究的重要工具，也是研究的热点和难点之一。随着人类活动影响的加剧，变化环境下的流域水循环模拟与调控已成为现代水文水资源与地球科学研究的核心命题和前沿领域。社会水循环模拟面临着比自然水循环更多的难点，如与水有关的社会经济数据的空间化及其描述方法、社会水循环基本单元间的相互作用机制等。同时，如何在不同类型社会水循环单元机理研究的基础上，通过精细的过程模拟，实现各单元间的"无缝"耦合，需要加强模型数理描述和现代信息技术应用的研发和引进。国际水文计划（international hydrological programme，IHP）、世界气候研究计划（world climate research pro-gramme，WCRP）、国际地圈生物圈计划（international geosphere-biosphere programme，IGBP）的"水文循环的生物圈方面"（BAHC）、地球系统科学联盟（Earth System Science Partnership，ESSP）及国际全球环境变化人文因素计划（international human dimensions programme on global environmental change，IHDP）中均设置了大量与此相关的研究主题。2001 年 7 月，在荷兰举办的第六届国际水文科学大会上，把人类活动对水循环与水资源演变的影响作为热点研究问题。随着观测技术、信息获取与处理技术、计算与模拟技术的整体发展，具有物理机制的分布式水循环全过程的模型系统研制成为热点。

1997 年 Raskin 等建立的第一个全球范围淡水资源评价模型没有考虑人类取用水活动的影响，之后，Döll 等开发的 WaterGAP（Water-Global Assessment and Prognosis）弥补了这项不足，WaterGAP 由两大模块组成，一部分是全球用水模块，另一部分是全球水文模块，这实际上是第一个覆盖全球范围的二元水循环模型。联合国、世界银行、全球水伙伴（Global Water Partnership，GWP）和世界水理事会（World Water Council，WWC）等机构还针对社会侧支水循环通量开展了一些研究，开发了 PODIUM、IMPACT、POLESTAR、WEAP、WATERGAP 等一批通量预测模型。

国际上对社会水循环的系统模拟更多集中在城市水循环方面。Hardy 等（2005）提出了综合城市水循环管理的新框架，并建立了城市水循环模拟模型，该模型包括城市供水、耗水、回用、排水和雨水等基本单元，采用分层网络的方式描述多尺度城市水循环过程，并在悉尼西部进行了应用。Mitchell 等（2001）建立的 Aquacycle 模型，整体考虑城市供水、雨水、排水系统，模拟三个系统水流动及其相互作用，用于评价不同的用水策略。Lekkas 和 Manoli（2008）将 Aquacycle 模型在大雅典区域应用，模拟城市水循环的两个子系统：降雨路径网络和供水排水网络，以及两者之间的相互作用关系。Rauch 等（2002）和 Mannina 等（2006）分别基于确定性模拟和不确定性分析的方法对城市水循环系统及排水系统进行了模拟。Jeppesen 等（2011）用一套模型来（根系模型、网格生成模型和改进的 Modflow-2000 模型）模拟城市的水循环，包括根区水平衡关系、供水、废水、暴雨径流、地下径流、地表径流，以及各子系统之间的相互作用关系，模拟了哥本哈根地区 1850 ~ 2003 年的水循环过程。

国内方面，刘昌明（2004）提出，需要进一步综合考虑黄河流域人类活动与气候变化影响，深入开展变化环境下水循环过程的实验与计算研究，并制定水资源评价方法，包括发展二元水资源演化模型。2004 年，王浩等开始对"天然-人工"二元水循环进行系统的研究，在国家"九五"、"十五"科技攻关计划和 973 计划中，提出了"天然-人工"二元水循环基本结构与模式，并初步研发了分布式水循环模拟模型和集总式水资源调配模型耦合而成的二元水循环系统模拟模型。贾仰文等（2010a）在充分阐述二元水循环理论的前提下，提出二元水循环模型，由分布式流域水循环模型（WEP）、水资源合理配置模型（ROWAS）和多目标决策分析模型（DAMOS）3 个模型耦合而成，并在海河流域得到了较好的验证。

在二元水循环的相互作用和影响方面，杜会等（2006）研究植被对社会水循环要素的影响，包括截留效应、提高入渗速率、增加蒸腾作用。由于绿化面积增加，需要的灌溉量也相应增加，再加上近年来地下水开采量增加，北京市水资源总量呈递减趋势。邓荣森等（2004）研究发现，在城市用水系统中增加污水回用这一环节后，下水系统处理污染物增加；上水系统处理污染物、排放环境污染物减少；与之对应的费用也相应增加；建立整个水循环系统污水回用的环境经济净效益函数，可以此作为对缺水地区用户制定罚款或补贴等激励机制的基础。张进旗（2011）研究发现山区蓄水工程增大了水面面积，增加了水面蒸发量，减小了径流量；平原引水工程、地下水开发工程增加了水循环的通量，也增加了耗水量，一部分消耗于蒸散发，另一部分用于补充地下水，在整个流域水循环过程中，增大了水量消耗。王利民等（2011）分析了生产建设活动及水利工程对流域水资源供需状况的影响。在降水量较大的区域（一般年降水量≥800mm），人类活动对水文循环的产流、汇流及径流等过程影响较小，在年降水量较小而经济发达的区域，水文情势已经发生了根本的变化。

在社会经济需水预测方面，近年来有大量的研究成果。张银平等（2012）以实现水资源供需平衡为目标，建立了需水量预测的系统动力学模型。王哲等（2012）研究了粒子群算法和遗传算法混合运用在优化需水预测模型中的优越性，建立了基于混合智能算法优化 LS-SVM 的需水预测模型。何英等（2011）结合经济社会发展状况和水资源的特点，建立了基于研究区域经济层次的交互式城市需水预测模型。张日俊等（2010）采用适合小样本训练的支持向量机（support vector machine，SVM）模型预测了鄱阳湖环湖区未来规划年的需水量。

另外，随着流域水环境的恶化及环境保护意识的加强，流域水质模型逐渐发展起来，并被广泛用于污染物输移扩散的模拟及预测，为流域水质规划和管理提供科学依据。按照研究对象，水质模型可分为河流模型、河口模型、湖库模型及非点源模型。模拟的对象包括有机污染物、可降解有机物、无机盐、悬浮物质、放射性物质、重金属及热污染等。近些年，随机数学、模糊数学、人工神经、3S 技术[①]等新技术新方法相继被引入水质模型研究；水质模型的研究对象由无生命的组分扩展至有生命的组分；天上水、地表水及地下水的转换逐渐成为发展热点。当前国内外相关研究主要从环境学的角度着手，如进行面源污染物预测和水体水质演化模拟，未能就水循环的演变对区域水环境影响贡献进行定量分析。需要指出的是，社会水循环是污染物产生的重要原动力和路径，研究社会水循环演变的产污效应将是区域污染综合治理的重大基础。

1.2.3　水质水量联合调控研究

（1）调控技术研究

社会水循环的调控与其综合评价密不可分，评价是调控的基础，调控是评价的目的。社会水循环综合评价主要包括健康评价和效率评价，需要建立社会水循环系统的健康指标体系，明确社会水循坏调控的目标与方向，同时研究效率评价的指标体系、评价方法和技术。在社会水循环的调控方面，需要综合以往单项研究的成果，开展调控措施的综合评估，为其调控决策提供参考依据。

王浩等（2006）提出了水资源全口径层次化动态评价方法，即以降水为资源评价的全口径通量，遵照有效性、可控性和可再生性原则对降水的资源结构进行解析，实现广义水资源、狭义水资源、径流性水资源和国民经济可利用量的层次化评价。在手段上，构建了由分布式水循环模拟模型与集点式水资源调配模型耦合而成的二元水资源评价模型，并将下垫面变化和人工取用水作为模型变量以实现动态评价。基于流域二元水循环理论，通过理论推导，周祖昊等（2011）提出了基于流域二元水循环全过程的用水评价方法，即体现4 个统一评价的评价方法：供用耗排统一评价，用水过程与自然水循环过程统一评价，地表水和地下水用水统一评价，以及用水量与用水效率、效益统一评价。

贾仰文等（2010b）在综合考虑水文气象、南水北调工程、地下水超采控制、入海水量控制目标等因素，以及 2005 年（现状）、2010 年和 2020 年 3 个水平年的基础上，设置了 9 个情景方案，应用海河流域二元水循环模型（简称"二元模型"）进行了水资源管理战略情景模拟分析。采用国内生产总值（gross domestic product，GDP）、粮食产量、蒸散发量、入海水量、总用水量、减少地下水超采量等评价指标对 9 个情景方案的模拟结果进行了评价，给出了各规划水平年的推荐方案。在此基础上，对今后海河流域水资源管理战略问题（如 ET 控制、地下水超采量控制和入渤海水量控制等）进行了讨论。张炜等（2010）研究发现，雨水回用不仅不会减少雨水入渗量，还可以控制雨水径流污染，削减汛期江河下游区域的洪峰流量，是改善下游区域生态环境的有效途径。李碧清等（2004）发现随着排污量的增加，传统二级生物处理污染物能力不足的问题愈发突出，特别是对TN（总氮）、TP（总磷）的去除率只有 35% ~75%，低于对化学需氧量（chemical oxygen

---

① 3S 技术是遥感（remote sensing，RS）、地理信息系统（geography information systems，GIS）和全球定位系统（global positioning systems，GPS）的统称。

demand, COD)、生物需氧量（biochemical oxygen demand, BOD）、悬浮物（suspended solids, SS）去除率的80%~95%，阐述了污水深度处理的必要性，并提出了基于污水深度处理的流域健康水循环的方略：节约用水；健全水循环系统规划；综合各方面因素（经济、地理、技术、再生水回用、规模效应等）确定再生水厂的数量和厂址；确定科学的工艺流程；预留分期发展的空间和再生水管线位置；根据不同水质要求，合理利用再生水、污泥。

国外的水质水量联合调控技术一方面注重在综合城市水循环模拟中，模拟污染物过程对环境水体和生态环境的影响；另一方面为了确保城市水安全，建立健全水资源综合管理机制及预警系统，将决策支持系统与水循环模型耦合起来，实现现在和未来的水资源可持续利用。

Mitchell 和 Diaper（2005）在水量平衡模型 Aquacycle 的基础上，研究污染物在城市区域的流动和总量平衡，开发了 UVQ 模型，将污染物对应到城市降雨-径流和供水-排水系统中的水流过程，以实现城市生态环境的可持续发展。两个系统的水量输送和处理单元，决定污染物在城市环境中的输移和空间分布，模型可以模拟污染物产生、累积和输移等过程。Achleitner 等（2007）建立的 CITY DRAINAG 模型集成模拟流域统一管理和环境水体，模型是在 Matlab/Simulink 环境下开发，模型模块包括汇水区、排水管网系统、蓄水单元和受纳水体等。Meneses 等（2010）研究了西班牙地中海污水处理厂中污水回用带来的环境影响，评估污水回用的不同用途。

2010 年，欧盟的 SWITCH 计划的第六期研究计划为决策者提供了城市水资源综合管理的规划意见。该计划介绍了一个区域工具，即城市水平衡（city water balance, CWB）工具，能快速评估城市变化的水资源管理策略。该模型能在最低的时空分辨率下输出有意义的指示数据，这个工具能输出关于需水量、水质、耗能和简化了的生命周期成本的指示数据。CWB 的数据需求使得模型能很快从现有的空间地图中建立起来。此外，在该模型中对城市水循环模型的尺度进行了划分，其中，基本单元是基本的土地单元区域，如一户人家或一个工厂；中观：由相同类型的单元构成的土地区域；子流域是一个普通的排水区域；研究范围是一个城市。

（2）水质水量联合调控实践

20 世纪 70 年代以来，世界各国开始重视研究水体中有毒物质的污染问题。英国在泰晤士河流域建立了以水体为中心的区域性水污染防治体制，制定了控制污染的相应法律法规和水质标准，并严格地贯彻执行；将发展经济与环境保护有机地结合起来，引入市场机制，实现水污染防治的产业化；制定流域规划和可持续发展战略，保障泰晤士河流可持续开发。美国设置了田纳西河流域管理局（Tennessee Valley Authority, TVA）和特拉华河流域委员会（Delaware River Basin Commission, DRBC），对流域水污染进行控制和管理，由联邦和州的环保局制定相应的水质排污标准、水环境管理政策等，并提供资金，交由流域管理委员会实施。欧洲在莱茵河流域设立了国际保护委员会，在国际合作共同治理莱茵河流域环境污染问题方面，签署了一系列的莱茵河流域水环境管理协议。签约国家协调一致，共同采取行动，完成协议确定的目标，对莱茵河的环境改善和流域管理起到了巨大的作用。

随着环境科学的不断发展，在对水体中污染物进行广泛调查和长期监测的基础上，各国逐渐把研究重心转向对重要水体中有毒有害污染物区域或流域范围内迁移转化过程的描述及机制研究，并与水质管理目标相联系，将研究成果用于实际水质管理活动。1982 年，美国地质调查局（United States Geological Survey，USGS）启动了"有毒化合物水文学项目"，目的是获取全国范围内的地表水及地下水体中有毒化合物的科学信息，从而避免人体与有害物质接触；同时开发污染水体修复技术，防止继续污染。该项目包括三个重点：特定有毒化学品污染地点的广泛调查；与土地使用有关的有毒化学品区域性研究；采样、分析、数据处理方法的改进。近年来，USGS 更是和美国国家环境保护局（United States Environmental Protection Agency，USEPA）合作，将该项目的深度和广度不断加强，对美国重要水体进行流域范围的区域性研究，以便从较大尺度上定量描述影响污染物迁移转化的物理、化学、生物学过程和有毒污染物在水文系统中的运移及对人类和环境的长期效应，为受污染环境的修复和管理提供科学依据。目前该项目已取得了一系列成果。1992 年欧盟（European Union，EU）与联合国环境规划署（United Nations Environment Programme，UNEP）合作，启动了由 11 个国家参加的"多瑙河流域环境项目"研究计划，目的是提高水质，保护生态系统，实现水资源的可持续利用。

国外水库生态与环境调度已从研究步入了实践，1991～1996 年，TVA 以下游河道最小流量和溶解氧标准为指标，对水库调度运行方式进行了优化调整，增加了 20 个水库泄流量，提高了水质标准。具体技术措施包括：通过适当的日调节、涡轮机脉动运行、设置小型机组、再调节堰等提高下游河道最小流量，通过涡轮机通风、涡轮机掺气、表面水泵、掺氧装置、复氧堰等设施提高水库泄流的溶解氧浓度。与此同时，管理政策方面的调整也得到各级政府机构的重视，从而保证了调度方式调整的顺利实施。TVA 对水库调度管理的相关议案进行了重新阐释，提出在原有主要目标的基础上，增加水质、娱乐等调度目标。州和联邦政府相关机构、水库股东和社会公众广泛参与了 TVA 技术目标和方案的制定，对调度优化的效益、成本、环境影响进行了详细的咨询和评估。1996 年，美国联邦能源管理委员会（Federal Energy Regulatory Commission，FERC）在水电站运行许可审查过程中，要求针对生态与环境影响制定新的水库运行方案，包括提高最小泄流量、增加或改善鱼道、周期性大流量泄流和陆域生态保护措施等。

我国自 20 世纪 80 年代以来，在环境水利研究会①的推动下，水库改善环境调度的研究与实践不断在长江流域和全国各地付诸实施，取得了较大成就。例如，2002 年启动了"引江济太"调水试验工程，引长江水入太湖，利用太湖的调蓄作用，有效改善了太湖流域的水环境，缓解了太湖周边地区用水紧张的状况。为了确保黄河水不断流，小浪底水库电力调度服从水资源调度，多次弃电供水。水利部黄河水利委员会在充分考虑黄河下游河道输沙能力的前提下，对小浪底、三门峡、万家寨水利枢纽进行联合调度，调整天然水沙过程，以利于下游河道的减淤。"淮河沙颍河水污染联防"对所辖 4 座水闸进行水质水量统一调度，采取了污水小流量泄放、人工"错峰"促使干支流雨洪与污水混掺等措施。海

---

① 1994 年更名为中国水利学会环境水利专业委员会。

河流域通过小清河和白洋淀，把永定河与大清河联系起来，实施中、小洪水情况下两条河流的联合调度，用永定河多余的洪水改善了大清河及沿河地区的生态状况。上述实践活动均取得了显著的成效。

在本书研究区松花江流域，在国家若干重大项目的支撑下，目前也已开展了水质水量联合调控的相关研究和实践。国家973项目"东北老工业基地环境污染形成机理与生态修复研究"（2004~2008年），较为深入地探讨了松花江典型污染物的环境行为及其与环境/气候因子的相互关系、重点行业废水处理工艺机理与技术、城市生活污水排放对松花江水环境的影响机理和松花江生态修复与再生机理。松花江水污染应急科技专项"松花江重大污染事件的生态环境影响评估与对策"（2005~2007年），从主要控制断面特征污染物浓度与出境总量预测、松花江冰冻与消融工程中污染物残留与融出规律、松花江特征污染物的时空分布与水生态影响变化趋势、污染事件特征污染物的生态效应评估、跨界河流水环境综合管理等15个方向围绕松花江硝基苯重大污染事件的应急与预警，提供了科学的数据、措施和治理方案，为各级地方政府决策提供科学的支撑。国家水体污染控制与治理科技重大专项课题"松花江流域水质水量联合调控技术及工程示范"（2008~2012年）从流域着眼，从水循环和污染迁移转化两大过程着手，采用水质水量联合调控的方式，形成了一套从流域整体到局部区域、从源头到末端、面向水污染常规和应急管理的水质水量联合调控定量分析技术体系，为流域和地方各级环保、水利部门进行污染防治提供了防控方案和技术支撑。

从水污染调控实践需求和科技发展历程来看，水污染调控呈现出由局部区域治理转向以流域为对象的综合治理、由末端治理转向源头治理、由单一环节治理转向全过程治理、由单一对污染迁移转化过程的调控转向对污染迁移转化过程和水循环过程双重调控的趋势。

1.2.4　河流生态需水过程研究

河流生态需水以维持河流生态系统健康和保护资源所需水体的数量和质量为研究目的，全球已有超过200种评估或计算方法。20世纪70年代以前，水资源开发利用程度小，且人们对河流生态水文认知有限，生态流评估以最小流量为管理目标，由此衍生的方法都是以长系列的历史流量资料为基础数据的水文统计。随着对水生态系统顶级生物即鱼类生命周期所需敏感环境的认识的深入，以维护栖息地水力条件为目标的生态流评估方法应运而生。随着经济社会的发展，人类用水需求与河流生态用水需求之间的矛盾，已成为河流管理面临的巨大挑战，面向生态-水文关系的河流适应性管理正成为人们关注的焦点。

（1）河流生态需水理论研究

国外关于河道流量的早期研究主要集中于探索航运要求下的河流流量，与生态环境没有关系。20世纪40年代，众多学者开始探索水生生物生长生存与河流流量的关系。美国渔业和野生动物保护组织最先提出"最小生物流量"的概念，从生物生长繁殖及产量与河流流量关系的角度，提出需要给予河流一定的水量，以避免河流生态系统的退化，这是最早关于河流生态需水的概念性描述。随后 20 年间，开始出现了关于河流生态需水的定量研究和基于生态水文过程的研究，河流生态环境需水理论开始萌芽，陆续出现河道内流量、最小可接受流量及环境流量等相关概念。到 20 世纪 70 年代后期，生态流量和生态需水过程的概念得到人们的普遍认同，众多学者开始从不同角度对其进行系统研究，产生了一系列计算和评价方法。最先出现的是一些基于长系列历史水文资料进行河流流量分析的水文学方法，以及根据河道断面参数确定流量的水力学方法。上述两类方法未能与生物学结合，单纯基于水文分析和水力学模拟的研究理论缺乏足够的生态学基础，这使得河道需水计算结果的可信度受到质疑。随后，众多学者相继开展了关于鱼类生长繁殖、产量与河流流量关系的研究，将水力学要素分析与栖息地模拟相结合，产生了一系列基于栖息地适宜性的模拟和评价方法。这类方法统称为生境模拟法，其中最具有代表性的是河道内流量增量法（instream flow incremental methodology，IFIM）。河道内流量增量法的出现，使得河道内生态需水研究具有较强的生态学意义，流量分配趋于客观。近年来，单一目标的河流管理不再被看作完全有效的方法，河流生态学家更侧重于河流流量与保护、维持和恢复生态系统完整性的关系。现在，河流被看作平衡的生态系统，要求建议的河道内流量能满足鱼类通道、水温、各种栖息地的维持等多方面的要求。Narayanan 等（1983）建议用河道内某段时间内的多方面需求来评估河道内流量。将某段时间内的各种流量需求的最大值定为河道内流量需水量，并且必须考虑城市用水和农业用水的竞争。Gleick 于 1996 年提出了"基本生态需水量"的概念，即提供一定数量和质量的水给自然生态环境，以求最小限度地改变生态系统，保护物种多样性和生态系统的完整性（Gleick，1996）。

国外最新的生态需水研究提出从四维河流系统时空尺度进行阐述，包括纵向维、横向维、垂向维和时间维。其中，纵向维指沿河流流向从源头、上游、下游到入海口整个河流纵向范围，横向维指垂直河流方向的横向范围内的水量和物质交换，垂向维主要针对河流与地下水间的联系，时间维主要针对随时间延伸产生河道形态影响的研究。四维河流系统时空尺度理论，标志着生态需水研究进入更深层次、更系统性的研究阶段。

我国直到 20 世纪 90 年代初期，汤奇成（1990）才率先提出"生态用水"的概念，其在研究塔里木盆地水资源问题时，考虑了干旱地区绿洲建设的生态用水，并估算出外流河河道内生态需水量为水资源总量的 40%。之后，刘昌明（1999）结合水资源供需分析我国"生态水利"的问题，并从广义生态需水的角度提出著名的生态需水计算的四大平衡准则，即水热平衡、水盐平衡、水沙平衡、区域水量平衡和供需平衡。随着我国的生态环境的不断恶化，国内学者越来越重视生态需水问题。1997 年，"九五"攻关项目对西北地区的生态需水进行了研究，对干旱区水与生态的相互作用机理进行了剖析，提出了干旱区生态需水的计算方法并推动了我国生态需水的研究进程。然而研究思路和技术手段不同，国内生态需水的定义和计算方法也各不相同。

（2）计算方法

在理论研究的基础上，河道生态流量的计算方法也成为相对热门的研究内容。据统计，全球已有 50 多个国家在进行河流生态流量研究，有记载的独立方法总数超过 200 种。这些方法可以分为水文学方法、水力学方法、水文-生物分析法、生境模拟法及综合评价法。

1）水文学方法。水文学方法主要依托于历史流量分析，这种方法是目前世界上应用最多的一类，尤其对水资源开发利用程度不高的河段。该类方法以长期监测的历史水文数据为基础，根据简单的水文指标设定生态流量的推荐值。比较具有代表性的方法有Tennant 法、7Q10 法、Texas 法和 RVA 法等。

水文学方法原理简单、计算快速，尤其适应于较长河流的生态流量的确定，同时该算法也可以用于缺乏水文站点和详细水文数据的河流，因而应用最为普遍。但缺点是难以考虑高流量标准下的要求，同时，也没有明确考虑水生生物对生存环境、栖息地和水温、水质等的需求，对人类活动干扰强烈的河流适应性较差。

2）水力学方法。水力学方法主要是根据流量与河道水力断面之间的关系确定河流生态流量，水力断面的参数包括水面宽度、流速、水深和湿周等。比较具有代表性的方法有湿周法、R2-Cross 法、WSP 水力模拟法等。

相对水文学方法，水力学方法更加复杂。该方法考虑了流量变化对生境的影响，并且基于断面调查确定相关参数，具有一定的生物学意义。同时，水力学方法能为其他方法提供水力学依据，所以常常和其他方法结合使用。

3）水文-生物分析法。水文-生物分析法是根据流量变化对生物种群的影响，包括对生物量或者物种丰富度的影响，通过多变量回归方法建立相关生物指标与流量、流速或者水深等环境条件的变化关系，以此确定合适的河道需水。比较具有代表性的方法有RCHARC 法、Basque 法。

这种方法将流量与生物建立相关关系，结合统计法的理论进行分析，需要大量的生物数据，实施难度较大。同时，该方法没有考虑其他环境因子的影响，这无法适用于人类活动干扰强烈的河流。

4）生境模拟法。生境模拟法是根据指示物种栖息环境所需的水力条件来模拟生境变化，进而确定河流生态流量。该方法是对水力学方法的进一步发展，建立在水力条件对物理生境影响关系的基础上。因为生境模拟法可定量化，并且是基于生物原则，所以目前被认为是最可信的评价方法之一。比较具有代表性的方法有有效宽度法、生物栖息地模拟法和河道流量增加法等。

这种方法的前提条件较多，需要假设流量变化是影响生物多样性的主要因素，同时也要求栖息地面积与物种丰富度具有正相关关系。整体而言，生境模拟法将生物资料与河流流量研究相结合，使其更具有说服力，同时它可与水资源规划过程相结合，在水资源配置框架中直接应用。因此，在现阶段研究条件下，生境模拟法是计算河流生态流量的最好选择之一。

5）综合评价法。综合评价法强调河流是一个综合生态系统，从生态系统的整体出发，兼顾河道流量、河床形状、水生生物群落等各方面需求，使生态流量能满足生物保护、栖息地维持、水沙平衡及景观维护等多重要求。该方法考虑全面，能与流域管理规划完美结合，但评价难度较大，耗费时间过长。

（3）物理栖息地模拟研究进展

20 世纪 80 年代中期，栖息地模拟法被广泛应用于人类活动对水生环境的综合影响评估，其中很重要的一个方面就是结合代表性鱼类对河道生态需水量的研究，以物理栖息地模拟模型 IFIM /PHABSIM 为主。河道内流量增量法（IFIM）由美国渔业及野生动物署在 1974 年研发，应用于河流对象物种所需生态流量的计算。IFIM 包含了一系列水力学模型和栖息地模拟模型，其中栖息地模拟模型具有预测物种多样性、增强对物种-栖息地关系的理解和量化物种栖息地需求等作用。随着研究的深入又产生了一些 IFIM 的次生模型，如 PHABSIM。PHABSIM 是迄今使用最广泛的栖息地评估法模型，其分析过程为首先界定各对象物种（如鱼类）对栖息地重要水力学因子（如水深、流速、水温等）的适应度曲线（habitat suitability curve，HSC），然后计算在不同流量下各河段的水力学因子，依此水力学因子对应栖息地适应度曲线，即可得出对应的适应度指数（habitat suitability index，HIS），适应度指数与水域平面面积相乘即可估算出该水力学条件下的加权可利用栖息地面积。

20 世纪 90 年代，PHABSIM 在欧洲被用来评估栖息地的修复情况，之后一些如 RHY-HABSIM、EVHA 等以 PHABSIM 为基础的栖息地模型相应也被开发出来。Hatfield 和 Bruce（2000）对美国西北地区河道内生态流景研究进行评述来说明鲑鱼栖息地和流量是否显著地与流域特性及地理位置有关系，结果表明鲑鱼的物理栖息地模拟模型（PHABSIM）优化流量可以由年均流量预测，并得到回归经验公式。近年来，随着 PHABSIM 的广泛应用，栖息地模拟法得到了进一步完善。Kondolf 等（2000）基于 PHABSIM 模拟天然径流深和流速场，发现流速分布即使在适中的坡降和砾石基底组成的河流情况下也极为复杂，对河道内生态流量的研究产生很大影响。他们同时指出应用水文学方法不能明确地将河道物理特性与河道流量或生物栖息地联系起来，但水力学模型结果同样无法取代生物信息。Arunachalam（2000）提出了需考虑鱼类微生境相关的影响因素和不同栖息方式对流量、水深不同生境的需求；鉴于大多数研究一般都只考虑了鱼类最为敏感的产卵期需水，Boavida 等（2011）建议根据鱼类不同生命周期分阶段计算生态需水量更为合理。

我国对鱼类栖息地的研究起步较晚，现多集中于对前人研究结果的总结和应用，尚未形成完善的规范体系和操作范本。郝增超和尚松浩（2008）提出基于栖息地模拟法的多目标评价法计算河道生态需水量，以加权可利用栖息地面积（WUA）最大和流量最小为目标，采用理想点法进行求解。蔡玉鹏等（2010）以长江中华鲟作为目标物种，通过对长江中华鲟自然繁殖期间产卵江段的栖息地调查，确定了其偏好水深、偏好流速及偏好底质，计算了其自然繁殖期间流量与加权可利用栖息地面积的关系。易雨君（2008）应用二维 k-X 系流数学模型和栖息地适合度方程，建立了宜昌河段长江中华鲟产卵场栖息地适合度评价模型，探讨了主要生态因素对长江中华鲟生存、繁殖的影响。丰华丽等（2008）以维持水生态系统的完整性为保护目标，应用鱼类生境法和鱼类生物量法，计算了松花江的适宜生态流量及其相对值。孙嘉宁等（2013）基于河道内流量增量法（IFIM），采用二维河流模型 River2D 对白鹤滩水库回水支流黑水河进行水动力模拟和鱼类栖息地模拟，根据加权可利用栖息地面积（WUA）分析蓄水前后鱼类适宜物理栖息地的数量变化和质量变化。林俊强等（2014）为探讨长江上游特有鱼类在赤水河栖息繁殖的可能性，评估赤水河作为金沙江下游干流替代生境的可行性与适宜性，将河流生境进行适当概化，建立赤水河与金沙江下游河段的生境相似性指标体系，应用模糊相似理论，提出基于恒定型相似元、时间型相似元和系统相似度的河流生境相似性计算方法。李卫明等（2014）建立了基于模糊综合评价方法的鱼类栖息地模型，并与水环境模型耦合，引入景观生态学的指标，对鱼类栖息地适应性模型的结果进行分析，从而进行鱼类生境质量评价。杨志峰等（2010）根据春汛期水生态系统的特点，应用河道内流量增量法，选用二维河流模型 River2D，建立栖息地与流量变化的动态关系，进而应用 Mann-Kendall 方法，开发基于栖息地突变分析的生态需水阈值模型。李若男等（2010）针对水库运行对鱼类栖息地的影响，利用模糊数学方法建立栖息地模型，并与水环境模型耦合，分析不同水文情势下鱼类在不同生长期的栖息地变化情况。杜浩等（2010）将长江口至滁市天然河道的鱼类水声学调查数据和水文学观测数据相结合，在对流速和水深空间插值基础上，提取不同鱼类规格和密度对应水深和流速的特征值，从而研究鱼类对天然河道中水层平均流速、水深 2 个环境因子的选择特性。朱远生等（2011）针对西江干流河道实际情况，选取迁江站和梧州站作为控制断面，依据西江鱼类产卵繁殖所需流速，采用生境模拟法估算西江干流迁江站、梧州站断面生态敏感期的适宜生态流量。诸葛亦斯等（2013）以幼鱼期鲫鱼流速适宜性曲线为例，设计流速渐变环形水槽，定期对生长于不同流速区的鱼进行生理生化指标测定，对测得的指标通过因子分析等方法建立鲫鱼幼鱼期生长对流速的响应关系，由此建立鱼类栖息地适宜性曲线。卢红伟等（2013）参照大型河流鱼类水力生境参数标准，根据中型山区河流的特点，得到中型山区河流鱼类水力生境参数的参考标准，并选取有代表性的四川中型山区河流杂谷脑河进行鱼类生境原型观测。

1.3　研究思路

基于寒区流域水质水量联合调控及河流生态需水过程研究的需要，本研究首先通过冻土水热耦合模拟和"自然—社会"二元水循环紧密耦合模拟实现对寒区枯水期径流量的有效模拟，其次利用建立的寒区分布式二元水循环模型实现流域水功能区设计流量和冰封期纳污能力的准确核算，并进行寒区冰封期水质水量联合调控方案的设置和优化，最后结合流域主要鱼类全生命周期的生态水文需求，开展寒区流域河流生态需水过程研究。研究总体按照"模型工具—能力核算—联合调控—生态流量"的思路开展。主要研究特色与创新点体现在以下 6 个方面。

（1）将冻土水热耦合模拟技术与分布式水文模型相结合，构建了物理机制明确的寒区分布式水文模型

以往关于冻土水热耦合的研究多集中于点上和小的区域，对土壤水冻融过程中的水分、能量、溶质迁移转化规律进行描述。在较大流域尺度的分布式水文模拟中，对冻土的影响少有深入研究，造成不能准确模拟寒区枯水期及"春汛"径流过程。本研究通过冻土水文效应的现场观测试验，总结了冻土对土壤水冻结时吸附、融化时释放的调蓄作用，并获取了研究区土壤水冻融的重要参数；对 WEP-L 模型现有的 3 层土壤结构进行了改进，分为等高的 10 个土壤层进行水热耦合模拟，分别利用土壤层温度、地表径流量等实测数据进行验证，取得了较好的模拟效果，枯水期径流量模拟精度明显改善。

（2）对社会水循环"取水—输水—用水—排水"的主要物理过程分别进行概化和定量描述，开发了"自然–社会"二元水循环过程化紧密耦合模拟技术

目前的"自然–社会"二元水循环耦合模拟一般通过将用水统计数据时空展布到各计算单元上进行模拟，与现实中社会经济系统取水、用水、排水的时间和空间不一致性有较大出入，表现为以数据传递形式为主的松散耦合模拟。本研究按照社会水循环"取水—输水—用水—排水"的基本物理过程，针对每一过程中社会水循环与自然水循环的耦合途径与相互影响方式，提出了相应的概化和模拟方法，并在西流松花江流域进行了实例研究。结果显示，相较于传统的松散耦合模拟方式，本研究提出的过程化紧密耦合模拟对代表性水文站逐日径流量，特别是枯水期径流量的模拟效果有显著提升。

（3）开发了基于分布式水文模型的水功能区设计流量和纳污能力计算方法

以往研究和管理工作中，关于水功能区设计流量一般通过选取一定保障率的长系列实测流量数据进行核定，在此基础上计算水功能区纳污能力。此种方法具有较好的操作性，但同时也存在着以下几方面的问题：①长系列实测流量数据代表了历史情况，但并不能代表现状情况，在现状下垫面和取用水等条件发生变化的情况下，需对现状条件下的设计流量和纳污能力进行核算；②根据实测资料核定，无法开展变化环境下情景方案的分析，不利于相关规划目标的制定和实现；③需要对每个水功能区逐一进行计算，工作量较大，且存在某些功能区水文实测资料不足的问题。本研究基于对枯水期径流量的有效模拟，将流域水功能区划与分布式水文模型相结合，可以迅捷、准确地核算各个水功能区基于历史过程、现状和规划情景方案下的设计流量和纳污能力，可作为水质水量联合调控的有力工具。

（4）针对寒区冰封期径流量小、水体自净能力差带来的水环境风险，提出了保障水功能区水质目标实现的冰封期水量调控和污染负荷调控方案

现有水质水量联合调控研究均以全年过程作为调控对象，较少对冬季（在寒区表现为冰封期）做特别分析。而冰封期往往是一年中径流量最小、水体自净能力最差的时期，同时污水处理厂的处理能力受微生物活性的影响也会降低，这些因素均对冰封期水质安全构成重大威胁，有必要单独针对冰封期开展水质水量联合调控研究。本研究根据冰封期河道汇流和污染物降解特征，在冰封期水功能区纳污能力计算中对相关参数进行了修正；根据水量基本方案和强化节水方案在不同污染治理水平下的水功能区限制纳污控制情况，综合考虑调控措施的可行性，提出了冰封期水质水量优化调控方案，包括水利工程调度规则、需水量控制、污水处理厂和企业废水排放标准等。

（5）结合寒区河流特点，重点针对冰封期和一般非汛期生态基流，提出核算思路与技术方法

突破以往按照汛期与非汛期分别制定生态基流的常规思路，结合寒区河流径流特征，提出重点针对冰封期和一般非汛期的生态基流核算思路；利用分布式水文模型实现对流域天然径流过程的准确模拟，在此基础上利用相关水文学方法提出生态基流初始建议值，在

冰封期生态基流核算中，综合考虑鱼类越冬对适宜水深、流速的需求；将初始建议值与水功能区设计流量、水利工程建设运行情况及现状实际流量过程进行综合对比分析，提出了耦合水环境、水工程、水管理需求，具有较强科学性及实践指导意义的河流生态基流确定技术方法。

(6) 基于鱼类综合需求的产卵期脉冲流量计算方法

突破以往河流栖息地模拟模型选用单一或少数鱼类作为指示物种的局限性，通过对研究区所有鱼类产卵习性的全面调查和分析，综合确定松花江重点生态断面的产卵期脉冲流量要求。首先将松花江流域鱼类产卵划分为 4 月、5 月、6~7 月 3 个主要时段，明晰了各时段产卵鱼类种类、鱼卵类型和孵化时间等重要信息，在此基础上提出了各时段以水温为控制条件的脉冲流量发生时机，以及持续时间、发生频次等要求；其次根据产黏性卵和漂流性卵鱼类对水动力学条件的不同要求，各自建立相应的栖息地适宜度曲线，模拟重点河段不同流量条件下两种鱼类的栖息地变化情况；最后综合确定产卵期适宜脉冲流量值和范围。

第2章 研究区概况与分布式水文模拟基础

本章介绍了研究区松花江流域自然地理、河流水系、水资源、水生态、社会经济等方面的概况，对开展松花江流域分布式水文模拟所收集的基础资料进行了说明，采用一般分布式水文模型 WEP-L 对松花江流域水循环过程进行了初步模拟和验证，对模拟中存在的问题进行了分析，为针对研究区特点构建寒区分布式水文模型奠定了基础。

2.1 研究区概况

2.1.1 地理概况

松花江流域位于中国东北地区北部，介于北纬 41°42′ ~ 51°38′、东经 119°52′ ~ 132°31′，流域总面积为 55.68 万 km²，占黑龙江总流域面积（184.3 万 km²）的 30.2%。流域西部以大兴安岭与额尔古讷河分界，海拔为 700 ~ 1700m；北部以小兴安岭与黑龙江为界，海拔为 1000 ~ 2000m；东南部以张广才岭、老爷岭、完达山脉与乌苏里江、绥芬河、图们江和鸭绿江等流域为界，海拔为 200 ~ 2700m；西南部是与辽河的分水岭，海拔为 140 ~ 250m，是东西向横亘的条状沙丘和内陆湿洼地组成的丘陵区；流域中部是松嫩平原，海拔为 50 ~ 200m，是主要农业区。松花江在同江附近注入黑龙江后，与黑龙江、乌苏里江下游共同组成三江平原。

松花江流域地处北温带季风气候区，大陆性气候特点非常明显，冬季寒冷漫长，夏季炎热多雨，春季干燥多风，秋季很短，年内温差较大，多年平均气温在 3 ~ 5℃，年内 7 月温度最高，日平均气温可达 20 ~ 25℃；1 月温度最低，月平均气温在 -20℃ 以下。多年平均降水量一般在 500mm 左右，东南部山区降水可达 700 ~ 900mm，而干旱的流域西部地区只有 400mm，总的分布趋势是山丘区大，平原区小；南部、中部稍大，东部次之，西部、北部最小。汛期 6 ~ 9 月的降水量占全年的 60% ~ 80%，冬季 12 月至次年 2 月的降水量仅占全年的 5% 左右。

松花江虽然是黑龙江的支流，但对东北地区的工农业生产、内河航运、人民生活等方面的经济和社会意义都超过了黑龙江和东北其他河流。松花江流域范围内山岭重叠，满布原始森林，蓄积在大兴安岭、小兴安岭、长白山等山脉上的木材，总计 10 亿 m³，是中国面积最大的森林区。矿产蕴藏量亦极丰富，除主要的煤外，还有金、铜、铁等。松花江流域土地肥沃，盛产大豆、玉米、高粱、小麦。松花江干流及其北源嫩江是我国北方淡水鱼重要产地之一，盛产鲤鱼、草鱼、鲶鱼等，每年供应的鲤鱼、鲫鱼、鳇鱼、哲罗鲑等达 4000 万 kg 以上。

松花江流域工业基础雄厚,其能源、重工业产品在全国占有重要地位,石油石化、煤炭、电力、汽车、机床、塑料和重要军品生产等工业的地位突出,交通基础设施较为发达,铁路和公路密度位于全国前列,形成了以哈尔滨、长春和大庆为核心的松嫩平原经济圈。

2.1.2 河流水系

松花江有嫩江和西流松花江两个源头,两江在松原市扶余县的三岔河口汇流后形成松花江干流,向东北流入中俄界河黑龙江。主要支流有牡丹江、拉林河、阿什河、呼兰河、甘河、绰尔河、辉发河、伊通河和饮马河等。

2.1.2.1 嫩江水系

北源嫩江发源于大兴安岭伊勒呼里山中段南侧,正源名南瓮河(又名南北河),河源海拔1030m。嫩江自河源流向东南与二根河汇合后转向南流始称嫩江,全长为1370km,流域面积为29.7万km²。嫩江支流均发源于大、小兴安岭支脉,顺着大、小兴安岭的斜坡面向东南或向西南入干流,右岸支流多于左岸支流。嫩江流域面积大于50km²的河流有229条,其中,流域面积为50~300km²的河流有181条;流域面积为300~1000km²的河流有32条;流域面积为1000~5000km²的河流有11条;流域面积大于5000km²的河流有5条。由于上游有80%以上面积为茂密的森林覆盖,河流含沙量较小。

根据嫩江流域的地貌和河谷特征,可将嫩江干流分为上、中、下游三段。从河源到嫩江县为上游段河源区,长为661km,主要为大兴安岭山地,河谷狭窄、河流坡降大,水流湍急,水面宽为100~200m,洪水时坡降为3‰~4‰,河床为卵石及砂砾组成,从多布库尔河口以下,江道逐渐展宽,水量增大,河谷宽度可达5~10km。嫩江上游左岸主要支流有卧都河、固固河、门鹿河和科洛河,右岸主要支流有那都里河、大古里河、小古里河和多布库尔河。

由嫩江县到莫力达瓦达斡尔族自治旗为中游段,长为122km,平均坡降为0.32‰~0.28‰,是山区到平原区的过渡地带,两岸多低山、丘陵,地势比上游平坦,两岸不对称,特别是左岸,河谷很宽。本河段支流很少,除右岸有较大支流甘河汇入外,其余均为一些小支流和小山溪。

由莫力达瓦达斡尔族自治旗到松原为下游段,长为587km。下游段为广阔的平原,河道蜿蜒曲折,沙滩、沙洲、江汊多。河道多呈网状,两岸滩地延展很宽,最宽处可达10余千米,最大水深为5.5~7.4m。齐齐哈尔市以上平均坡降为0.2‰~1‰,齐齐哈尔市以下平均坡降为0.04‰~0.1‰,主槽水面宽为300~400m,水深为3~4m,河道有很好的自然蓄洪的能力。由于右侧多条支流汇入,洪水集中,本干流段防汛任务很重。下游河网密度增大,支流增多,从上到下右岸有诺敏河、阿伦河、音河、雅鲁河、绰尔河、洮儿河和霍林河,左岸有讷谟尔河、乌裕尔河和双阳河。

2.1.2.2 西流松花江水系

南源西流松花江发源于长白山脉主峰白云峰,长度为958km,流域面积为7.34万

km²。整个流域地势东南高、西北低,江道由东南流向西北,主要支流有头道江、辉发河、鳌龙河和饮马河等。

西流松花江地貌大致分为 4 段,即河源段、上游江段、丘陵区江段和下游江段。从源头到二道江与头道江汇合的两江口为河源段,长为 256km,位于长白山山地。该段山岭连绵,森林茂密,植被良好,河谷狭窄,江道弯曲,河底为石质,有岩坎、暗礁和深潭。河源段内有较大支流五道白河、古洞河和头道江。从两江口到丰满电站坝址,为松花江的上游江段,长为 208km,江段坡降为 0.4‰ ~ 1.6‰,有较大支流蛟河和辉发河汇入,已建有梯级水电站白山、红石和丰满。由丰满电站坝址到沐石河口,为丘陵区江段,长为 191km,两岸丘陵海拔为 300 ~ 500m。较大支流温德河、鳌龙河和沐石河,均位于左岸,呈不对称的河网型,两岸河谷展阔,是主要农业区。由沐石河口到松花江河口,是下游江段,江道长为 171km,江道较宽,沿岸多沙丘,河道中汊河、串沟和江心洲岛较多,江心洲岛上丛生柳条杂草。本江段内除左岸有支流饮马河和伊通河,右岸支流很少。

2.1.2.3 松花江干流水系

西流松花江与嫩江在三岔河汇合,汇合口海拔为 128.22m。由汇合口至通河,干流流向东,通河以下流向东北,经肇源县、扶余市、双城区、哈尔滨市、阿城区、木兰县、通河县、方正县、佳木斯市、富锦市、同江市等,于同江市东北约 7km 处由右岸注入黑龙江,河口海拔为 57.16m。干流全长为 939km,区间集水面积为 18.64 万 km²。干流落差为 78.4m,河流坡降比较平缓,平均为 0.1‰。松花江干流两岸河网发育,支流众多,集水面积大于 50km² 的支流有 792 条;其中,集水面积为 50 ~ 300km² 的河流有 646 条;集水面积为 300 ~ 1000km² 的河流有 104 条,集水面积为 1000 ~ 5000km² 的河流有 33 条;集水面积为 5000 ~ 10 000km² 的河流有 3 条;集水面积在 10 000km² 以上的河流有 6 条。

根据松花江干流的地形及河道特性,可分为上、中、下三段。由三岔河至哈尔滨市为上段,上段全长为 240km,区间集水面积为 3 万 km²,河道流经松嫩平原的草原、湿地,坡降较缓。本段内右岸有大支流拉林河汇入。哈尔滨市至佳木斯市是松花江干流中段,河道长为 432km,穿行于断崖、低丘和草地之间。由哈尔滨市至通河,江道坡降较平缓,为 0.044‰ ~ 0.055‰,左岸有最大的支流呼兰河汇入。此后江道进入长达 130km 的低山丘陵地带,两岸是张广才岭和小兴安岭的山前过渡带,河谷较狭,左岸有支流少陵河、木兰达河,右岸有蚂蜒河注入。自通河县下行约 70km 属于浅滩区,江道水面宽为 1.5 ~ 2.0km,坡降为 0.06‰ ~ 0.15‰,中、低水时期水深只有 1 米多,枯水时水深降至 1m 以下,流速只有 1m/s,为松花江上突出的碍航江段。过三姓浅滩,右岸有大支流牡丹江和倭肯河汇入,左岸有汤旺河汇入,本河段水面逐渐展阔,水深也逐渐加大。佳木斯市市区附近,松花江干流较顺直,主槽宽为 800 ~ 1300m,水深为 8 ~ 11m,河道坡降为 0.1‰。

由佳木斯至同江是松花江干流下段,全长 267km,穿行于三江平原地区,两岸为冲积平原,地势平坦,杂草丛生,河道和滩地比较开阔,水道歧流纵横,滩地宽 5 ~ 10km,江道中浅滩很多。松花江干流在同江县城东北注入黑龙江,整个下游河段,地势低平,防洪任务艰巨。本段有梧桐河和都鲁河两大支流汇入。

2.1.3 社会经济状况

2.1.3.1 人口

据统计，松花江流域 2010 年总人口为 6252 万人，城镇化率达到 49.8%，人口密度为 111 人/km²。松花江流域人口分布差异较大，其中嫩江流域人口密度最低，仅 61 人/km²，西流松花江流域人口密度最高，达到 225 人/km²，松花江干流人口密度为 147 人/km²。从行政区分布看，形成了以哈尔滨、长春为中心的松嫩平原城市群人口密集带和以下游佳木斯为中心的三江平原人口密集带。松花江流域 2010 年人口状况见表 2-1。

表 2-1 松花江流域 2010 年人口状况

分区	人口（万人）			城镇化率（%）	人口密度（人/km²）
	合计	城镇	农村		
嫩江	1818	817	1001	44.9	61
西流松花江	1650	865	785	52.4	225
松花江干流	2784	1431	1353	51.4	147
小计	6252	3113	3139	49.8	111

资料来源：根据松花江流域各省市 2011 年统计年鉴整理

2.1.3.2 经济

松花江区工业基础雄厚，其能源、重工业产品在全国占有重要地位，石油石化、煤炭、电力、汽车、机床、塑料和重要军品生产等工业的地位突出，交通基础设施较为发达，铁路和公路密度位于全国前列，形成了以哈尔滨、长春和大庆为核心的松嫩平原经济圈。

据统计，松花江流域 2010 年 GDP 为 17 666 亿元。三产结构比例分别为 14.4：47.8：37.8。松花江流域 2010 年经济状况见表 2-2。

表 2-2 松花江流域 2010 年经济状况

分区	GDP（亿元）				人均 GDP（元）
	总值	第一产业	第二产业	第三产业	
嫩江	5 260	779	3 268	1 213	28 940
西流松花江	5 548	722	2 673	2 153	33 630
松花江干流	6 858	1 044	2 502	3 312	24 635
小计	17 666	2 545	8 443	6 678	28 257

资料来源：根据松花江流域各省市 2011 年统计年鉴整理

2.1.4 水资源及其开发利用状况

2.1.4.1 水资源量

松花江流域多年平均（1956~2000 年）地表水资源量为 817.7 亿 m^3，折合径流深为 145.7mm。松花江流域地表水资源量见表 2-3。

表 2-3 松花江流域地表水资源量

分区	计算面积（km^2）	多年平均			不同频率年地表水资源量（亿 m^3）			
		径流深（mm）	地表水资源量（亿 m^3）	占全区的比例（%）	20%	50%	75%	95%
嫩江	298 502	98.4	293.8	22.7	393.5	275.1	199.5	118.1
西流松花江	73 416	223.6	164.2	12.7	209.5	157.4	122.6	82.4
松花江干流	189 304	190.0	359.7	27.7	466.9	342.4	260.8	168.0
小计	561 222	145.7	817.7	63.1	1 037.7	786.6	617.4	420.3

松花江流域地表水资源量年际变化较大，地表水资源量年际最大与最小比值，嫩江流域超过 10 倍，西流松花江和松花江干流在 5 倍左右。地表水资源量年内分配也极不均衡，汛期 6~9 月地表水资源量占全年的 60%~80%，其中 7~8 月占全年的 50%~60%；平原地区的中小间歇性河流，6~9 月地表水资源量占全年的 90%。

松花江流域多年平均地下水资源量为 323.89 亿 m^3（矿化度≤2g/L）。其中，平原区为 178.41 亿 m^3，山丘区为 156.87 亿 m^3，平原区与山丘区之间的重复量为 11.39 亿 m^3。松花江流域矿化度≤2g/L 的多年平均地下水资源量详见表 2-4。

表 2-4 松花江流域地下水资源量

分区	计算面积（km^2）	地下水资源量（亿 m^3）	山丘区			平原区			山丘区与平原区之间的重复计算量（亿 m^3）
			计算面积（km^2）	地下水资源量（亿 m^3）	河川基流量（亿 m^3）	计算面积（km^2）	地下水资源量（亿 m^3）	可开采量（亿 m^3）	
嫩江	29.81	137.33	18.02	52.66	46.70	11.79	90.47	74.33	5.80
西流松花江	7.26	50.74	5.58	35.45	31.37	1.69	15.48	11.71	0.19
松花江干流	18.93	135.82	11.32	68.76	65.63	7.61	72.46	66.71	5.40
小计	56.00	323.89	34.92	156.87	143.70	21.09	178.41	152.75	11.39

根据 1956~2000 年资料，采用水资源总量评价方法，松花江流域水资源总量为 960.9 亿 m^3，其中地表水资源量为 817.7 亿 m^3，不重复量为 143.18 亿 m^3。松花江流域水资源总量见表 2-5。

表 2-5　松花江流域水资源总量

分区	计算面积（km²）	多年平均（亿 m³）			
		降水量	地表水资源量	不重复	水资源总量
嫩江	298 502	1 384.5	293.8	73.89	367.7
西流松花江	73 416	510.7	164.2	17.38	181.6
松花江干流	189 304	1 119.9	359.7	51.91	411.6
小计	561 222	3 015.1	817.7	143.18	960.9

根据水资源可利用量评价标准，松花江流域水资源可利用总量约为 426.52 亿 m³，水资源可利用率（水资源可利用总量与水资源总量的比值）为 44.4%。其中，地表水资源可利用量约为 338.59 亿 m³，占可利用总量的 79%。

2.1.4.2　水利工程

根据 2010 年统计资料，松花江流域蓄水工程达 13 462 处，总库容为 351.25 亿 m³，其中大型蓄水工程 29 处，占蓄水工程总库容的 80%。对比流域地表径流与蓄水能力，工程调蓄能力相对较低。引水工程 1192 处，其中大型引水工程 10 处。提水工程 4648 处，其中大型提水工程 3 处。调水工程共有 4 处，其中大型调水工程 1 处，位于嫩江流域。地下水井发展到 35.75 万眼。松花江流域现状供水基础设施情况见表 2-6。

表 2-6　松花江流域现状供水基础设施情况

分区	地表水										地下水
	蓄水工程				引水工程（处）		提水工程（处）		调水工程（处）		生产井数量（万眼）
	数量（处）	其中（处）		总库容（亿 m³）	数量	其中大型	数量	其中大型	数量	其中大型	
		大型	中型								
嫩江	427	12	35	73.97	175	7	253		1	1	23.29
西流松花江	7 241	8	38	213.01	441	1	3 500	2	3		1.94
松花江干流	5 794	9	50	64.27	576	2	895	1			10.52
小计	13 462	29	123	351.25	1 192	10	4 648	3	4	1	35.75

2.1.4.3　供用水状况

（1）供水状况

2010 年松花江流域总供水量为 321.91 亿 m³，其中地表水 205.53 亿 m³，占 64%；地下水 116.38 亿 m³，占 36%。从供水结构来看，松花江流域地表水和地下水均承担着重要的供水任务。地表水供水中又以引水工程、提水工程为主，蓄水工程供水比例偏低；地下水供水量中，浅层淡水和深层承压水所占的比例分别为 92% 和 8%，其中平原区浅层地下水超采 11.89 亿 m³。2010 年松花江流域供水情况详见表 2-7。

表 2-7　2010 年松花江流域供水情况（单位：亿 m^3）

分区	地表水供水量				地下水供水量					总供水量
	蓄水	引水	提水	小计	浅层淡水		深层承压水	小计		
					合计	其中平原区浅层地下水				
嫩江	9.07	33.49	20.74	63.30	39.57	4.84	6.05	45.62		108.92
西流松花江	22.12	7.73	20.10	49.95	13.98	3.65	0.96	14.94		64.89
松花江干流	21.62	30.03	40.63	92.28	53.62	3.40	2.20	55.82		148.10
小计	52.81	71.25	81.47	205.53	107.17	11.89	9.21	116.38		321.91

1980～2010 年，松花江流域的总供水量持续上涨，从 1980 年的 170.6 亿 m^3 增长到 2010 年的 321.9 亿 m^3，净增 151.3 亿 m^3，年均增加 4.88 亿 m^3，年均增长率为 2.95%。其中，地下水从 1980 年的 33.46 亿 m^3 增长到 2010 年的 116.4 亿 m^3，增速和增幅均高于地表水。从年际变化趋势上看，松花江流域供水量增加幅度最大的时期是 20 世纪 90 年代，进入 2000 年之后仍然维持了较高的增速，其主要原因在于松花江流域作为全国主要的粮食基地，是全国水土资源匹配条件最好、发展潜力最大的区域，灌溉面积增加幅度较大，从而带动了供用水量快速增长。

（2）用水状况

2010 年松花江流域总用水量为 321.91 亿 m^3，其中生活、生产、生态用水分别为 24.86 亿 m^3、293.07 亿 m^3、3.99 亿 m^3，各占总用水量的 8%、91%、1%。生产用水中，农业用水 219.55 亿 m^3，占总用水的 68%。2010 年松花江流域用水量情况见表 2-8。

表 2-8　2010 年松花江流域用水情况

分区	总用水（亿 m^3）	生活				生产				生态	
		城镇生活（亿 m^3）	农村生活（亿 m^3）	合计（亿 m^3）	比例（%）	农业（亿 m^3）	工业（亿 m^3）	合计（亿 m^3）	比例（%）	用水（亿 m^3）	比例（%）
嫩江	108.92	4.47	1.87	6.34	6	71.41	29.99	101.40	93	1.17	1
西流松花江	64.89	5.42	2.49	7.91	12	37.15	17.20	54.35	84	2.63	4
松花江干流	148.10	8.64	1.97	10.61	7	110.99	26.33	137.32	93	0.19	0
小计	321.91	18.53	6.33	24.86	8	219.55	73.52	293.07	91	3.99	1

（3）水资源开发利用状况

以 2010 年用水为基准衡量，松花江流域近期水资源总量开发利用率为 33.5%，其中地表水开发利用率为 25.1%，地下水开发利用率为 70.2%。2010 年松花江流域供水及水资源开发利用状况详见表 2-9。

表 2-9　2010 年松花江流域供水及水资源开发利用状况

分区	地表水			平原区浅层地下水			总量		
	供水量（亿 m³）	水资源量（亿 m³）	开发利用率（%）	供水量（亿 m³）	可开采量（亿 m³）	开发利用率（%）	总供水量（亿 m³）	水资源总量（亿 m³）	开发利用率（%）
嫩江	63.30	293.8	21.5	39.57	74.33	53.3	108.92	367.7	29.6
西流松花江	49.95	164.2	30.4	13.98	11.71	119.5	64.89	181.6	35.7
松花江干流	92.29	359.7	25.7	53.62	66.71	80.4	148.10	411.6	36.0
小计	205.53	817.7	25.1	107.17	152.75	70.2	321.91	960.9	33.5

2.1.5　水生态概况

2.1.5.1　典型支流水生态系统现状调研

本研究于 2013 年 6 月对饮马河流域水生态系统现状进行了详细的调研，主要调查项目为河水常规理化指标、浮游动物、浮游植物及底栖动物。

（1）调查点位置

饮马河流域共有 16 个水功能一级区，其中 6 个开发利用区又分为 13 个二级区。根据饮马河流域水功能区确定调查样点的位置，如表 2-10 所示。

表 2-10　饮马河流域采样点坐标

样点	所在河流	经度（°E）	纬度（°N）
河源 1	伊通河	125.57	43.077
河源 2	伊通河	125.51	43.095
寿山水库	伊通河	125.484	43.179
开安	伊通河	125.258 7	44.174 45
农安	伊通河	125.201 5	44.425 87
万金塔	伊通河	125.451 5	44.605 51
苗家	饮马河	125.784 4	44.223 24
聂家屯	饮马河	125.774 4	44.077 85
岔路河 1	岔路河	125.898 1	43.791 57
岔路河 2	岔路河	125.995 3	43.716 35
卧龙	饮马河	125.832 8	43.737 39

样点	所在河流	经度（°E）	纬度（°N）
双阳	双阳河	125.709 6	43.742 21
乐山	伊通河	125.307	43.514 87
伊通	伊通河	125.287 7	43.361 34
驿马	饮马河	126.303 7	43.111 54
小烟筒	饮马河	126.186 7	43.140 77
承德	饮马河	126.078 4	43.252 01
王家街	岔路河	126.186 4	43.306 72
山湾子	岔路河	126.185 5	43.399 35
青龙山	岔路河	126.161	43.509 35
小城子	饮马河	125.910 9	43.451 91
金家	饮马河	125.885 6	43.588 6

（2）常规理化指标

本次调查饮马河流域各样点河水常规理化指标结果见表 2-11。目前饮马河流域水质以Ⅲ类水质为主，下游断面有的达到劣Ⅴ类。上游水质好，溶氧含量高；下游水质差，溶氧含量低。

表 2-11　各样点河水常规理化指标

河流	样点	DO（%）	DO（mg/L）	SPC	C	TDS	SAL	pH	现状水质
伊通河	河源 1	86	6.3	313.9	0.335	204.1	0.15	8.37	Ⅲ
伊通河	河源 2	99	7.7	333.6	0.336	217.1	0.16	8.33	Ⅲ
伊通河	寿山水库	91	7.3	315	0.308	204.75	0.15	8.14	Ⅳ
伊通河	开安	10	0.8	565	0.53	370.5	0.27	7.56	劣Ⅴ
伊通河	农安	5	0.4	597	0.57	390	0.29	7.53	劣Ⅴ
伊通河	万金塔	12	1	611	0.59	396.5	0.3	7.67	劣Ⅴ
饮马河	苗家	75	6.4	348.1	0.236	226.2	0.17	8.1	劣Ⅴ
饮马河	聂家屯	103	8.8	318.2	0.298	206.7	0.15	8.03	劣Ⅴ
岔路河	岔路河 1	90	7.9	218.6	0.198	142.35	0.1	8.1	Ⅲ
岔路河	岔路河 2	130	11	194.8	0.182	126.75	0.09	8.24	Ⅲ
饮马河	卧龙	80	6.9	310.2	0.287	201.5	0.15	8.28	Ⅲ

续表

河流	样点	DO（%）	DO（mg/L）	SPC	C	TDS	SAL	pH	现状水质
双阳河	双阳	37	2.9	444	0.418	288.6	0.21	8.07	Ⅲ
伊通河	乐山	56	4.8	344.3	0.32	223.6	0.16	8.05	Ⅲ
伊通河	伊通	84	7.2	256	0.237	166.4	0.12	8.02	Ⅳ
饮马河	驿马	90	7.3	224	0.218	146.25	0.11	8.2	Ⅲ
饮马河	小烟筒	99	7.6	235	0.24	152.75	0.11	7.84	Ⅲ
饮马河	承德	95	7.4	262.9	0.261	170.95	0.12	7.83	Ⅲ
岔路河	王家街	140	12.2	184.5	0.166	120.25	0.09	8.25	Ⅲ
岔路河	山湾子	128	10.6	220.1	0.208	143	0.1	8.12	Ⅲ
岔路河	青龙山	122	9.8	245.4	0.243	159	0.12	8.37	Ⅲ
饮马河	小城子	89	7.1	357.3	0.358	232.05	0.17	7.95	Ⅲ
饮马河	金家	95	7.7	316.5	0.315	206.4	0.15	7.8	Ⅲ

（3）浮游植物

饮马河流域各样点浮游植物种类分布和种类数、细胞密度、优势种类及其细胞密度见表 2-12 ~ 表 2-14。浮游植物共计 6 门 89 种，以硅藻门和绿藻门为主。优势种类主要有蓝藻门的鱼腥藻、颤藻、平裂藻；硅藻门的小环藻、直链藻、舟形藻、菱形藻、针杆藻、脆杆藻/曲壳藻；绿藻门的纤维藻。

表 2-12　各样点浮游植物种类分布和种类数（单位：种）

样点	蓝藻门	隐藻门	甲藻门	硅藻门	裸藻门	绿藻门	小计
万金塔	2	1	0	10	1	7	21
农安	2	0	0	9	1	9	21
开安	2	2	1	11	1	12	29
乐山	1	0	0	11	0	2	14
伊通	1	0	0	10	0	1	12
寿山水库	3	1	0	11	0	13	28
河源2	1	1	0	16	0	2	20
河源1	1	1	0	7	0	1	10
苗家	3	1	0	4	1	8	17
聂家屯	3	1	0	11	2	9	26
双阳	1	0	0	9	3	10	23

续表

样点	蓝藻门	隐藻门	甲藻门	硅藻门	裸藻门	绿藻门	小计
卧龙	1	0	0	7	0	0	8
金家	1	0	0	9	0	1	11
小城子	1	0	0	11	1	3	16
承德	1	0	0	17	0	3	21
小烟筒	3	0	0	12	1	3	19
驿马	1	0	0	6	0	6	13
岔路河1	1	0	0	6	0	2	9
岔路河2	1	0	0	20	0	6	27
青龙山	2	0	0	23	1	6	32
山湾子	2	0	0	18	1	10	31
王家街	1	0	0	16	1	2	20

表 2-13 各样点浮游植物细胞密度 （单位：10^4 cells/L）

样点	蓝藻门	隐藻门	甲藻门	硅藻门	裸藻门	绿藻门	小计
万金塔	1.42	1.42	0	105.08	2.84	24.85	135.61
农安	11.36	0	0	73.84	2.13	60.35	147.68
开安	19.88	2.84	0.71	145.55	1.42	119.99	290.39
乐山	0.30	0	0	18.9	0	1.50	20.70
伊通	1.80	0	0	21.00	0	0.30	23.10
寿山水库	150.52	0	0	186.73	0	60.35	397.60
河源2	4.26	1.42	0	277.61	0	12.07	295.36
河源1	3.55	0.71	0	117.15	0	0.71	122.12
苗家	34.79	0.71	0	19.17	0.71	24.14	79.52
聂家屯	87.42	18.33	0	266.49	9.87	135.36	517.47
双阳河	2.52	0	0	15.66	0.48	10.56	29.22
卧龙	1.80	0	0	8.70	0	0	10.50
金家	0.90	0	0	12.00	0	1.20	14.10
小城子	2.10	0	0	13.50	0.30	2.10	18.00
承德	4.97	0	0	71.71	0	11.00	87.68

样点	蓝藻门	隐藻门	甲藻门	硅藻门	裸藻门	绿藻门	小计
小烟筒	48.99	0	0	130.64	0.71	20.59	200.93
驿马	3.53	0	0	2756.93	0	95.31	2855.77
岔路河1	10.65	0	0	14.91	0	1.42	26.98
岔路河2	36.21	0	0	232.17	0	29.82	298.20
青龙山	39.95	0	0	512.30	2.35	82.25	636.85
山湾子	12.78	0	0	109.34	1.42	61.77	185.31
王家街	7.10	0	0	124.25	0.71	3.55	135.61

表 2-14　各样点浮游植物优势种类及其细胞密度 （单位：10^4 cells/L）

样点	优势种类									
	蓝藻门			硅藻门						绿藻门
	颤藻	鱼腥藻	平裂藻	小环藻	直链藻	舟形藻	菱形藻	针杆藻	脆杆藻/曲壳藻	纤维藻
万金塔				22.01	15.62		44.02			
农安							26.27			
开安				48.99						48.28
乐山										
伊通										
寿山水库			137.70				47.57			
河源2						58.93	177.50			
河源1						35.50				
苗家										
聂家屯	62.14				64.86			59.22		
双阳河										
卧龙										
金家										
小城子										
承德						12.07	20.59	12.07		
小烟筒		29.40					31.24	24.14		

样点	优势种类									
	蓝藻门			硅藻门						绿藻门
	颤藻	鱼腥藻	平裂藻	小环藻	直链藻	舟形藻	菱形藻	针杆藻	脆杆藻/曲壳藻	纤维藻
驿马									2714.57（曲壳藻）	
岔路河 1										
岔路河 2	36.21							36.92	48.28（脆杆藻）	
青龙山						110.45	162.15			
山湾子						24.85	28.40			
王家街						29.11	29.82			

注：空白行的样点浮游植物数量很少，没有明显优势种类

（4）浮游动物

岔路河与双阳河、伊通河、饮马河浮游动物种群营养类型及数量分布见表 2-15 ~ 表 2-17。用浮游动物种群营养类型及数量与耐污值分析，岔路河水质很好，上游为贫营养，下游为中营养；双阳河下游为富营养；伊通河上游水体较好，水体处于中营养，下游受到污染，水体处于中-富营养；饮马河上游为贫营养，中游为中营养，下游总数量评价为富营养，用 E/O 指数评价为中营养，总体上饮马河水体较好，个别断面特别是下游水体已受到污染。

（5）底栖动物

岔路河与双阳河、伊通河、饮马河底栖动物种群数量和生物量分布见表 2-18 ~ 表 2-20。用底栖动物 IHB 生物指数评价岔路河水质，前 3 个点都为极清洁，第 4 个点为很清洁，第 5 个点为轻度污染，整体上岔路河水质很好，源头水质更好，只有最后 1 个点为轻度污染；双阳河只采 1 个点，水质评价为污染；伊通河 8 个采样点有 4 个点为严重污染和污染级别，另有 1 个点为极清洁，1 个点为清洁，只有 2 个点为一般水平，伊通河水体污染比较严重，上游较好，多为清洁、极清洁，下游多为污染、严重污染；饮马河各采样点水体以极清洁为主，占 8 个点的 50%，轻度污染和一般水体合计占 37.5%，只有 1 个采样点为严重污染，还有一个规律是饮马河上游即驿马到金家只有承德轻度污染，其他各点都为极清洁水体，自卧龙至下游的苗家饮马河水体由一般到轻度污染再到严重污染，饮马河水体较好，上游极清洁，自卧龙至下游的苗家，河水污染加大，由一般到轻度污染，最后的苗家为严重污染。

表2-15　岔路河、双阳河浮游动物种群营养类型及数量分布（单位：ind/L）

浮游动物种群		拉丁名	营养类型	王家街	山湾子	青龙山	岔路河2	岔路河1	双阳河
原生动物	球形砂壳虫	*Difflugia globulosa*	O	900				900	
	普通表壳虫	*Arcella vulgaris*	O	300	300	300	300	300	300
	筒壳虫	*Tintinnidium sp.*	O				300		
	褐砂壳虫	*Difflugia avellana*	O	300		900	600	1500	1200
	冠砂壳虫	*Difflugia elegans*	O		300				
	蚤形砂壳虫	*Difflugia sp.*	O		300				
	双隆嘲壳虫	*Pontigulasia bigibbosa*	O			300			
	钟虫	*Vorticella sp.*	E			300	300	300	2700
	小计			1500	900	1800	1500	3000	4200
轮虫	冠饰异尾轮虫	*Trichocerca lophoessa*	O		300		300	300	
	针簇多肢轮虫	*Polyarthra trigla*	E						900
	小计			0	300	0	300	300	900
枝角类	僧帽溞	*Daphnia cucullata*	E				30	10	
	卵形盘肠溞	*Chydorus ovalis*	O				10		
	远东裸腹溞	*Moina weismanni*	E					190	200
	溞状溞	*Daphnia pulex*	O					20	
	隆线溞	*Daphnia carinata*	E						60
	颈沟基合溞	*Bosminopsis deitersi*	O						20
	长额象鼻溞	*Bosmina longirostris*	O					10	
	小计			0	0	0	40	230	280
桡足类	汤匙华哲水蚤	*Sinocalanus dorrii*	O				40		
	温剑水蚤	*Thermocyclops sp.*	E				40	50	
	广布中剑水蚤	*Mesocyclops leuckarti*	E						90
	小计			0	0	0	80	50	90
合计				1500	1200	1800	1920	3580	5470

注：O 表示贫-中营养型，E 表示富-中营养型。下同

表 2-16 伊通河浮游动物种群营养类型及数量分布(单位:ind/L)

浮游动物种群	拉丁名	营养类型	河源1	河源2	寿山水库	伊通	乐山	开安	农安	万金塔
原生动物 褐砂壳虫	*Difflugia avellana*	O	300			300		300		
球形砂壳虫	*Difflugia globulosa*	O	300	300	300		300	300		300
普通表壳虫	*Arcella vulgaris*	O		300		300	300	300	300	300
筒壳虫	*Tintinnidium* sp.	O		300					300	
刺胞虫	*Acanthocystis* sp.	O						300		
裸口虫	*Holophrya* sp.	E		300				300	300	300
漫游虫	*Litonotus* sp.	E		300						
半眉虫	*Hemiophrys* sp.	E		300						
斜管虫	*Chilodonella* sp.	E			900					
钟虫	*Vorticella* sp.	E				2100		5700	3300	3600
团眼眠虫	*Askenasia volvox*	E						600		
小计			600	1800	1200	2700	600	7800	4200	4500
轮虫 真蹄轮虫	*Eudactylota eudactylota*	O	30	300						
冠饰异尾轮虫	*Trichocerca lophoessa*	O		300	300					
螺形龟甲轮虫	*Keratella cochlearis*	O			300			300		
晶囊轮虫	*Asplanchna* sp.	E			300					
弯花臂尾轮虫	*Barachionus calyciflorus*	E				300		300		
小计			30	600	900	300	0	600	0	0
枝角类 远东裸腹溞	*Moina weismanni*	E					200	200		10
僧帽溞	*Daphniacucullata*	E			10					
小计			0	0	10	0	200	200	0	10
桡足类 广布中剑水蚤	*Mesocyclops leuckarti*	E	50						100	
温剑水蚤	*Thermocyclops* sp.	E		30		40	20	20	10	
小计			50	30	0	40	20	20	110	0
合计			680	2430	2110	3040	820	8620	4310	4510

表 2-17 饮马河浮游动物种群营养类型及数量分布（单位：ind/L）

浮游动物种群		拉丁名	营养类型	驿马	小烟筒	承德	小城子	金家	卧龙	聂家屯	苗家
原生动物	褐砂壳虫	Difflugia avellana	O	1200	300		900			900	1500
	明亮砂壳虫	Difflugia lucida	O	300							
	普通表壳虫	Arcella vulgaris	O	600	1500	2100	900	600	600		600
	匣壳虫	Centropyxis sp.	O		300	900	300	300	600		
	砂壳虫	Difflugia sp.	O		300			300			
	球形砂壳虫	Difflugia globulosa	O			300		600	1800	1200	
	裸口虫	Holophrya sp.	E	600							
	钟虫	Vorticella sp.	E							1200	
	小计			2700	2400	3300	2100	1800	3000	3300	2100
轮虫	冠饰异尾轮虫	Trichocerca lophoessa	O							1200	1500
	针簇多肢轮虫	Polyarthra trigla	E							900	1200
	小计			0	0	0	0	0	0	2100	2700
枝角类	裸腹溞	Moina sp.	E	60	80	30			180	40	70
	点滴尖额溞	Alona guttata	O		30					10	
	隆线溞	Daphnia carinata	E						10		
	长额象鼻溞	Bosmina longirostris	O							120	100
	短尾秀体溞	Diaphanosoma brachyurum	O								80
	僧帽溞	Daphnia cucullata	E							50	50
	长肢秀体溞	Diaphanosoma leuchenbergianum	O							20	
	长刺溞	Daphnialongis	O							30	
	溞状溞	Daphnia pulex	O							20	
	小计			60	110	30	0	0	190	290	300
桡足类	广布中剑水蚤	Mesocyclops leuckarti	E						130	140	90
	温剑水蚤	Thermocyclops sp.	E							180	100
	汤匙华哲水蚤	Sinocalanus dorrii	O						10		160
	小计			0	0	0	0	0	140	320	350
合计				2760	2510	3330	2100	1800	3330	6010	5450

表 2-18　岔路河、双阳河底栖动物种群数量和生物量分布

底栖动物种群		拉丁名	王家街 数量(ind/m²)	王家街 生物量(g/m²)	山湾子 数量(ind/m²)	山湾子 生物量(g/m²)	青龙山 数量(ind/m²)	青龙山 生物量(g/m²)	岔路河2 数量(ind/m²)	岔路河2 生物量(g/m²)	岔路河1 数量(ind/m²)	岔路河1 生物量(g/m²)	双阳河 数量(ind/m²)	双阳河 生物量(g/m²)
蛭类	八目石蛭	Erpobodella octoculata	16	3.52	0	0	16	2.24	32	4.64				0
	小计		16	3.52	0	0	16	2.24	32	4.64	0	0	0	0
软体动物	萝卜螺	Radix sp.			0	0			80	0.64	48	9.28		
	扁旋螺	Gyraulus compressus							16	0.032				
	圆顶珠蚌	Unio douglasiae	0	0			0	0			32	540		
	小计		0	0	0	0	0	0	96	0.672	80	549.28	0	0
水生昆虫	纹石蚕	Hydropsyche sp.	128	0.8	592	3.7	480	3.21						
	箭蜓	Gomphus sp.			16	5.76								
	黑河螺	Agrion atratum									128	8.80		
	虻幼虫	Tabanidae			64	3.168								
	大蚊	Tipula sp.			112	5.544								
	红娘华	Laccotrephes japonensis									16	9.12		
	水龟甲幼虫	Hydrophilidae									32	1.76		
	小划蝽	Sigara substriata									16	0.448		
	扁蜉	Ecdyrus sp.	288	6.56	192	3.46	800	17.6	368	7.728				
	小蜉	Ephemerella sp.	1536	33.792	2272	14.08	1408	29.56	448	8.064				
	小裳蜉	Leptophlebia sp.					1360	29.92						
	直突摇蚊	Orthocladius sp.	32	0.052	32	0.052			96	0.144	48	0.08		
	灰跗多足摇蚊幼虫	Polypedilum leucopus	32	0.061	48	0.042	160	0.42	160	0.42				
	褐跗隐摇蚊	Cryptochironomus fuscimanus							96	0.163				
	劳氏长跗摇蚊	Lauterbornia sp.							80	0.104				
	真环足摇蚊	Eucricotopus sp.											80	0.104
	小计		2016	41.265	3328	35.802	4208	80.71	1248	16.623	240	20.204	80	0.104
合计			2032	44.785	3328	35.802	4224	82.95	1376	21.935	320	569.484	80	0.104

表 2-19 伊通河底栖动物种群数量和生物量分布

底栖动物种群		拉丁名	河源1 数量(ind/m²)	河源1 生物量(g/m²)	河源2 数量(ind/m²)	河源2 生物量(g/m²)	寿山水库 数量(ind/m²)	寿山水库 生物量(g/m²)	伊通 数量(ind/m²)	伊通 生物量(g/m²)	乐山 数量(ind/m²)	乐山 生物量(g/m²)	开安 数量(ind/m²)	开安 生物量(g/m²)	农安 数量(ind/m²)	农安 生物量(g/m²)	万金塔 数量(ind/m²)	万金塔 生物量(g/m²)
寡毛类	水丝蚓	Limnodrilus sp.					48	0.062					416	0.499	560	0.728	960	1.155
	霍甫水丝蚓	Limnodrilus hoffmeisteri					48	0.054										
	颤蚓	Tubifex sp.							80	0.104			32	0.045	208	0.25		
	苏氏尾鳃蚓	Branchiura sowerbyi													464	0.64	1792	6.809
	小计				0	0	96	0.116	80	0.104			448	0.544	1232	1.618	2752	7.964
蛭类	裸蛙蛭	Batracobdella nuda			16	0.8												
	小计				16	0.8	0	0	0	0			0	0	0	0	0	0
淡水腹足类	静水椎实螺	Lymnaea stagnalis									16	0.45						
	小计				0	0	0	0	0	0	16	0.45			0	0	0	0
双翅类	蝇科幼虫	Muscidae	16	0.192														
	细长摇蚊	Chironomus attenuatus	16	0.928					96	0.525								
	心突摇蚊	Cardiocladius sp.	112	0.537														
	短鞘北七角萝角摇蚊	Boreoheptagyia breviiarsis	80	0.456	240	1.128												
	顶圆五脉摇蚊	Pentaneura monilis			80	0.256												
	端心突摇蚊	Cardiocladius capucinus			240	1.113												
	直突摇蚊	Orthocladius sp.					528	1.223										
	羽摇蚊	Chironomus plumosus							816	8.976					448	0.77	1152	8.985
	花纹前突摇蚊	Procladius choreus							96	0.48								
	侧叶雕翅摇蚊	Glyptotendipes lobiferus													64	0.12		
	虻	Tabanidae							16	0.256								
	小计		224	2.113	560	2.497	528	1.223	1024	10.237	0	0	0	0	512	0.891	1152	8.985

续表

底栖动物种群		拉丁名	河源1 数量 (ind/m²)	河源1 生物量 (g/m²)	河源2 数量 (ind/m²)	河源2 生物量 (g/m²)	寿山水库 数量 (ind/m²)	寿山水库 生物量 (g/m²)	伊通 数量 (ind/m²)	伊通 生物量 (g/m²)	乐山 数量 (ind/m²)	乐山 生物量 (g/m²)	开安 数量 (ind/m²)	开安 生物量 (g/m²)	农安 数量 (ind/m²)	农安 生物量 (g/m²)	万金塔 数量 (ind/m²)	万金塔 生物量 (g/m²)
双翅类	水电甲幼虫	Hydrophilidae	0	0	16	0.085					32	1.344	0	0	0	0	0	0
		小计	0	0	16	0.085	0	0	0	0	32	1.344	0	0	0	0	0	0
蜉蝣目	二尾蜉	Siphlonurus sp.	80	0.36							0	0						
	小蜉	Ephemerella sp.			560	2.016	32	0.123	0	0	0	0	0	0				
		小计	80	0.36	560	2.016	32	0.123	0	0	0	0	0	0	0	0	0	0
毛翅目	纹石蚕	Hydropsyche sp.	0	0	0	0	0	0	0	0	16	0.108	0	0	0	0	0	0
		小计	0	0	0	0	0	0	0	0	16	0.108	0	0	0	0	0	0
合计			304	2.473	1152	5.398	656	1.462	1104	10.341	64	1.902	448	0.544	1744	2.509	3904	16.949

表 2-20 饮马河底栖动物种群数量和生物量分布

底栖动物种群		拉丁名	驿马 数量 (ind/m²)	驿马 生物量 (g/m²)	小烟筒 数量 (ind/m²)	小烟筒 生物量 (g/m²)	承德 数量 (ind/m²)	承德 生物量 (g/m²)	小城子 数量 (ind/m²)	小城子 生物量 (g/m²)	金家 数量 (ind/m²)	金家 生物量 (g/m²)	卧龙 数量 (ind/m²)	卧龙 生物量 (g/m²)	聂家屯 数量 (ind/m²)	聂家屯 生物量 (g/m²)	苗家 数量 (ind/m²)	苗家 生物量 (g/m²)
寡毛类	霍甫水丝蚓	Limnodrilus hoffmeisteri											16	0.019	64	0.071		
	颤蚓	Tubifex sp.																
		小计	0	0	0	0	0	0	0	0	0	0	16	0.019	64	0.071	0	0
蛭类	八目石蛭	Herpobdella octoculata	16	3.36	80	18.72	64	12.32							16	3.81		
	齿蛭	Odontobdella blanchardi			16	0.48												
	扁舌蛭	Glossiphonia complanata													16	1.21		
		小计	16	3.36	96	19.2	64	12.32	0	0	0	0	0	0	32	5.02	0	0

续表

底栖动物种群		拉丁名	驿马 数量(ind/m²)	驿马 生物量(g/m²)	小朝筒 数量(ind/m²)	小朝筒 生物量(g/m²)	承德 数量(ind/m²)	承德 生物量(g/m²)	小滦子 数量(ind/m²)	小滦子 生物量(g/m²)	金家 数量(ind/m²)	金家 生物量(g/m²)	卧龙 数量(ind/m²)	卧龙 生物量(g/m²)	聂家屯 数量(ind/m²)	聂家屯 生物量(g/m²)	苗家 数量(ind/m²)	苗家 生物量(g/m²)
软体动物	土蝎	*Galba* sp.	80	1.28														
	萝卜螺	*Radix* sp.			16	0.256	288	13.44					48	0.32				
	椎实螺	*Lymnaea* sp.							112	1.12								
	湖球蚬	*Sphaerium lacustre*							16	1.12								
	中国圆田螺	*Cipangopaludina chinensis*													64	20.48		
	背角无齿蚌	*Anodonta woodiana*													16	73.12		
	小计		80	1.28	16	0.256	288	13.44	128	2.24	0	0	48	0.32	80	93.6	0	0
毛翅目	多距石蛾	*Polycentropodidal*													112	0.321		
	纹石蛾	*Hydropsyche* sp.			768	6.72	128	0.48	928	7.2	288	1.28	32	0.142	80	0.223		
	小计		0	0	768	6.72	128	0.48	928	7.2	288	1.28	32	0.142	192	0.544	0	0
蜉蝣目	扁蜉	*Ecdyrus* sp.	32	0.384					736	4	848	6.24			32	0.384		
	小裳蜉	*Leptophlebia* sp.	240	2.88														
	小蜉	*Ephemerella* sp.	240	2.11	352	2.08	512	3.025	832	4.64	144	0.8	32	0.384	16	0.019		
	二尾蜉	*Siphlonurus* sp.			32	0.382												
	四节蜉	*Baetida*									528	0.48			160	0.21		
	小计		512	5.374	384	2.462	544	3.409	1568	8.64	1520	7.52	32	0.384	208	0.613	0	0
水生昆虫	河直突摇蚊	*Orthocladius potanophilus*	48	0.216	32	0.195							16	0.224	320	0.672		
	水电甲幼虫	*Hydrophilidae*	32	0.622														
	大蚊	*Tipula* sp.			64	4.32	32	1.12										
	细长摇蚊	*Chironomus attenuatus*			80	0.504	162	1.232					16	0.215			416	3.211
	刚毛寒摇蚊	*Rheorthocladius saxicola*			32	0.153												

续表

底栖动物种群		拉丁名	驿马 数量 (ind/m²)	驿马 生物量 (g/m²)	小烟筒 数量 (ind/m²)	小烟筒 生物量 (g/m²)	承德 数量 (ind/m²)	承德 生物量 (g/m²)	小坝子 数量 (ind/m²)	小坝子 生物量 (g/m²)	金家 数量 (ind/m²)	金家 生物量 (g/m²)	卧龙 数量 (ind/m²)	卧龙 生物量 (g/m²)	聂家屯 数量 (ind/m²)	聂家屯 生物量 (g/m²)	苗家 数量 (ind/m²)	苗家 生物量 (g/m²)
	叶甲	Chrysomelidae					32	0.48										
	羽摇蚊	Chironomus plumosus					208	1.913										
	灰跗多足摇蚊幼虫	Polypedilum leucopus					608	3.891	32	0.21					240	0.43		
	箕角摇蚊	Diamesa sp.							48	0.21								
	水虻	Stratiomyiidae							32	0.576								
	内塔摇蚊	Natarsia sp.											16	0.251				
水生昆虫	五脉摇蚊	Pentaneura sp.											16	0.057				
	梯形多足摇蚊	Polypedilum scalaenum											16	0.062				
	自游真突摇蚊	Orthocladius solivaga											48	0.232				
	龙虱	Dytiscidae											48	0.768				
	小划蝽	Sigara substriata											16	1.312				
	侧叶雕翅摇蚊	Glyptotendipes lobiferus							16	12.25					320	0.54		
	花纹前突摇蚊	Procladius choreus															272	1.604
	端心突摇蚊	Cardiocladius capucinus															272	0.981
	蜻科	Libellulidae															16	
	伪蜻	Corduliidae					16	7.04										
	箭蜓	Gomphus					16	13.44										
	小计		80	0.838	208	5.172	1074	29.116	128	13.246	0	0	192	3.121	880	1.644	976	5.796
	合计		688	10.852	1472	33.81	2098	58.765	2752	31.326	1808	8.80	320	3.986	1456	101.492	976	5.796

2.1.5.2　重要保护区

（1）水产种质资源保护区

松花江流域共有 18 个国家级水产种质资源保护区，其中松花江干流共有 8 个国家级水产种质资源保护区（表2-21）。松花江干流的控制断面在兼顾水生态分区的同时主要考虑国家级水产种质资源保护区的分布位置，控制断面需要满足保护区内重要保护物种的生活、繁殖、过冬、洄游等的水力条件需求。

表 2-21　国家级水产种质资源保护区

流域	保护区	总面积（hm²）	特别保护时期	主要保护对象	其他保护物种
嫩江	嫩江支流大安段乌苏里拟鲿国家级水产种质资源保护区	7 952	全年	乌苏里拟鲿、鳜鱼	雷氏七鳃鳗、日本七鳃鳗、江鳕、黑斑狗鱼、翘嘴红鲌、怀头鲇、鲟、鳇
牡丹江	牡丹江上游黑斑狗鱼国家级水产种质资源保护区	2 987	全年	黑斑狗鱼、江鳕、瓦氏雅罗鱼	东北雅罗鱼、翘嘴红鲌、细鳞斜颌鲴、蒙古红鲌、银鲴等
松花江	松花江乌苏里拟鲿细鳞斜颌鲴国家级水产种质资源保护区	4 370	5~7月	乌苏里拟鲿、细鳞斜颌鲴	鲤鱼、鲢鱼、鲫鱼、六须鲇、翘嘴红鲌、草鱼、鳜鱼、鳊、雅罗鱼、哲罗鲑
松花江	松花江头道江特有鱼类国家级水产种质资源保护区	129 900	全年	唇鱼骨、银鲴	史氏鲟、达氏鳇、哲罗鲑、细鳞鱼、雅罗鱼、江鳕等
松花江	海浪河特有鱼类国家级水产种质资源保护区	612	4~10月	茴鱼、细鳞鱼	东北雅罗鱼、哲罗鲑、江鳕、唇鱼骨、黄颡鱼、雷氏七鳃鳗、泥鳅等
松花江	松花江宁江段国家级水产种质资源保护区	7 715	全年	乌苏里拟鲿、怀头鲇、花鲭	鲤科、鲿科、七鳃鳗科、鳅科、鲇科、塘鳢科、鲑科、狗鱼科等
松花江支流	松花江肇东段国家级水产种质资源保护区	2 550	4~10月	黄颡鱼、六须鲇	鲢鱼、鲤鱼、鳙鱼、草鱼
松花江支流	松花江木兰段国家级水产种质资源保护区	3 090	5~7月	黄颡鱼、鳜鱼	细鳞鱼、东北雅罗鱼等
嫩江	嫩江镇赉段特有鱼类国家级水产种质资源保护区	37 000	全年	花鱼骨、鳜鱼、乌苏里拟鲿	—
牡丹江	小石河冷水鱼国家级水产种质资源保护区	551	全年	细鳞鱼、瓦氏雅罗鱼、江鳕	—
松花江	牤牛河国家级水产种质资源保护区	55 500	4~7月	银鲫、黄颡鱼	黑斑狗鱼、雷氏七鳃鳗、江鳕
嫩江	甘河哲罗鲑细鳞鱼国家级水产种质资源保护区	80 600	4~7月	哲罗鲑、细鳞鱼	—

流域	保护区	总面积 （hm²）	特别保护 时期	主要保护 对象	其他保护物种
嫩江	霍林河黄颡鱼国家级水产 种质资源保护区	2 000	5～7 月	黄颡鱼	鲤鱼、鲫鱼、鲶鱼、大银鱼、鳙 鱼、鲢鱼、草鱼
松花江	松花江双城段鳜银鲴国家 级水产种质资源保护区	10 000	6～7 月	鳜鱼、银鲴	黄颡鱼、鲤鱼、鲫鱼、鲢鱼、拟 赤梢鱼
松花江	松花江肇源段花魚骨国家 级水产种质资源保护区	888	5～7 月	花魚骨	鳜鱼、黄颡鱼、乌苏里拟鲿、怀 头鲶、鲶鱼、鳊鱼、鲤鱼、鲢 鱼、鳙鱼、草鱼、银鲫、翘嘴红鲌、 红鳍鲌、银鲴等
嫩江	嫩江前郭段国家级水产种 质资源保护区	552	5～9 月	光泽黄颡鱼	乌苏里拟鲿、鳜鱼、翘嘴鲌、花 䱻、鲤鱼、鲢鱼、草鱼等
松花江	辉南辉发河瓦氏雅罗鱼国 家级水产种质资源保护区	846	4～7 月	瓦氏雅罗鱼	东北七鳃鳗、乌苏里拟鲿、鲤鱼、 鲫鱼、鲢鱼、草鱼、鳜鱼、黄 颡鱼
松花江	欧根河黑斑狗鱼国家级水 产种质资源保护区	4 475	4～7 月	黑斑狗鱼	细鳞鲑、哲罗鲑、银鲫、鲤鱼、 鲢鱼、鳙鱼、草鱼、鲇鱼等

（2）自然保护区和重要湿地

松花江水系发育，湖泊沼泡等湿地较多，大小湖泊共有 600 多个，包括扎龙湿地、向海、莫莫格等国家级自然保护区。主要分布在松花江中游、嫩江下游，以及嫩江支流乌裕尔河、双阳河、洮儿河和霍林河下游的松嫩平原的低洼地带及松花江下游地区，并与江道连通，如镜泊湖、月亮泡、向海泡和连环湖等，这些湖泊对调节和滞蓄洪水，可以起到一定的作用。

松嫩平原位于东北平原的中北部，地理坐标为 43°13′～48°40′N，121°30′～127°0′E，面积约为 2000 万 km²。松嫩平原位于华夏系第二沉降带，是在中生代断陷盆地的基础上发展起来的冲积和湖积平原，平原上分布着 7000 多个较大的湖泊，湖泊总面积为 25.7 万 km²，湖泊率为 6%；湿地面积为 254.2 万 km²，湿地率大于 20%。其中国家级湿地自然保护区有扎龙、向海和莫莫格等，扎龙和向海湿地已被列为国际重要湿地。

扎龙湿地国家级自然保护区位于齐齐哈尔东南乌裕尔河下游独具特色的沼泽水域，行政区包括齐齐哈尔市郊，以及林甸、泰来、杜蒙等县，地域总面积为 21 万 km²，其中核心区面积为 7 万 km²，缓冲区面积为 6.7 万 km²，试验区面积为 7.3 万 km²，这里野生水禽资源丰富，鸟类有 260 多种，隶属 17 目 48 科，有丹顶鹤及其他珍稀水鸟。世界现存 15 种鹤，中国占 9 种，而本区就有 6 种，每年在保护区繁殖鸟类数万只，建设了鸟类旅游区、望鹤楼、爱鸟厅、专家考察接待站年接待游客 8 万余人次，党和国家领导人先后到扎龙湿地国家级自然保护区视察。扎龙湿地国家级自然保护区具有多种功能，包括调蓄洪水、调节局地气候、保护物种、高能量的生物生产力、观光旅游、补充地下水等。

龙凤国家级湿地自然保护区是黑龙江省级湿地自然保护区，是全国唯一的城区中的湿地，距大庆市中心仅 8km，总面积为 50.50km²，其中核心区面积为 21.38km²，缓冲区面积为 4.94km²，试验区面积为 24.18km²。位于安肇新河北二十里泡滞洪区境内，在大庆市政府内设立了龙凤国家级湿地自然保护区管理中心常设机构，保护区建设有生态演示馆、研究站、观测场、展览馆、接待中心、水道、码头等基础设施，已完成周边植物绿化。1800m² 的主题雕塑休闲广场的管护中心主体建筑——一个集宣传教育、科研管理、野生动物救护、综合服务和观光功能于一体的管护中心已建成使用。龙凤国家级湿地自然保护区的功能与扎龙湿地国家级自然保护区一致，但其均在大庆市城区内，没有边界与经费及水源等问题，是大庆市城镇观光休闲的主要场所之一。

莫莫格国家级自然保护区总面积为 144 000hm²，其中沼泽面积为 50 000hm²，水域面积为 30 000hm²。地处松辽沉降带北段，松嫩平原西部边缘，为嫩江支流冲积、洪积低平原，平均海拔在 142m 左右。该区西北高、东南低，区内地势平坦，相对高差 2~10m，一般坡度为 50°，最大坡度为 150°，属温带大陆性季风气候。保护区水利资源十分丰富，皆属嫩江水系，发源于大兴安岭的嫩江，流经 60km，流域面积为 7 万余公顷。本区尚有季节河两条，即二龙涛河、呼尔达河，分别注入洮儿河与嫩江。年均降水量为 391.8mm。保护区内植物资源比较丰富，据初步统计，种子植物有 600 多种，其中经济植物 361 种，分属于 77 科。其中：鱼类，4 目 11 科 52 种；两栖、爬行类，1 目 3 科 5 种；兽类，4 目 9 科 25 种；鸟类，17 目 55 科 295 种，其中国家一级保护鸟类 10 种，二级保护鸟类 40 多种，如丹顶鹤、白鹤、东方白鹳、金雕、大鸨等。

镜泊湖湿地是由四座火山喷发形成的牡丹江上的一个大型淡水湖泊。该湖长约 40km，宽约 5km，有深锯齿状湖岸，湖水来自发源于西北张广才岭山区和东南老爷岭山区的许多河流。镜泊湖距牡丹江市 80km，是 5000 年前历经五次火山喷发，熔岩阻塞牡丹江古河道而形成的世界最大的火山熔岩堰塞湖，湖面海拔为 350m，湖长为 45km，水域面积约 80km²。

向海湿地保护区位于白城市通榆县西北方向的向海水库南面，科尔沁草原东部边陲，面积为 10.67 万 hm²，是国家级自然保护区。是以观赏中国西部草原原始特色的沼泽、鸟兽、黄榆、苇荡、杏树林和捕鱼等自然景观为主的风景区，素有"东有长白，西有向海"的美誉。区内为典型草原湿地地貌，三条大河霍林河、额木太河、洮儿河横贯其中，区内两个大型和上百个小型自然泡沼星罗棋布。区内自然资源丰富，有 200 多种草本植物和 20 多种林木；有鱼类 20 多种、鸟类 173 种，其中鹤类 15 种，占全世界现有鹤类的 40%；珍稀禽类有丹顶鹤、白枕鹤、白头鹤、灰鹤、白鹤、天鹅、金雕等，成为远近闻名的"鹤乡"，现已被列入世界 A 级湿地名册。这里还是各种走兽出没的天然动物园，在草地中、树林里生活着狍子、山兔、黄羊、狐狸、獾子、灰狼、黄鼠狼、艾虎等 30 余种的动物。

连环湖，沙垄间低地里形成的湖泊，又由于连环湖地貌结构为北高南低，南北长 60 000m，东西宽 30 500m，湖底平坦，纵横百十里①，是黑龙江省最大的内陆淡水湖之

---

① 1 里 = 500m。

一，总面积为 83 万亩①，连环湖水域属北温带大陆性季风气候，是松嫩平原上的一个久负盛名的大型浅水湖泊，湖区范围内的陆地地势低平。乌裕尔河和双阳河尾闾的河水到了这片低洼的土地，便滞留成为一组大型湖泊群，连环湖为沙垄间低地里形成的湖泊。连环湖水域属北温带大陆性季风气候，平均海拔为 135～144m，湖底海拔为 135.5～136.9m，百里坡降仅有 1m，水域由 18 个湖、两条沟、三条人工引水渠组成。各湖泊之间以芦苇荡和岛屿相分离，高水位时水域相通，形成连环，湿地范畴的旅游资源类型非常丰富。连环湖水生动植物丰富，浮游植物有 7 门 85 属，硅藻等营养型藻类蕴含量丰富，漂游动物有 25 属，底栖动物以日本沼虾和中华长臂虾、秀丽白虾为主，可直接回捕，水生植物 40 余种，有 24 科，以芦苇为盛产。丰富的水生物植物为淡水鱼繁衍生息创造了得天独厚的条件，鱼类资源丰富，年捕鱼千余吨。可养鱼面积达 56 万多亩，湖内盛产 40 种淡水鱼类，尤以鲤鱼、草鱼、鲢鱼、鲫鱼、黑鱼、黑斑狗鱼、泥鳅、嘎牙子鱼、麻鲢鱼、白漂子、麦穗鱼、柳根池等多见，其经济价值上乘。

（3）渔业用水区

根据松花江流域最新水功能区划，共有渔业用水区 18 个，具体信息见表 2-22。

表 2-22　松花江流域渔业用水区汇总

	渔业用水区	水资源一级区	水系	河流
1	洮儿河镇赉县、大安市农业、渔业用水区	洮儿河白城市开发利用区	嫩江	洮儿河
2	洮儿河镇赉县、大安市渔业、农业用水区	洮儿河白城市开发利用区	嫩江	洮儿河
3	霍林河洮南市、通榆县、大安市渔业、农业用水区	霍林河白城市开发利用区	嫩江	霍林河
4	嫩江泰来县农业、渔业用水区	嫩江泰来县开发利用区	嫩江	嫩江干流
5	一统河柳河县、梅河口市、辉南县农业、渔业用水区	一统河柳河县、梅河口市、辉南县开发利用区	西流松花江	一统河
6	三统河柳河县农业、渔业用水区	三统河柳河县、辉南县开发利用区	西流松花江	三统河
7	莲河东丰县农业、渔业用水区	莲河东丰县开发利用区	西流松花江	莲河
8	伊通河长春市农业、渔业用水区 1	伊通河长春市开发利用区	西流松花江	伊通河
9	伊通河长春市饮用、渔业用水区	伊通河长春市开发利用区	西流松花江	伊通河
10	伊通河长春市农业、渔业用水区 2	伊通河长春市开发利用区	西流松花江	伊通河
11	饮马河磐石市、双阳区、永吉县农业、渔业用水区	饮马河吉林市、长春市开发利用区	西流松花江	饮马河
12	饮马河长春市饮用、渔业用水区	饮马河吉林市、长春市开发利用区	西流松花江	饮马河
13	岔路河磐石市、永吉县农业、渔业用水区	岔路河磐石市、永吉县开发利用区	西流松花江	岔路河
14	雾开河长春市、九台区景观娱乐、渔业用水区	雾开河长春市开发利用区	西流松花江	雾开河

---

① 1 亩 ≈ 666.67m²。

	渔业用水区	水资源一级区	水系	河流
15	沐石河九台区、德惠市农业、渔业用水区	沐石河九台区、德惠市开发利用区	西流松花江	沐石河
16	松花江肇东市、双城区农业、渔业用水区	松花江哈尔滨市开发利用区	松花江干流	松花江干流
17	呼兰河兰西县、呼兰区农业、渔业用水区	呼兰河绥化市、呼兰区开发利用区	松花江干流	呼兰河
18	梧桐河鹤岗市农业、渔业用水区	梧桐河鹤岗市开发利用区	松花江干流	梧桐河

2.1.5.3 主要鱼类

根据《东北地区淡水鱼类》记载,松花江流域共有土著性鱼类92种,分隶于53属15科(表2-23中仅列出了80种鱼类,其余缺少产卵时间数据)。

松花江鱼类区系的主要特征是既有东北特有的七鳃鳗科及江鳕、细鳞鱼、黑龙江茴鱼、黑斑狗鱼、花杜父鱼等广布于西伯利亚等耐寒性强的典型北方冷水性鱼类,也有雅罗鱼、条鳅、泥鳅等古老冷温性鱼类和大量的长春鳊、红鳍鲌、蒙古红鲌、翘嘴红鲌、餐条、银鮈、鲢、鳙、鳜等静水温水性鱼类,其中尚有从南方运鱼苗带来的逆鱼,已定居繁殖成为松花湖的优势种。此外,还有乌鳢、黄颡、塘鳢、鮠等南方暖水性鱼类(表2-23)。

表 2-23 松花江流域鱼类汇总

鱼类名称	产卵时间	产卵类型	产卵温度	鱼类名称	产卵时间	产卵类型	产卵温度
大马哈鱼	10~11月	沉性	4~14℃	雷氏七鳃鳗	5~6月	黏性	
大银鱼	12月到次年3月初	沉性	冰下1.5~3℃,明水区5~8℃	鳡	5~6月	黏性	14℃左右
乌苏里白鲑	12月到次年1月	沉性		湖鳞	5~6月	黏性	14~18℃
江鳕	12月到次年1月	黏性	冰下0.1~0.2℃	尖头鳞	5~6月	黏性	13℃左右
瓦氏雅罗鱼	4~5月	黏性	6~16℃	银鲫	5~6月	黏性	15℃
细鳞鲑	4~5月	沉性	5~10.5℃	中华细鲫	5~6月	黏性	15℃左右
黑斑狗鱼	4~5月	黏性	4~7℃	长吻鮠	5~6月	黏性	12℃左右
杂色杜父鱼	4~5月	沉性		葛氏鲈塘鳢	5~6月	黏性	15~20℃
哲罗鲑	4~5月	沉性	5~10℃	凌源鮈	5~6月		
亚洲公鱼	4~5月	黏性	7~10℃	马口鱼	5~7月	黏性	
黑龙江茴鱼	4~5月	黏性		彩石鳑鲏	5~7月	蚌鳃内	
黑龙江中杜父鱼	5月	沉性		北方须鳅	5~7月	黏性	
日本七鳃鳗	5~6月	黏性		真鳞	5~7月	黏性	
施氏鲟	5~6月	黏性	15~24℃	拉氏鳞	5~7月	黏性	
蛇鮈	5~6月	浮性	12~20℃	红鳍原鲌	5~7月	黏性	

续表

鱼类名称	产卵时间	产卵类型	产卵温度	鱼类名称	产卵时间	产卵类型	产卵温度
黄颡鱼	6~7月	黏性	23~30℃	餐条	6~7月	浮性	
鳙鱼	6~7月	浮性	20~23℃	贝氏餐	6~7月	浮性	
光泽黄颡鱼	6~7月	黏性		达氏鲌	6~7月	黏性	18~23℃
乌苏里拟鲿	6~7月		20~21℃	蒙古红鲌	6~7月	黏性	22~24℃
鳜鱼	6~7月	浮性	22~24℃	翘嘴红鲌	6~7月	黏性	
黑龙江泥鳅	6~7月	黏性	18~28℃	鳊	6~7月	漂浮性	21~25℃
中华青鳉	6~7月	浮性	21~26℃	鲂	6~7月	黏性	
拟赤梢鱼	6~7月	浮性		银鲷	6~7月	浮性	19~26℃
太湖新银鱼	6~7月	沉性	7~24℃	似鳊	6~7月	浮性	24~26℃
乌鳢	6~7月	浮性		花䱻	6~7月	黏性	
细鳞鲷	6~7月	半黏性	19~22℃	条纹似白鮈	6~7月	浮性	
团头鲂	6~7月	黏性	20~28℃	麦穗鱼	6~7月	黏性	
青鱼	6~7月	浮性	21~28℃	平口鮈	6~7月	浮性	
赤眼鳟	6~7月	沉性		东北鳈	6~7月	漂浮性	24℃
鳈鱼	6~7月	浮性		克氏鳈	6~7月		
大鳍鱊	5~7月	蚌鳃内		高体鮈	6~7月		
兴凯鱊	5~7月	蚌鳃内		兴凯银鮈	6~7月	黏性	
黑龙江鳑鲏	5~7月	蚌鳃内	12℃	银鮈	6~7月		
棒花鱼	5~7月	黏性		突吻鮈	6~7月	浮性	20℃以上
鲤鱼	5~7月	黏性	17~18℃	鲢鱼	6~7月	浮性	20~24℃
黑龙江花鳅	5~7月	黏性		潘氏鳅鮀	6~7月	浮性	18~26℃
鲇鱼	5~7月	黏性	19℃以上	北方泥鳅	6~7月		
黄黝鱼	5~7月	沉性		大鳞副泥鳅	6~7月	沉性	
犬首鮈	6月	沉性		圆尾斗鱼	6~8月	浮性	
唇䱻	6月下旬	黏性		草鱼	7~8月	漂浮性	

资料来源:《东北地区淡水鱼类》

2.2　资料收集与处理

为了对松花江流域二元水循环过程进行模拟,基于四个信息采集体系实现流域二元水循环全过程多源信息的系统采集:①实测信息采集体系;②统计信息采集体系;③遥感信息采集体系;④试验实验信息采集体系。实测信息采集体系包括水文信息实测信息采集、气象实测信息采集、地下水实测信息采集、主要取水退水断面信息采集、典型小流域实测信息采集等;统计信息采集体系包括不同口径的国民经济社会统计信息、各部门和专业信息采集、供用水信息采集等;遥感信息采集体系包括不同尺度的陆地资源遥感信息、气象遥感信息等;试验实验信息采集体系包括对已有试验实验信息采集,如水文地质试验数据等。

2.2.1 基础信息

2.2.1.1 地表环境信息

本研究采集到的地表环境信息主要包括以下四方面。

（1）土地利用信息

A. 1990 年、2000 年、2005 年土地利用信息获取与加工

本次研究土地利用源信息直接采用了由中国科学院承担的"全国资源环境遥感宏观调查与动态研究"课题的研究成果数据——1990 年、2000 年和 2005 年全国分县土地覆盖矢量数据。该数据是在多期 TM 影像的基础上，配合其他影像数据解译获得，空间分辨率为30m（图 2-1）。

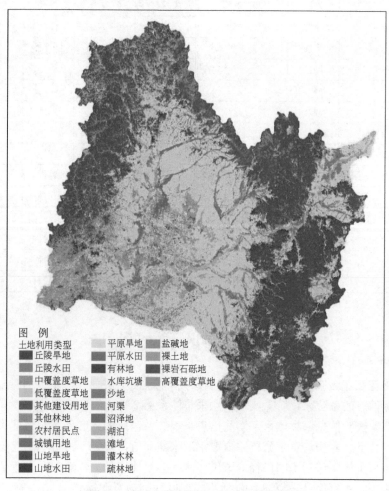

图 2-1 松花江流域 2000 年土地利用类型

B. 历史时期土地利用信息的获取

一定时期土地利用构成是其历史时期各类土地覆盖占补过程的综合结果。在我国土地遥感详查的土地覆盖分类系统中，将土地覆盖类型划分为 6 类 31 亚类；相应地，就每一类型发生了变化的地块来说，其占补过程就存在 30 种可能；同时，在下一阶段的变化中，存在 31 种可能的占补情形。因此，在没有遥感和地面调查等详细空间信息（主要是指图形信息）资料的情况下，难以对每个发生了变化的地块的土地覆盖变化过程进行复原或预测。在本研究中，为满足分布式水文模拟的需要，重点分析人类活动直接作用下的土地覆盖变化，则以空间计算单元这一自然实体为对象，以县级行政单元相关的土地覆盖统计资料为基础，从土地覆盖构成比的角度来复原历史时期的土地覆盖情况。人类活动对下垫面的直接作用主要包括居工地建设、水利工程修建、农耕开发、造林伐木、草地开发及其他相关的生态治理措施。不同人类活动作用方式对土地覆盖的影响程度也不相同，在本研究中，根据各种人类活动作用方式的特点，结合相关统计与调查资料，对历史时期的土地构成进行复原。

（2）地表高程信息

本次研究采用的松花江流域 DEM 来自美国地质调查局地球资源观测系统数据中心建立的全球陆地 DEM（也称 GTOPO30）。GTOPO30 为栅格型 DEM，它涵括了全球陆地的高程数据，采用 WGS84 基准面，水平坐标为经纬度坐标，水平分辨率为 30″，整个 GTOPO30 数据的栅格矩阵为 21 600 行，43 200 列。松花江流域 DEM 如图 2-2 所示。

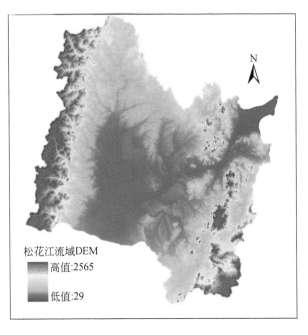

图 2-2　松花江流域 DEM 示意图

（3）植被指数

包括 1980～2010 年 31 年逐旬 NOAA/AVHRR 影像，地表分辨率为 8km。在该源信息的基础上，依次提取出归一化植被指数（normalized differential vegetation index，NDVI）、植被盖度（VEG）和叶面积指数（leaf area index，LAI）等有关植被时数信息。

（4）灌区分布

为了研究农业灌溉用水情况，本次研究中进行了灌区数字化工作，主要是确定了灌区的空间分布范围，收集并整理了灌区的各类属性数据。灌区数字化过程中，主要参考了国家基础地理信息中心开发的"全国 1∶25 万地形数据库"（包括其中的水系、渠道、水库、各级行政边界、居民点分布等）、中国科学院地理科学与资源研究所开发的 1∶10 万土地利用图，以及各省提供的大型灌区分布图等资料，其中，重点考虑了 20 处 30 万亩以上的大型灌区，如图 2-3 所示。

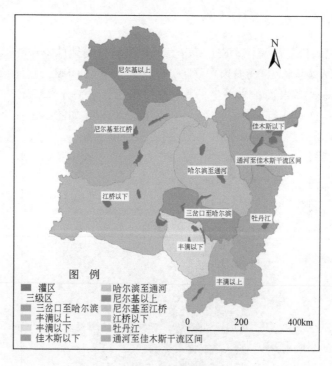

图 2-3　松花江流域大型灌区分布

2.2.1.2　土壤信息

土壤及其特征信息采用全国第二次土壤普查资料。其中土壤分布图比例尺分别为 1∶1 000 000 和 1∶100 000。土层厚度和土壤质地均采用《中国土种志》上的"统计剖面"资料。为进行分布式水文模拟，根据土层厚度对机械组成进行加权平均，采用国际土壤分类标准进行重新分类。

流域二元水循环模拟对土壤参数的需求主要包括各计算单元的土层厚度和土壤质地特征。

（1）土层厚度

松花江流域土层厚度信息获取和处理过程具体为：根据《中国土种志》中提供的典型剖面位置，将土层厚度信息赋给对应的地块单元。对未赋值的土壤亚类地块，取其所属亚类的平均厚度作为其厚度；对仍然不能获得土层厚度信息的地块单元，则取其所属土类的平均厚度作为其表层土壤厚度。为充分揭示土层厚度空间分布的连续性，在 ArcGIS 平台上，获取各空间分布单元质心的坐标，以所有质心坐标和土层厚度为基础，采用克里格（Kriging）方法进行插值，获得松花江流域表层土壤厚度分布的栅格格式的分布图。在此基础上，进行栅格的空间统计，获取各计算单元的表层土壤厚度。

（2）土壤质地与土壤再分类

土壤质地特征直接影响水循环的入渗过程，本研究需要在综合土壤质地信息的基础上按照国际土壤分类标准进行重新分类。

在本研究中采用土层厚度加权的方法获取各统计剖面的不同粒径的平均构成特征；在此基础上，采用面积加权的办法，获得各计算单元不同粒径的平均构成特征；进而根据国际制土壤质地分类标准进行再分类。

土壤剖面加权平均土壤质地构成计算公式为

$$r_j = \frac{\sum\limits_{i=1}^{n} r_{ij} \cdot h_i}{\sum\limits_{i=1}^{n} h_i} \tag{2-1}$$

式中，r_j 为 j 种粒径的土壤构成；r_{ij} 为 j 种粒径土壤颗粒在 i 土层中的百分比；h_i 为 i 土层的厚度；n 为土层数。

2.2.1.3 水文地质

（1）主要水文地质参数

松花江流域水文地质参数（r 值、K 值）均采用《松辽流域水资源综合规划》中的相关资料。参数包括土壤孔隙含水量、给水度、导水率和地下水埋深（多年平均和 2000 年数据）。松花江流域松散岩类给水度 μ 及渗透系数 K 的取值范围见表 2-24。

表 2-24　松花江流域松散岩类给水度 μ 及渗透系数 K 的取值范围

岩性	给水度 μ	渗透系数 K（m/d）	岩性	给水度 μ	渗透系数 K（m/d）
黏土	0.02~0.035	0.001~0.05	亚黏土	0.03~0.045	0.02~0.5
黄土状亚黏土	0.02~0.05	0.01~0.1	亚砂土	0.035~0.07	0.2~1.0
黄土状亚砂土	0.04~0.06	0.05~0.25	粉细砂	0.06~0.10	1.0~5.0

岩性	给水度 μ	渗透系数 K（m/d）	岩性	给水度 μ	渗透系数 K（m/d）
细砂	0.08 ~ 0.12	5 ~ 10	粗砂	0.11 ~ 0.16	20 ~ 50
中砂	0.09 ~ 0.13	10 ~ 25	砂砾石	0.15 ~ 0.20	50 ~ 150
中粗砂	0.10 ~ 0.15	15 ~ 30	卵砾石	0.20 ~ 0.25	80 ~ 400

（2）岩性分区

采用《中国水文地质分布图》的分区资料。

（3）含水层厚度

采用《中国水文地质分布图》的分区资料。

2.2.1.4 河网

（1）实测河网

实测河网取自全国 1∶25 万地形数据库。

（2）模拟河网

模拟河网利用 ArcGIS 软件从流域栅格型 DEM 上提取出，提取过程中参照了实测的水系图，使模拟河网与实测水系尽可能一致（图 2-4）。

（3）河道断面

模型计算中需要河道断面形状参数，这涉及整个流域 9829 个子流域的河道。实际上不可能获得如此多的实测资料，所以本研究在分析了大量河道断面实测数据的基础上，用统计等方法来推算河道断面形状参数。

首先是推算实测断面形状参数。实测资料取自《中华人民共和国水文年鉴》的实测大断面成果表，本次共选取了 378 个实测河道断面。为获得最大的过水断面，尽可能取不同年份中实测序列最长的实测大断面成果。依据断面水位与过水面积关系将实测河道概化为等腰梯形断面。具体方法如下：计算不同水深下的断面过水面积；将不同水深下的断面过水面积进行常数项为零的二次回归，得到回归表达式；以表达式二次项系数为概化梯形断面的边坡系数，以一次项系数的绝对值为下底宽，确定梯形形状；通过断面最大过水面积计算出概化梯形断面的高及其他参数。

其次是推算 9829 个子流域的河道断面形状参数。松花江流域总共 10 个三级区，对每个三级区分别进行推算。具体方法如下：将各三级区实测断面的断面面积、边坡系数、宽高比分别相对于其集水面积进行线性回归，得到各三级区子流域河道断面面积、边坡系数和下底宽与断面所控制流域面积的关系；根据各子流域河道断面控制流域面积计算出每个子流域概化河道断面面积、边坡系数、宽高比等参数；在此基础上，计算出每个子流域河

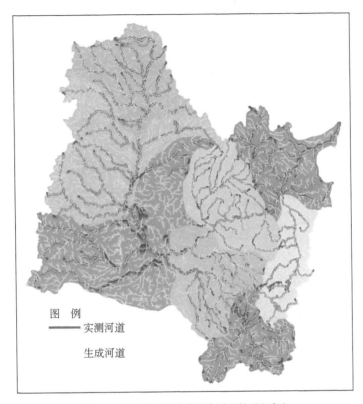

图 例
—— 实测河道
生成河道

图 2-4　松花江流域模拟与实测河网对比

道断面的其他形状参数，确定 9829 个子流域的河道断面形状和面积。

河道断面概化的具体原理和方法见胡鹏等（2010）。

2.2.2　水分信息

2.2.2.1　降水

本次采集的降水信息包括站点雨量信息和面雨量遥感信息，其中站点雨量信息是长系列过程数据，是本次水循环模拟的主要信息，面雨量遥感信息受信息源和其他条件限制，主要用于站点信息空间展布的校核使用。

所采集到的站点雨量信息主要源于黑龙江、吉林两省水文局和松辽水利委员会水文局，总共包括松花江流域 1956～2010 年 55 年系列 481 个雨量站点逐日降水信息。降雨站点分布如图 2-5 所示。

在降水资料的空间插值方面，本研究对传统的距离平方反比（the reverse distance square，RDS）方法进行了改进。改进思路是：①计算某站点与其他站点降雨资料的相关性；②将该站点作为原点，并划分成四个象限；③设定阈值，在每个象限找出与原点站点相关性大于阈值并且距离原点站点最远的站点，将该站点与原点站点的距离作为该站点在该象限的影响半径；④对每个站点重复以上步骤，就会得到每个站点的影响半径。该方法的主

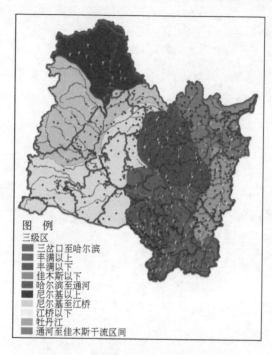

图 2-5　模型选用雨量站点分布图

要思想是在影响范围的基础上选取参证站点。也就是说,当插值点位于几个站点的分辨率半径之内时,插值点被插值时将这几个站点作为参证站来进行 RDS 插值;但是如果某插值点不在任何站点的分辨率半径之内,则选用最近的 8 个站点作为参证站并进行 RDS 插值。

　　在应用该方法进行松花江流域降水的空间插值时,采用 0.46 作为站点间相关系数的阈值,最大相关距离为 300km,进行空间插值。得到的空间插值结果为匹配《松辽流域水资源综合规划》结果进行了等比例修正,即在《松辽流域水资源综合规划》中每个三级区套地市各年降雨总量的基础对插值得到每个三级区套地市面雨量进行同比修正,每个计算单元雨量同比修正后的结果即该计算单元进行水循环模拟中的降雨输入数据。该方法在 RDS 方法的优点基础上保持了水资源的质量守恒。图 2-6 为 1989 年 4 月 18 日松花江流域降雨量展布结果示意图。

2.2.2.2　径流

　　径流资料来源于松辽流域水资源综合评价的成果,具体收集了松花江流域 1956～2000年 45 年系列干支流共 36 个水文站逐月实测径流和还原径流资料。另外,还收集了若干代表站点逐日径流过程资料。

2.2.2.3　社会经济及供水、用水、耗水信息与种植结构

　　(1) 社会经济信息

　　主要来源于松花江流域水资源综合评价水资源开发利用调查评价部分的成果,以水资

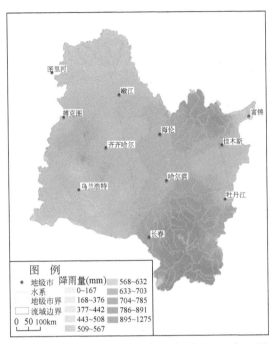

图 2-6　松花江流域降雨量展布空间示意图（1989 年 4 月 18 日）

源三级区和地级行政区为统计单元，收集整理了 1980 年、1985 年、1990 年、1995 年、2000 年与用水关联的主要经济社会指标。另外，根据松花江流域所在省市统计年鉴查得 2001～2010 年相关数据。

（2）供水、用水、耗水信息

主要来源于松花江流域水资源综合评价水资源开发利用调查评价部分的成果，以水资源三级区和地级行政区为统计单元，收集整理了 1980 年、1985 年、1990 年、1995 年、2000 年 5 个典型年份不同用水门类的地表水和地下水的供水、用水、耗水信息。另外，根据统计年鉴查得 2001～2010 年相关数据。

（3）种植结构

现状年松花江流域各三级区各种作物播种面积。
供用水信息的时空展布原理与过程见 Cao 等（2010）。

2.2.3　气象信息

收集整理了 1956～2010 年逐日气象要素信息，统计项目包括日照时数、气温、水汽压、相对湿度、风速，共选用气象站点 35 个。松花江流域模型选用气象站点分布如图 2-7 所示。

在气象要素的空间展布上，同样运用改进的 RDS 方法。在松花江流域 35 个气象站点的基础上，根据每个站点有用的逐日气象资料采用改进的 RDS 方法进行空间插值，得到

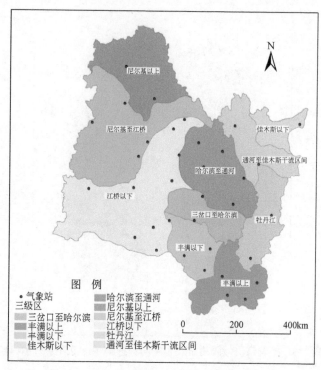

图 2-7　松花江流域模型选用气象站点分布图

每个计算单元上气象资料的输入项用于水循环的模拟中。

在对气象数据的交叉检验中，发现每个气象数据在阈值为某个特定值时，其插值精度达到最大值，即相对最精确值。所以根据每种气象数据的特点，选用精度最大时的阈值作为每个气象数据插值时的阈值，其中风速为 0.38m/s，气温为 0.62℃，相对湿度为 0.46，日照时数为 0.72 小时。图 2-8 为插值后各气象数据 1989 年 4 月 18 日插值结果示意图。

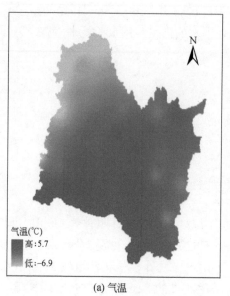

(a) 气温

(b) 相对湿度

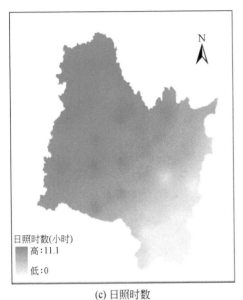 

(c) 日照时数   (d) 风速(m/s)

图 2-8   松花江流域气象数据空间展布示意图

2.3 一般分布式水文模型的构建与验证

本研究首先采用一般分布式水文模型 WEP-L 对松花江流域二元水循环过程进行了初步模拟和验证，根据模拟存在的不足，结合寒区水循环特点，探索具有寒区特色的分布式水文模拟模型。以下对研究区 WEP-L 模型构建和验证情况进行简要介绍。

2.3.1 模型原理

WEP-L 模型的平面结构如图 2-9 所示。坡面汇流计算根据各等高带的高程、坡度与 Manning 糙率系数（各类土地利用的谐和均值），采用一维运动波法将坡面径流由流域的最上游端追迹计算至最下游端。各条河道的汇流计算，根据有无下游边界条件采用一维运动波法或动力波法由上游端至下游端追迹计算。地下水流动分山丘区和平原区分别进行数值解析，并考虑其与地表水、土壤水及河道水的水量交换。

WEP-L 模型各计算单元的铅直方向结构如图 2-10 所示。从上到下包括植被或建筑物截留层、地表洼地储留层、土壤表层、过渡带层、浅层地下水层和深层地下水层等。状态变量包括植被截留量、洼地储留量、土壤含水率、地表温度、过渡带层储水量、地下水位及河道水位等。主要参数包括植被最大截留深、土壤渗透系数、土壤水分吸力特征曲线参数、地下水透水系数和产水系数、河床的透水系数和坡面、河道的糙率等。考虑到计算单元内土地利用的不均匀性，本研究采用了"马赛克"法即把计算单元内的土地归成数类，分别计算各类土地类型的地表面水热通量，取其面积平均值为计算单元的地表面水热通量。土地利用首先分为裸地–植被域、灌溉农田、非灌溉农田、水域和不透水域 5 类。裸

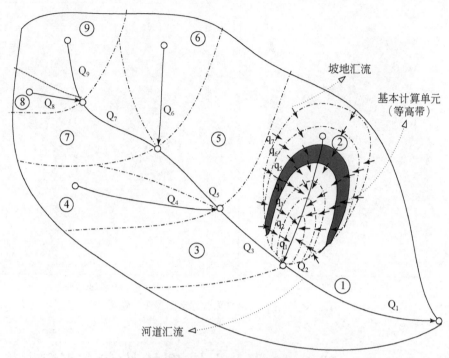

图 2-9 WEP-L 模型的平面结构

①~⑨表示子流域编码；Q_1~Q_9表示各子流域的地表径流量；

q_1~q_7表示该子流域 1~7 个等高带计算单元的地表产流量

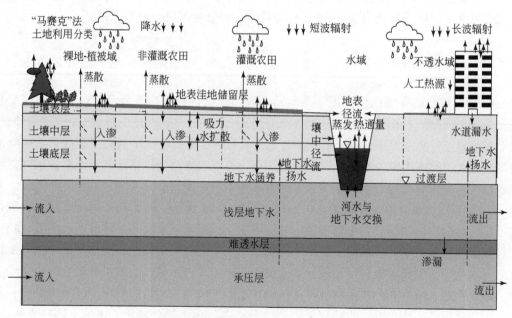

图 2-10 WEP-L 模型各计算单元的铅直方向结构

地-植被域又分为裸地、草地和林地 3 类，不透水域分为城市地面与都市建筑物 2 类。另外，为反映表层土壤含水率随深度的变化和便于描述土壤蒸发、草或作物根系吸水和树木根系吸水，将透水区域的表层土壤分割成 4 层。模型对水循环各过程的具体模拟方法参见贾仰文等（2005）的研究。

2.3.2 计算单元划分

根据自然水循环产汇流机制，WEP-L 模型首先将全流域概化为若干子流域和等高带，按照上下游关系，对各子流域和等高带进行编码，然后按照编码对全流域产汇流过程进行连续模拟。

2.3.2.1 子流域划分

按照地表高程信息和模拟河网，整个松花江流域被划分为 9829 个子流域，子流域平均面积约为 56.55 km²，得到的流域总面积为 55.59 万 km²，仅比实际面积小 0.2%。

2.3.2.2 等高带的划分

由于松花江流域面积很大，即便是对松花江流域进行 7 级流域划分，子流域平均面积还是接近 60 km²，这样的单元对精细的分布式水循环过程模拟而言仍然偏粗，尤其是在主要产汇流的山丘区，为此本研究将子流域进行了进一步的再划分，即划分为不同的高程带。

本次子流域的再划分主要针对山丘区，因此具体划分之前首先要依据第四系覆盖层厚度及地形坡度等因素，将整个流域分为山丘区与平原区两类区域，对山丘区的子流域进一步划分为若干个高程带，对平原区则不再细化。山丘区高程带划分的依据主要是山丘区面积，一个子流域最多可能有 11 个高程带，最少有 1 个高程带。在一个子流域内部，尽量使各个高程带的面积比较均匀，每个高程带面积多数维持在 20 km² 左右。故子流域面积越大，则划分的高程带的数目越多。对平原区的子流域，则不再划分为几个高程带，或者说认为平原区的子流域只有 1 个高程带。

有的子流域横跨山丘区与平原区，对这种情况，则对属于山丘区的一半划分高程带，对属于平原区的一半不再划分高程带。实际的处理方法是：首先，将这些子流域与山丘区子流域同等对待，即把整个子流域统一划分为若干个高程带；其次，判断每个高程带是属于山丘区还是平原区；最后，如果属于平原区的高程带相互邻接，则将相邻的两个或两个以上的高程带合并为一个高程带。

高程带划分完成后，整个流域被划分为 30 102 个等高带。

2.3.3 主要模型参数

2.3.3.1 土壤参数

2.2 节介绍了土壤数据信息的来源、土层厚度的分布、土壤再分类等。本研究在综合土壤质地信息（黏土、壤土和砂土的百分比等）的基础上，按照国际土壤分类标准将松花江流域土壤分成 4 类 12 种：①砂土类，即砂土或壤质砂土；②壤土类，即砂质壤土、壤土和粉砂质壤土；③黏壤土类，即砂质黏壤土、黏壤土和粉砂质黏壤土；④黏土类，即砂质黏土、壤黏土、粉砂质黏土、黏土和重黏土。松花江流域分布最广泛的是粉砂质黏土和黏土，占所有计算单元的 80% 左右。

在相关参考文献基础上，本研究对土壤水分特性参数进行了概化，确定 4 类土壤水分特性参数（表 2-25）。

表 2-25 土壤水分特性参数

参数	砂土类	壤土类	黏壤土类	黏土类
饱和土壤含水率 θ_s	0.4	0.466	0.475	0.479
田间持水率 θ_f	0.174	0.278	0.365	0.387
凋萎系数 θ_{wilt}	0.077	0.120	0.170	0.250
残留土壤含水率 θ_r	0.035	0.062	0.136	0.090
饱和导水系数 k_s（cm/s）	2.5×10^{-3}	7.0×10^{-4}	2.0×10^{-4}	3.0×10^{-5}
Havercamp 公式参数 α	1.75×10^{10}	6451	3.61×10^6	6.58×10^6
Havercamp 公式参数 β	16.95	5.56	7.28	9.00
Mualem 公式参数 n	3.37	3.97	4.17	4.38
湿润锋土壤吸力 SW（cm）	6.1	8.9	12.5	17.5

2.3.3.2 植被参数

植被的主要参数包括植被盖度（VEG）、叶面积指数（LAI）、植被高度（h_c）、根系深度（l_r）和最小叶孔阻抗（r_{smin}）等。综合参考文献的研究成果，并考虑植被参数随季节变化情况，确定了四类植被的经验参数（表 2-26）。植被等地表覆盖的空气动力学参数见表 2-27。同时，根据 1982～2010 年 NOAA 系列卫星的 AVHRR 影像数据及松花江流域历年粮食产量的变化，对植被盖度和叶面积指数的时空分布进行了调整。

表 2-26 植被参数

类型	参数	1 月	2 月	3 月	4 月	5 月	6 月	7 月	8 月	9 月	10 月	11 月	12 月
森林	VEG	0.2	0.2	0.3	0.4	0.6	0.7	0.8	0.8	0.7	0.5	0.3	0.2
	LAI	2.0	2.0	2.5	3.5	5.0	5.5	6.0	6.0	5.5	4.5	3.5	2.0
	h_c(m)	10.0	10.0	10.0	10.0	10.0	10.0	10.0	10.0	10.0	10.0	10.0	10.0
	l_r(m)	2.0	2.0	2.0	2.0	2.0	2.0	2.0	2.0	2.0	2.0	2.0	2.0
	r_{smin}(sm^{-1})	250											
草地	VEG	0.1	0.1	0.2	0.3	0.5	0.7	0.8	0.8	0.6	0.4	0.2	0.1
	LAI	0.5	0.5	0.6	1.0	1.5	1.8	2.0	2.0	1.6	1.2	0.6	0.5
	h_c(m)	0.1	0.1	0.1	0.2	0.2	0.2	0.2	0.2	0.2	0.2	0.1	0.1
	l_r(m)	0.5	0.5	0.5	0.5	0.5	0.5	0.5	0.5	0.5	0.5	0.5	0.5
	r_{smin}(sm^{-1})	250											

续表

类型	参数	1 月	2 月	3 月	4 月	5 月	6 月	7 月	8 月	9 月	10 月	11 月	12 月
灌木	VEG	0.2	0.2	0.3	0.4	0.6	0.7	0.8	0.8	0.7	0.5	0.3	0.2
	LAI	2.0	2.0	2.5	3.5	5.5	5.5	6.0	6.0	5.5	4.5	3.5	2.0
	h_c(m)	5.0	5.0	5.0	5.0	5.0	5.0	5.0	5.0	5.0	5.0	5.0	5.0
	l_r(m)	1.5	1.5	1.5	1.5	1.5	1.5	1.5	1.5	1.5	1.5	1.5	1.5
	r_{smin}(sm^{-1})	250											
作物	VEG	0	0	0.1	0.6	0.7	0.8	0.85	0.8	0.6	0.1	0	0
	LAI	0	0	0.1	0.5	2.0	4.0	6.0	6.0	5.0	1.0	0	0
	h_c(m)	0	0	0.1	0.5	0.5	1.0	1.0	1.0	1.0	1.0	0	0
	l_r(m)	0	0	0.1	0.5	0.5	1.0	1.0	1.0	1.0	1.0	0	0
	r_{smin}(sm^{-1})	150											

表 2-27 地表覆盖的空气动力学参数（单位：m）

类型	运动量输送粗度 z_{om}	水蒸气及热输送粗度 $z_{ov}=z_{oh}$	置换高度 d
森林	$0.123h_c$	$0.1z_{om}$	$0.67h_c$
草地	$0.123h_c$	$0.1z_{om}$	$0.67h_c$
灌木	$0.123h_c$	$0.1z_{om}$	$0.67h_c$
作物	$0.123h_c$	$0.1z_{om}$	$0.67h_c$
水域	0.001	0.001	0
土壤	0.005	0.005	0
城市地面	0.1	0.1	0
建筑物	$0.30h_{uc}$	$0.1z_{om}$	$0.30h_{uc}$

2.3.3.3 汇流参数

汇流包括坡面汇流与河道汇流。河道汇流过程中考虑了河水与地下水的水量交换，即地下水以基流的形式补给河水或河水以渗漏的形式补给地下水。

坡面汇流采用运动波模型计算，需要率定的参数是糙率，又称 Manning 糙率。它反映边界表面的粗糙程度对水流阻力的影响，边界表面越粗糙，糙率值越大。坡面汇流计算的 Manning 糙率取计算单元内各类土地利用 Manning 糙率的面积调和平均值。参照王国安和李文家所著的《水文设计成果合理性评价》一书中的附表 11.2（天然河道滩地糙率），经模型调试，各类土地利用 Manning 糙率的取值为林地 0.3、草地 0.1、农田 0.2、裸地 0.05、裸岩及城市地面 0.02、水域 0.01。

河道汇流需要率定的参数也是糙率，它影响河道汇流速度。本模型采用的 Manning 糙率根据各断面实测洪水反演值（《中华人民共和国水文年鉴》）并参考王国安和李文家所著的《水文设计成果合理性评价》一书中的附表 11.1（单式断面或主槽较高水部分糙率）和附表 11.2（天然河道滩地糙率）设定。值得注意的是，松花江流域河道断面存在大量复式断面，当流量较小时，水流集中在主槽，水流阻力小，流速快；当流量较大时，常常发生漫滩现象。河滩地由于不是常年过水，有杂草、杂树和灌木等植被生长，有的河滩地上还种有农作物，水流阻力自然比主槽要大。因此发生漫滩时，糙率需要加大。

河道与地下水交换量和河床材料特性密切相关，本研究将河床材料透水系数除以河床材料厚度的商作为模型调试参数。首先根据各地河床材料质地和厚度选取初值，再作适度微调。

2.3.3.4 融雪参数

积雪融化系数（度日因子）及融化临界温度也是模型调试参数。经模型调试，融化系数的取值如下：林地 [1mm/（℃·d）]、草地 [2mm/（℃·d）]、裸地 [3mm/（℃·d）]、城镇用地 [5mm/（℃·d）]、冰川雪地 [1mm/（℃·d）]；融化临界温度均为 0℃；雨雪临界温度均为 1℃。

2.3.4 率定与验证

2.3.4.1 地表径流过程验证

本研究对 1956~2010 年松花江流域的 30 102 个计算单元、9829 个子流域，进行了连续模拟计算。其中 1980~2000 年取为模型率定期，主要校正参数包括土壤饱和导水系数、河床材料透水系数和 Manning 糙率、各类土地利用的洼地最大截留深及地下水含水层的传导系数、给水度等。校正准则包括：①模拟期年均径流量误差尽可能小；②Nash-Sutcliffe 效率尽可能大；③模拟流量与观测流量的相关系数尽可能大。Nash-Sutcliffe 效率是模拟结果相对于"以多年平均观测值作为最简单的预测模拟"的效率，其表达式为 $\eta=1-\sum(Q_{sim}-Q_{obs})^2/\sum(Q_{sim}-\overline{Q}_{obs})^2$，其中 Q_{sim}、Q_{obs} 和 $\overline{Q}_{obs}$ 分别为模拟流量、观测流量和观测流量的多年平均值。模型校正后，保持所有模型参数不变，对 1956~1979 年（验证期）的连续模拟结果进行验证。河道流量、地下水位、土壤含水率、地表截留深及积雪等量水深等状态变量的初始条件先进行假定，然后由根据连续模拟计算后的平衡值替代。

选取 1980~2000 年作为模型率定期主要有两方面原因：一是该时间段各种监测和统计数据资料较为齐全，有助于实现模型的仿真模拟；二是建立的松花江流域二元水循环模型除了用于对流域内的水资源历史过程进行模拟，还将用于规划水平年水质水量总量控制方案的评估，1956 年以来，随着流域内人类活动对水循环过程影响的不断增强，下垫面条件发生了很大改变，选择相对靠后的时间段作为模型率定期，有助于提高对流域未来水资源演变规律进行情景模拟时的科学性和可靠性。

模型验证主要根据收集到的松花江流域 36 个主要水文站（图 2-11）45 年逐月实测与天然（还原）径流系列进行。模型验证包括两个方面：历史下垫面系列、分离人工取用水过程时的天然河川径流模拟结果与还原河川径流过程相比较，历史下垫面系列、耦合取用水过程时的河川径流模拟结果与实测河川径流过程相比较。

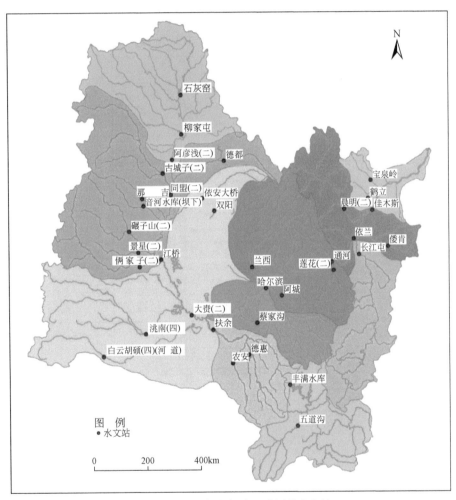

图 2-11　模型率定与验证采用的水文站

（1）还原径流量模拟

虽然还原径流量受用水数据统计口径、回归系数等多种因素的影响，未必是天然径流量的"真值"，但对还原径流进行模拟体现了模型对产流模拟的物理机制，也能作为在识别人类活动影响时的重要参考，所以在模型率定和验证过程中显得极为重要。1956 ~ 2000年松花江流域主要水文断面天然月径流过程模拟结果见表 2-28 和图 2-12。

表 2-28　还原径流量模拟结果校验

水资源三级区	编号	水文站	水系	多年平均还原径流量（亿 m³）	多年平均模拟径流量（亿 m³）	相对误差（%）	Nash 效率系数
尼尔基以上	1	石灰窑	嫩江	30.40	30.02	−1.2	0.56
	2	柳家屯	甘河	39.19	37.75	−3.7	0.75
	3	阿彦浅	嫩江	110.31	105.22	−4.6	0.73
尼尔基至江桥	4	德都	讷谟尔河	11.21	10.63	−5.1	0.52
	5	古城子（二）	诺敏河	48.00	46.12	−3.9	0.82
	6	同盟（二）	嫩江	170.91	166.53	−2.6	0.78
	7	那吉	阿伦河	6.88	6.55	−4.8	0.83
	8	音河水库	音河	1.66	1.65	−0.4	0.77
	9	双阳	双阳河	0.66	0.67	1.8	0.62
	10	依安大桥	乌裕尔河	6.56	6.30	−4.0	0.53
	11	碾子山（二）	雅鲁河	19.83	18.22	−8.1	0.86
	12	景星（二）	罕达罕河	3.89	3.85	−1.1	0.72
	13	两家子（二）	绰尔河	22.31	21.69	−2.8	0.76
	14	江桥	嫩江	225.25	235.53	4.6	0.80
江桥以下	15	白沙滩	嫩江	219.74	237.79	8.2	0.78
	16	洮南	洮儿河	17.01	13.52	−20.5	0.79
	17	大赉	嫩江	239.25	263.35	10.1	0.67
	18	白云胡硕	霍林河	4.00	3.44	−14.1	0.77
丰满以上	19	五道沟	辉发河	28.24	25.41	−10.0	0.87
	20	丰满水库	西流松花江	134.15	126.19	−5.9	0.83
丰满以下	21	农安	伊通河	3.70	3.68	−0.7	0.75
	22	德惠	饮马河	9.17	8.00	−12.8	0.75
	23	扶余	西流松花江	160.69	156.80	−2.4	0.80
三岔口至哈尔滨	24	蔡家沟	拉林河	35.41	31.25	−11.7	0.76
	25	哈尔滨	松花江干流	456.69	471.71	3.3	0.69

水资源 三级区	编号	水文站	水系	多年平均还 原径流量 （亿 m³）	多年平均模 拟径流量 （亿 m³）	相对误差（%）	Nash 效率系数
哈尔滨 至通河	26	阿城	阿什河	4.88	4.60	-5.8	0.71
	27	兰西	呼兰河	40.06	36.92	-7.8	0.78
	28	莲花（二）	蚂蜒河	23.92	20.39	-14.7	0.78
	29	通河	松花江干流	540.26	537.87	-0.4	0.69
牡丹江	30	长江屯	牡丹江	82.47	79.38	-3.8	0.68
通河至 佳木斯	31	依兰	松花江干流	634.71	627.40	-1.2	0.72
	32	倭肯	倭肯河	5.09	4.88	-4.0	0.80
	33	晨明（二）	汤旺河	50.59	44.30	-12.5	0.82
	34	佳木斯	松花江干流	730.54	717.30	-1.8	0.74
佳木斯以下	35	宝泉岭	梧桐河	8.08	7.77	-3.8	0.75
	36	鹤立	鹤立河	1.24	1.20	-2.8	0.66

从模拟结果来看，除了嫩江下游白沙滩到大赉河段还原河川径流量非常规性递减导致模拟结果偏大外，干流与各主要支流长系列水量模拟误差基本在 5% 以内，Nash 效率系数则总体在 0.7 左右，所有 36 个水文站 Nash 效率系数均值为 0.74，取得了比较好的模拟效果。

（2）实测径流量模拟

在考虑人类活动影响耦合取用水条件后，将模型径流模拟结果与各水文站实测径流量进行对比，并对模型参数进行微调，模拟结果见表 2-29 和图 2-13。

从模拟结果来看，除极少数支流（36 个水文站中有 2 个）模拟的长系列水量相对误差较大（超过 10%）外，其余各主要水文站水量相对误差都在 5% 以内。其中嫩江下游水量的模拟由于考虑了北部、中部、南部引嫩等大型引水工程，水量模拟偏大程度有所减缓，大赉站多年平均水量比实测径流量偏大 4.3%。与还原径流模拟效果相比，虽然取用水活动使河川径流过程变得更加复杂，增加了模拟难度，但各项指标及逐月过程比较表明，模型的拟合精度仍可接受。所有 36 个水文站 Nash 效率系数均值为 0.72。9 个三级区控制断面的相对误差均在 5% 以内，平均 Nash 效率系数也是 0.72。可见，利用 WEP-L 模型对寒区长系列逐月径流过程进行模拟能取得较好的模拟效果。

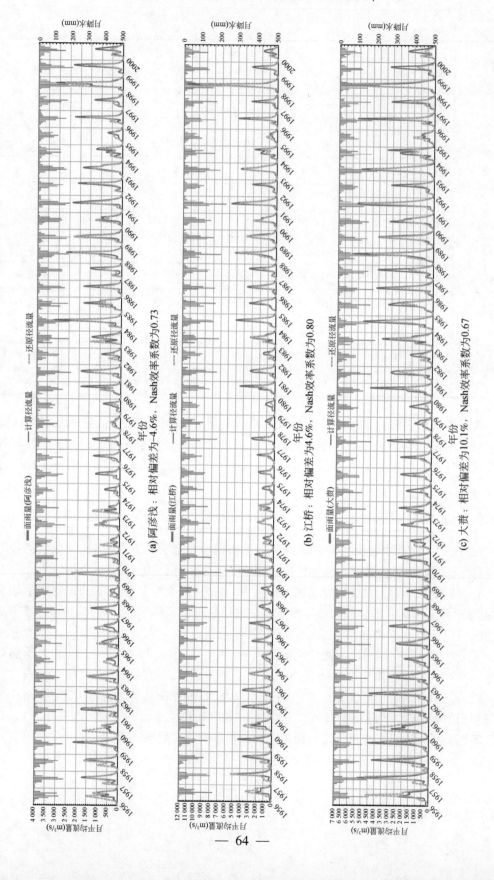

(a) 阿彦浅：相对偏差为-4.6%，Nash效率系数为0.73

(b) 江桥：相对偏差为4.6%，Nash效率系数为0.80

(c) 大赉：相对偏差为10.1%，Nash效率系数为0.67

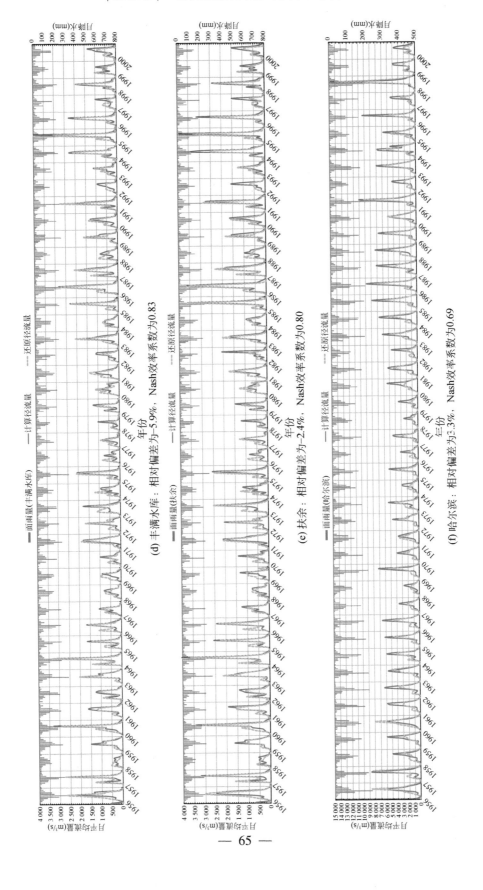

(d) 丰满水库：相对偏差为-5.9%，Nash效率系数为0.83

(e) 扶余：相对偏差为-2.4%，Nash效率系数为0.80

(f) 哈尔滨：相对偏差为3.3%，Nash效率系数为0.69

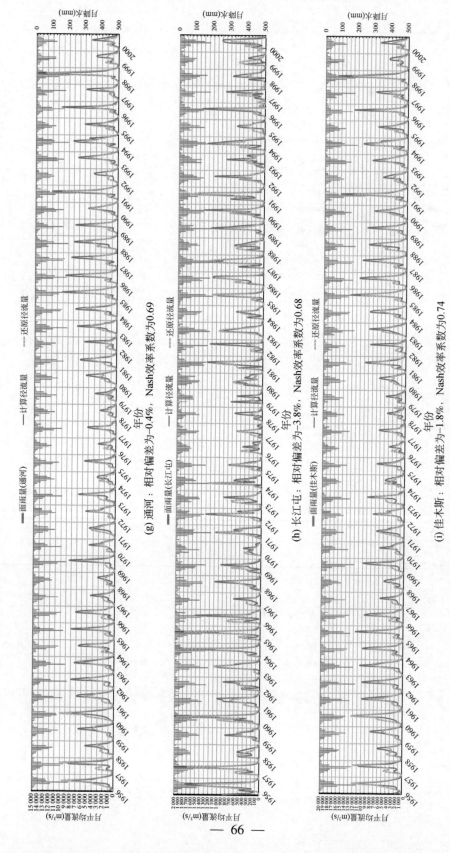

(g) 通河：相对偏差为-0.4%，Nash效率系数为0.69

(h) 长江屯：相对偏差为-3.8%，Nash效率系数为0.68

(i) 佳木斯：相对偏差为-1.8%，Nash效率系数为0.74

图2-12 松花江流域主要水文站还原径流量模拟结果对比图

表 2-29 实测径流量模拟效果

水资源三级区	编号	水文站	水系	多年平均实测径流量（亿 m³）	多年平均模拟径流量（亿 m³）	相对误差（%）	Nash 效率系数
尼尔基以上	1	石灰窑	嫩江	30.40	29.96	-1.4	0.56
	2	柳家屯	甘河	39.19	37.68	-3.8	0.75
	3	阿彦浅	嫩江	110.31	105.03	-4.8	0.73
尼尔基至江桥	4	德都	讷谟尔河	11.18	10.61	-5.1	0.51
	5	古城子（二）	诺敏河	47.72	46.11	-3.4	0.82
	6	同盟（二）	嫩江	166.91	160.11	-4.1	0.80
	7	那吉	阿伦河	6.69	6.51	-2.6	0.82
	8	音河水库	音河	1.54	1.55	0.5	0.63
	9	双阳	双阳河	0.66	0.64	-2.5	0.62
	10	依安大桥	乌裕尔河	6.38	6.28	-1.5	0.54
	11	碾子山（二）	雅鲁河	19.27	19.44	0.9	0.86
	12	景星（二）	罕达罕河	3.86	3.76	-2.8	0.72
	13	两家子（二）	绰尔河	22.01	21.78	-1.0	0.76
	14	江桥	嫩江	217.46	218.68	0.6	0.80
江桥以下	15	白沙滩	嫩江	210.34	217.29	3.3	0.79
	16	洮南	洮儿河	13.88	12.70	-8.5	0.68
	17	大赉	嫩江	226.97	236.68	4.3	0.65
	18	白云胡硕	霍林河	3.72	3.34	-10.1	0.77
丰满以上	19	五道沟	辉发河	24.26	25.29	4.2	0.85
	20	丰满水库	西流松花江	127.87	125.17	-2.1	0.77
丰满以下	21	农安	伊通河	3.23	3.18	-1.7	0.54
	22	德惠	饮马河	7.28	6.99	-4.0	0.62
	23	扶余	西流松花江	147.66	148.05	0.3	0.81
三岔口至哈尔滨	24	蔡家沟	拉林河	30.26	30.38	0.4	0.72
	25	哈尔滨	松花江干流	433.95	443.75	2.3	0.64
哈尔滨至通河	26	阿城	阿什河	4.21	4.20	-0.3	0.71
	27	兰西	呼兰河	35.40	35.51	0.3	0.76
	28	莲花（二）	蚂蚁河	20.72	19.80	-4.4	0.78
	29	通河	松花江干流	484.39	505.25	4.3	0.66
牡丹江	30	长江屯	牡丹江	78.07	76.03	-2.6	0.71
通河至佳木斯	31	依兰	松花江干流	571.77	590.19	3.2	0.70
	32	倭肯	倭肯河	4.60	4.75	3.2	0.77
	33	晨明（二）	汤旺河	50.59	44.12	-12.8	0.82
	34	佳木斯	松花江干流	669.42	679.63	1.5	0.75
佳木斯以下	35	宝泉岭	梧桐河	7.92	7.61	-3.9	0.75
	36	鹤立	鹤立河	1.21	1.16	-3.8	0.66

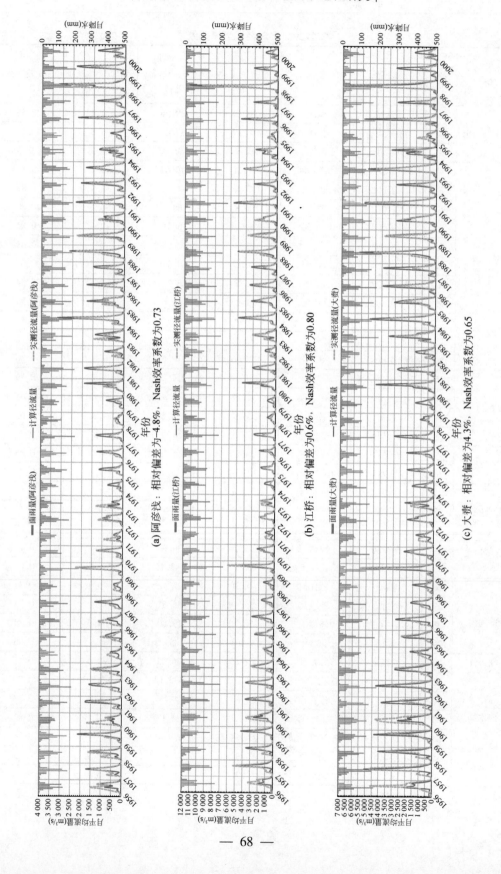

(a) 阿彦浅：相对偏差为-4.8%，Nash效率系数为0.73

(b) 江桥：相对偏差为0.6%，Nash效率系数为0.80

(c) 大赉：相对偏差为4.3%，Nash效率系数为0.65

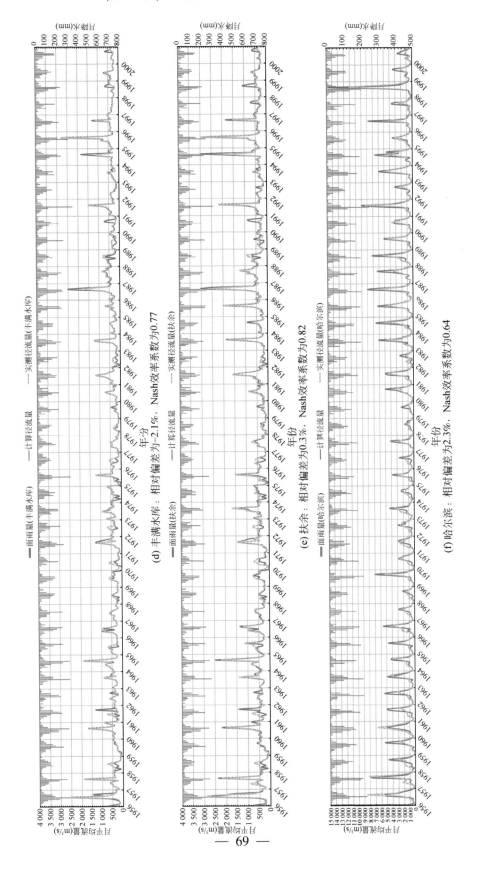

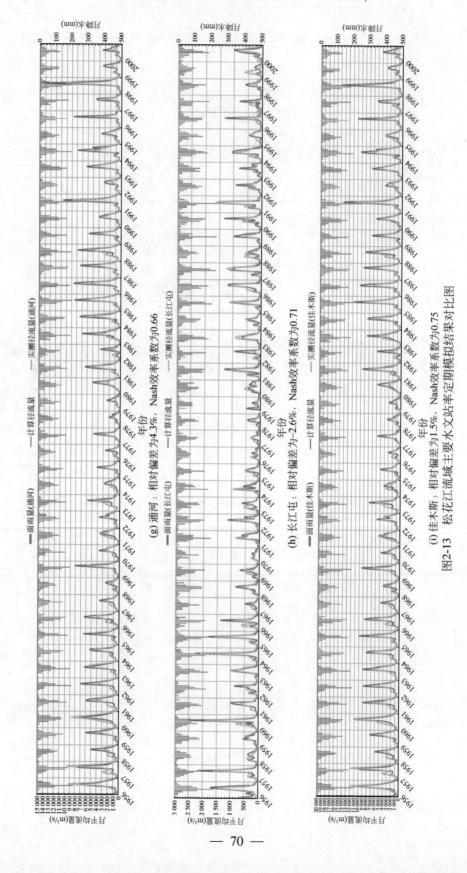

(g) 通河：相对偏差为4.3%，Nash效率系数为0.66

(h) 长江屯：相对偏差为-2.6%，Nash效率系数为0.71

(i) 佳木斯：相对偏差为1.5%，Nash效率系数为0.75

图2-13　松花江流域主要水文站率定期模拟结果对比图

2.3.4.2 枯水期径流量的模拟效果

通过 2.3.4.1 小节可以看出，模型对研究区全年的地表径流的模拟效果较好，但在松花江流域水功能区纳污能力的核算中，采取的设计流量是枯水期，即每年 12 月至次年 3 月的径流量数据。在现有利用相对误差、Nash 效率系数进行验证的体系中，由于一年之中汛期径流量所占比例较大，汛期的模拟效果往往直接决定了全年的模拟效果。在水文模型率定和验证完后，长系列逐月的模拟效果达到要求，但如果把所有年份枯水期（如 12 月至次年 3 月）的模拟结果单独拿出来并串在一起，其模拟效果尚有待检验。对表 2-16 中主要水文站在枯水期的模拟效果单独进行分析，结果见表 2-30。

从表 2-30 可以看出，36 个水文站中只有 25% 的水文站（9 个）枯水期径流量的相对误差控制在 10% 以内，Nash 效率系数大部分为负值。结果表明，应用一般分布式水文模型，虽然能对研究区全年的径流量取得比较好的模拟效果，但对研究区枯水期径流量的模拟却严重失真，模拟误差相当大，不足以应用模拟结果支撑流域水功能区纳污能力的计算及水质水量联合调控研究。需要针对研究区特点，对现有模型进行改进，力图实现对枯水期径流量的有效模拟。

表 2-30 长系列枯水期径流量模拟效果（1956~2000 年）

水资源三级区	编号	水文站	水系	多年平均枯水期径流量（亿 m³）	多年平均模拟径流量（亿 m³）	相对误差（%）	Nash 效率系数
尼尔基以上	1	石灰窑	嫩江	0.14	0.34	141.8	−4.55
	2	柳家屯	甘河	0.64	0.30	−53.6	−0.59
	3	阿彦浅	嫩江	1.38	1.42	2.9	−0.14
尼尔基至江桥	4	德都	讷谟尔河	0.14	0.31	128.0	−6.52
	5	古城子（二）	诺敏河	1.07	0.27	−74.6	−1.07
	6	同盟（二）	嫩江	3.18	3.18	0.1	−0.32
	7	那吉	阿伦河	0.08	0.05	−36.7	0.01
	8	音河水库	音河	0.01	0.07	479.9	−79.19
	9	双阳	双阳河	0.00	0.04	1062.7	−17.06
	10	依安大桥	乌裕尔河	0.01	0.51	5026.4	−937.01
	11	碾子山（二）	雅鲁河	0.31	0.16	−47.1	−0.16
	12	景星（二）	罕达罕河	0.02	0.04	147.3	−0.51
	13	两家子（二）	绰尔河	0.58	0.22	−61.9	−0.34
	14	江桥	嫩江	5.86	7.17	22.2	−0.17

水资源三级区	编号	水文站	水系	多年平均枯水期径流量（亿 m³）	多年平均模拟径流量（亿 m³）	相对误差（%）	Nash 效率系数
江桥以下	15	白沙滩	嫩江	5.70	7.85	37.7	-0.48
	16	洮南	洮儿河	0.61	0.51	-15.5	0.43
	17	大赉	嫩江	8.62	9.79	13.5	0.33
	18	白云胡硕	霍林河	0.15	0.15	-1.6	0.27
丰满以上	19	五道沟	辉发河	1.38	1.55	12.3	0.35
	20	丰满水库	西流松花江	34.09	31.65	-7.2	0.49
丰满以下	21	农安	伊通河	0.42	0.22	-46.4	-0.09
	22	德惠	饮马河	0.22	0.83	270.9	-2.66
	23	扶余	西流松花江	32.85	33.97	3.4	0.32
三岔口至哈尔滨	24	蔡家沟	拉林河	1.06	2.10	98.2	-2.46
	25	哈尔滨	松花江干流	45.72	48.44	5.9	0.50
哈尔滨至通河	26	阿城	阿什河	0.17	0.02	-91.2	-0.54
	27	兰西	呼兰河	0.79	1.70	114.4	-5.29
	28	莲花（二）	蚂蜒河	0.61	0.20	-68.1	-0.23
	29	通河	松花江干流	47.51	52.09	9.6	0.57
牡丹江	30	长江屯	牡丹江	7.02	4.23	-39.7	-1.98
通河至佳木斯	31	依兰	松花江干流	56.12	58.59	4.4	0.51
	32	倭肯	倭肯河	0.04	0.24	474.9	-12.23
	33	晨明（二）	汤旺河	0.87	0.56	-35.1	-0.60
	34	佳木斯	松花江干流	63.30	61.91	-2.2	0.54
佳木斯以下	35	宝泉岭	梧桐河	0.18	0.12	-31.7	-0.53
	36	鹤立	鹤立河	0.01	0.03	241.1	-3.84

2.4 本章小结

1）本章选取松花江流域为研究区域，介绍了研究区域的自然地理、河流水系分布、水资源及其开发利用等方面的概况。根据实地调研，从典型支流水生态系统、流域内鱼类种群分布、重要生态保护区等方面阐述了该地区水生态概况,为开展河流生态需水过程的研究提供了充分的数据支撑。

2)收集整理了开展松花江流域分布式水文模拟所需的 DEM、土地利用、土壤类型、气象、水文、社会经济和供用水等资料,对相关信息进行了时空展布和系列插补处理,并利用地理信息系统工具,整合到统一的数据平台,为开展流域分布式水文模拟奠定了数据基础。

3)开展了研究区数字河道的提取、河道断面的概化、子流域和等高带计算单元的划分,以及农业、工业、生活水循环系统的概化工作,以 WEP-L 模型为基础建立了松花江流域二元水循环模拟模型,对研究区 1956~2010 年水循环历史过程进行了模拟。

4)模拟结果显示,通过构建一般分布式水文模型,可以对研究区长系列逐月径流过程取得较好的模拟效果,但对枯水期径流量的模拟效果很差,难以支撑流域水功能区纳污能力的计算及水质水量联合调控研究,急需针对寒区水循环特点对模型进行相应的改进。

第3章 寒区冻土水文效应观测试验
与水热耦合模拟

本章基于在吉林省前郭灌区进行的冻土水文效应观测试验，系统总结了研究区土壤冻结与融解规律及冻土对土壤水运动的影响，在已有研究成果基础上梳理形成了冻土水热耦合模拟模块，并探索性地与流域分布式水文模型 WEP-L 相耦合，实现了大尺度范围内冻土水文效应的模拟。结果显示，建立的水热耦合模型能较好地对土壤层温度等变量进行模拟，添加冻土模块后，分布式水文模型对枯水期的径流量模拟效果大幅度改善，验证了在寒区进行分布式水文模拟时对冻土水文效应进行水热耦合模拟的可行性与必要性。

3.1 冻土水文效应观测试验

3.1.1 试验设计

试验选择在吉林省前郭灌区的农田进行。前郭灌区位于嫩江与西流松花江交界的区域，在地理位置上具有较好的代表性，农田作为松花江流域平原区的主要土地利用类型，也能较好地反映流域内冻土的发展过程和水文效应。从 2011 年开始进行相关准备工作，到 2012 年 5 月，顺利完成了一个冻融周期的冻土观测试验。

试验目的是研究冻土对土壤水循环的影响机理及为冻土模拟提供数据支持，因此试验设计注重冻土条件下的土壤水分和其他各种水分运动之间的运动和联系，而不仅仅是冻土土壤本身中的水分运动。由于冻土条件下直接测定土壤含水率比较复杂，土壤水分的性状也不相同，用常规的方法（如 TDR）难以准确测定土壤含水率的变化，本次试验采用示踪的方法研究冻土条件下的水分运动。自然状态下溴离子在土壤中含量较少，背景值较低，因此可以作为示踪剂，在土壤冻结前，将溴离子溶解于水中，随水流运动，在随后的冻结和冻融过程中，取样测量土壤容重、土壤液态含水率和固态含水率、土壤温度、土壤结构及溴离子浓度，以获得趋势性的观测资料。试验示意图如图 3-1 所示。

试验在原状土条件下进行，试验区土壤物理及水动力性质参数见表 3-1，试验前试区种植了水稻，水稻收割后，在 1.0hm² 的区域内选择了 4 块 1.0m×1.0m 的典型区域，将表层的稻梗用剪刀小心地铲除后，进行了地表的平整，平整过程中尽可能地避免对土壤进行扰动。4 个试验小区包括 2 组试验，每组试验重复 2 次，试验 1 和试验 2 为一维条件下的水分运动试验，试验区四周 50m 范围内的土壤情况与试验区相同，试验 3 和试验 4 为二维流动试验，试验区一侧 5.0m 为排水斗沟，排水沟沟底距田块地表 0.8m，试验区另外 3 个方向则可视为无水平方向流动的不透水边界条件。

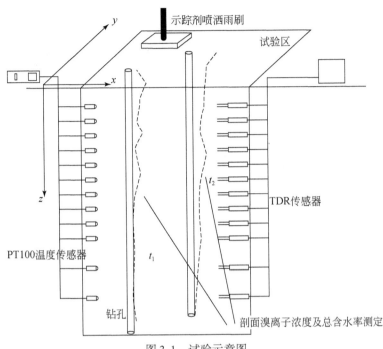

图 3-1　试验示意图

表 3-1　试验区土壤物理及水动力性质参数

| 土层深度 | 粒径分布（%） | | | 容重 | 土壤水分特征曲线* | | | | 渗透系数 |
(cm)	<2μm	2~50μm	>50μm	(g/cm³)	θ_r	θ_s	α	n	(10⁻⁴cm/s)
0~15	28.0	41.0	31.0	1.2	0.0820	0.4794	0.0101	1.5004	3.24
15~28	30.5	35.8	33.7	1.4	0.0767	0.4311	0.0126	1.4413	1.25
28~100	18.5	28.9	52.6	1.5	0.0592	0.3991	0.0230	1.4000	2.81

＊土壤水分特征曲线用 Van Genuchten 模型表示，θ_r 为土壤剩余体积含水量，θ_s 为饱和体积含水量，α 为模型参数，n 为经验拟合参数

　　第一步：投放示踪剂及工作剖面开挖。用自然界没有的溴离子作为示踪剂，在1.0m×1.0m 的区域内投放示踪剂，用水将 NaBr 溶解后（6.5g/L），为了均匀投放，用喷洒的方式投放，示踪剂投放 20mm。在试验区的一侧，进行剖面开挖，埋设液态含水率及温度传感器监测仪器。

　　第二步：水、热传感仪器安装与测量。在土壤 0cm、10cm、20cm、30cm、40cm、50cm、60cm、70cm、80cm、90cm、100cm、120cm 和 140cm 深度位置布设了 TDR 传感器，在 0cm、10cm、20cm、30cm、45cm、60cm、75cm、90cm、100cm、110cm 和 120cm 处布设了 PT100 温度传感器，试验过程中对土壤不同深度含水率及温度进行连续监测。TDR 通过时域反射测定土壤介电常数，而介电常数主要取决于液态含水率，可直接用于冻土条件下液态含水率的测定。

　　第三步：冻土取芯与示踪剂测量。示踪剂投放 30d 后（11月9日）作为初始条件，然后分别在11月25日、12月20日、2月15日、4月5日和4月20日，用电动土钻对

0～5cm、5～10cm、10～15cm、15～20cm、20～30cm、30～40cm、40～50cm、50～60cm、60～70cm、70～80cm、80～90cm、90～100cm、100～120cm、120～140cm 进行了取样，并在实验室内测定了土壤含水率、冻土容重，将土壤用 1：5 蒸馏水溶解，提取土壤溶液后，用溴离子电极测定了溴离子浓度。

3.1.2 试验结果与分析

3.1.2.1 土壤冻结与融解规律

2011 年 11 月至 2012 年 5 月土壤温度和冻深变化过程分别如图 3-2（a）、图 3-2（b）所示。2011 年 11 月 25 日开始形成冻土后，冻土由地表逐渐向下扩展（不考虑溶质对土壤冻结过程的影响），2012 年 2 月 27 日达到最大冻深 150cm，随后进入融化过程，冻土首先从最大冻深位置开始向上融解，2012 年 3 月 25 日表层冻土开始融解，并逐渐向深层推进。根据冻融过程中土壤冻结深度的发展，将冻融过程分为冻结前期、冻结期和融化期三个时期。冻结前期（11 月 9～25 日），地表温度迅速降低，冻土开始形成，冻结期（11 月 25 日至次年 2 月 25 日）冻深逐渐向下扩展到最大位置，融化期（2 月 25 日至 5 月 10 日），冻土由最大冻结深度向上，以及由地表向下逐渐解冻。

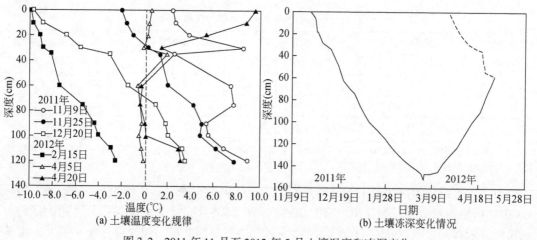

(a) 土壤温度变化规律 (b) 土壤冻深变化情况

图 3-2 2011 年 11 月至 2012 年 5 月土壤温度和冻深变化

3.1.2.2 冻土对土壤水运动的影响

图 3-3（a）～图 3-3（d）分别为 4 组试验测定示踪剂（溴离子）浓度随时间变化过程。对垂直一维情况的试验 1 和试验 2，由图 3-3（a）、图 3-3（b）可以看出，在冻结前期和冻结期，示踪剂浓度峰值表现出向地表推移的趋势：11 月 25 日，示踪剂浓度峰值在 20cm 深度位置，12 月 20 日，地表 0cm 示踪剂浓度出现峰值。在这一阶段，不考虑溶质浓度对冻结过程的影响，水分主要在温度梯度和水势梯度的作用下，形成了方向向上的水流通量。融化过程中，示踪剂浓度峰值迅速向下推移，比较图 3-3（a）、图 3-3（b）可以看

出，在不考虑溶质浓度对融化过程的影响的情况下，由于表层融化的水体向深层入渗受到下层冻土的顶托，在冻土层和非冻土层交界位置，示踪剂浓度峰值出现，而在土壤底层最大冻深位置，由于示踪剂在冻土融化后，向下运动进入地下水，亦形成浓度峰值向下推移的过程。

图 3-3（c）、图 3-3（d）为二维条件下的两组试验（试验 3 和试验 4）土壤剖面示踪剂浓度变化的比较。冻结前期试验 3 和试验 4 分别在 20cm 和 30cm 深度位置出现示踪剂浓度峰值，表明在 20～30cm 土层深度存在零通量面，零通量面以上，通量方向向上，而零通量面以下，通量方向向下，而在一维情况下的两组试验整个深度的通量方向向上，均未出现零通量面。由于存在水平流动通道，在冻融期，两组二维试验在表层 0～30cm 深度，均未出现示踪剂浓度峰值。在 80cm 以下深度区间，与一维情况相同，试验 3 和试验 4 的示踪剂浓度峰值亦表现出向下推移的现象，然而，试验 3 和试验 4 的示踪剂浓度峰值推移速度，以及浓度峰值的变化量均大于一维试验区。表明在一定程度上，一维条件下的水流通量受到地下水的顶托影响而减小。

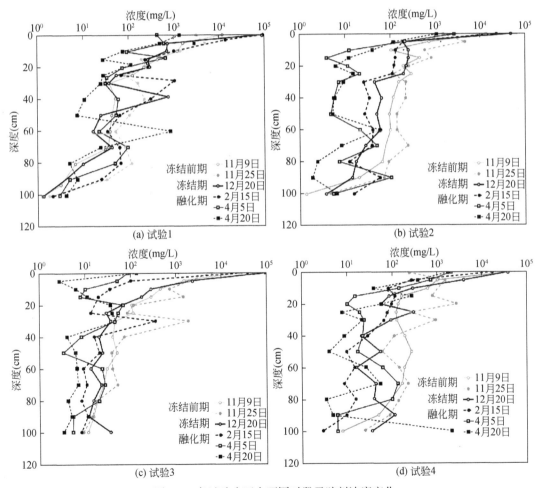

图 3-3 各试验小区在不同时段示踪剂浓度变化

选取 0~100cm 土层为计算区，将计算区按 20cm 厚度分为 5 层，一维垂向条件下，各层上、下边界的水流通量及水量、示踪剂质量平衡关系如图 3-4 所示。

$$q_{i+1}c_{i+1} - q_ic_i = \Delta M_i \tag{3-1}$$

$$Q_{i+1} - Q_i = \Delta W_i \tag{3-2}$$

式中，q_i 和 q_{i+1} 分别为第 i 层（i=1，2，…，5）从上、下边界进入（或流出）该层的水流通量；c_i 和 c_{i+1} 分别为第 i 层上、下边界的水流通量中示踪剂浓度；Q_i 和 Q_{i+1} 分别为第 i 层从上、下边界进入（或流出）该层的水量；ΔM_i 和 ΔW_i 分别为第 i 层示踪剂质量和含水量的变化量（对表层而言，含水量变化量为蒸发量）。

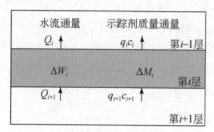

图 3-4 水量及溶质平衡计算图

考虑到冻结过程中只有未冻水发生移动，而水结冰后溶质会析出，以及冻结和融化过程中液相和固相水体中示踪剂的交换，不考虑溶质对土壤冻结及融化过程中的水分及温度变化的影响，只考虑溶质的对流运动，采用预估-校正的方法对水流通量进行估算，具体如下：根据各层测定示踪剂质量平衡，采用式（3-1）估算下边界水流通量，由于第 i 层的下边界通量与第 i+1 层的上边界通量相等，以及各层测量含水量的变化量，采用式（3-2）递推确定各层的边界水流通量，根据各层示踪剂质量变化量测定结果，递推计算进入（流出）各层的通量浓度。对表层而言，出流的溶质通量为 0，水流通量为蒸发或降雨（雪），而对最下层而言，入流的溶质通量为 0。通过反复迭代计算，直到误差在控制范围（<5%）之内。

一维垂向条件下的试验 1、试验 2 各层水流通量见表 3-2。在冻结前期（11 月 9 日~25 日），水分通量均在 20~40cm 土层达到最大值，分别为 1.34×10^{-2} mm/d 和 0.94×10^{-2} mm/d，而在表层 0~20cm，在冻结期开始后迅速冻结，水分向表层运动受阻，水分通量较小，分别为 0.45×10^{-2} mm/d 和 0.60×10^{-2} mm/d。随着冻结期的深入，冻结锋开始稳定向下运动的同时，土壤剖面的水流通量峰值亦向下推移，通量最大值发生在冻土层与非冻土层之间的交界区，在 11 月 25 日至 12 月 20 日，试验 1 和试验 2 水流通量分别在 60~80cm 和 40~60cm 处达到最大值 1.12×10^{-2} mm/d 和 1.13×10^{-2} mm/d。水分通量的峰值在冻结的不同时刻出现在土层不同深度，且与冻结锋面的位置具有一致性，而在深层未冻区域，水流通量表现出随深度减小的趋势。在冻结锋以上的土层中，已冻结土壤中的未冻水含率在 -2℃ 以下时基本不变，由未冻土迁移到冻土中的水分会立即结冰，并在冻土与冻结锋之间形成冰透镜体，阻碍了水分向未冻土中的运移，并同时引起冻结锋处的水势的减小，促使更多的水分在水势梯度作用下向冻结锋处聚集，导致该处水分通量出现峰值，因此出现水分通量峰值与冻结锋的位置的一致变化。而在 80cm 以下深层未冻土层中，则由于温度和水势梯度降低，水分通量出现随深度增加而减小的趋势。

表 3-2　冻融过程中测定水流通量（单位：10^{-2} mm/d）

土层深度	试验 1			试验 2		
	冻结前期	冻结期	融化期	冻结前期	冻结期	融化期
0 ~ 20cm	0.45	0.08	-0.30	0.60	0.38	-0.63
20 ~ 40cm	1.34	0.44	-0.43	0.94	0.80	-0.78
40 ~ 60cm	1.31	0.58	0.92	0.90	1.13	1.19
60 ~ 80cm	1.13	1.12	1.73	0.76	1.11	-1.52
80 ~ 100cm	0.70	1.09	-3.75	0.35	0.76	-1.80

注：负号表示通量方向向下

3.1.2.3　液态含水量与土壤温度的关系

将冻土层划分为 0 ~ 15cm、15 ~ 28cm 和 28 ~ 100cm 三层，整理不同时间测量的冻土层温度与液态含水量数据，结果如图 3-5 所示。可以看出，在 -0.01 ~ 0℃ 液态含水率减小 46.3% ~ 49.9%，之后液态含水率随温度的降低出现较平缓的变化，当温度降低到 -8℃ 后，液态含水率基本保持不变，稳定在 0.02 cm^3/cm^3（0 ~ 15cm 深度）和 0.07 cm^3/cm^3（15 ~ 28cm 和 28 ~ 100cm 深度）附近。尽管在冻融过程中有水分不断地向冻土层迁移，但不同土层在完全冻结后的液态含水率相差并不大，28cm 以下土层与 0 ~ 28cm 土层在冻结后的液态含水率差异仅为 3%，这是由于当温度低于结冰点，土壤中水分冻结后，土壤孔隙中的毛管水已经全部冻结形成冰，液态水分主要为吸附于土壤颗粒表面的薄膜水，无法移动，而在温度梯度下运动到冻结土层中的水分由于温度低于结冰点，也会立即结冰，并不以液态形式在冻土层中存在。因此，尽管在冻结过程中不断地有水分从未冻土向冻结锋附近移动，但冻土中的液态含水率并没有发生显著的变化。这一性质为冻土水热耦合模拟提供了重要参考。

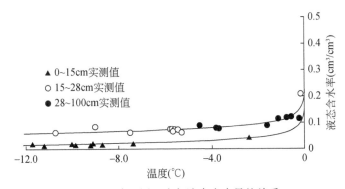

图 3-5　冻土层温度与液态含水量的关系

3.2 冻土水热耦合模拟原理

3.2.1 系统的上边界

系统的上边界是大气下垫面，它是地、气交界面，系统的水热特性主要由上边界控制。下垫面吸收的太阳辐射、净长波辐射交换及地气间的水热交换是系统动力作用过程的输入。上边界能量由气象站的基本观测要素来计算，包括气温、风速、空气湿度、太阳辐射。地表面的能量平衡方程可表示如下：

$$RN+Ae=lE+H+G \tag{3-3}$$

式中，RN 为净放射量；Ae 为人工热排出量；lE 为潜热通量；H 为显热通量；G 为地中热通量，即进入土壤层的热通量。

净放射量（RN）由短波净放射量（RSN）与长波净放射量（RLN）相加求得

$$RN=RSN+RLN \tag{3-4}$$

（1）短波放射

在没有短波放射观测数据的情况下，通常由日照时间观测数据推算。日短波净放射量的推算公式（贾仰文等，2005）如下。

$$RSN=RS\ (1-\alpha) \tag{3-5}$$

$$RS=RS_0\left(a_s+b_s\ \frac{n}{N}\right) \tag{3-6}$$

$$RS_0=38.5d_r\ (\omega_s\sin\phi\sin\delta+\cos\phi\cos\delta\sin\omega_s) \tag{3-7}$$

$$d_r=1+0.33\cos\left(\frac{2\pi}{365}J\right) \tag{3-8}$$

$$\omega_s=\arccos\ (-\tan\phi\tan\delta) \tag{3-9}$$

$$\delta=0.4093\sin\left(\frac{2\pi}{365}J-1.405\right) \tag{3-10}$$

$$N=\frac{24}{\pi}\omega_s \tag{3-11}$$

式中，RS 为到达地表面的短波放射量；α 为短波反射率；RS_0 为太阳的地球大气层外短波放射量；a_s 为扩散短波放射量常数（在平均气候条件下为 0.25）；b_s 为直达短波放射量常数（在平均气候条件下为 0.5）；n 为日照小时数；N 为可能日照小时数；d_r 为地球与太阳之间的相对距离；ω_s 为日落时的太阳时角；ϕ 为观测点纬度（北半球为正，南半球为负）；δ 为太阳倾角；J 为 Julian 日数（1 月 1 日起算）。

（2）长波放射

在没有长波放射观测数据的情况下，日长波净放射量的推算公式（贾仰文等，2005）如下：

$$RLN = RLD - RLU = -f\varepsilon\sigma\left(T_a + 273.2\right)^4 \qquad (3\text{-}12)$$

$$f = a_L + b_L\,\frac{n}{N} \qquad (3\text{-}13)$$

$$\varepsilon = -0.02 + 0.261\exp\left(-7.77\times10^{-4}\,T_a^2\right) \qquad (3\text{-}14)$$

式中，RLN 为长波净放射量；RLD 为向下（从大气到地表面）长波放射量；RLU 为向上（从地表面到大气）长波放射量；f 为云的影响因子；ε 为大气与地表面之间的净放射率；σ 为 Stefan-Boltzmann 常数（$4.904\times10^{-9}\,\mathrm{MJ\cdot m^{-2}\cdot K^{-4}\cdot d^{-1}}$）；$T_a$ 为日平均气温；a_L 为扩散长波放射量常数（在平均气候条件下为 0.25）；b_L 为直达长波短波放射量常数（在平均气候条件下为 0.5）；n 为日照小时数；N 为可能日照小时数。

（3）潜热通量

潜热通量的计算公式如下：

$$\ell E = \ell \cdot E \qquad (3\text{-}15)$$

$$\ell = 2.501 - 0.002361\,T_s \qquad (3\text{-}16)$$

式中，ℓ 为水的潜热；T_s 为地表温度；E 为蒸散发（根据 Penman-Monteith 公式计算）。

（4）显热通量

显热通量可根据空气动力学原理计算：

$$H = \rho_a C_p\left(T_s - T_a\right)/r_a \qquad (3\text{-}17)$$

式中，ρ_a 为空气的密度；C_p 为空气的定压比热；T_s 为地表面温度；T_a 为气温；r_a 为空气力学的抵抗。

（5）人工热排出量

在城市地区，工业及生活人工热消耗的排出量（Ae）对地表面能量平衡有一定影响，根据城市土地利用与能量消耗的统计数据加以考虑。

3.2.2 冻土水热耦合运移模型

传统的水热耦合模型主要考虑固态冰体变化对液态含水率的影响及温度对水流的作用，然而，冻土条件下土壤水分运动的本构关系亦与非冻土条件下有明显的区别，根据 2011 年的试验结果，初步确立了冻土条件的土壤水热运动模型本构关系。

一维均质土壤的冻融过程中，水分、热量运动方程可表示成如下形式：

$$\frac{\partial\theta_1}{\partial t} = \frac{\partial}{\partial z}\left[D(\theta_1)\,\frac{\partial\theta_1}{\partial z} - K(\theta_1)\right] - \frac{\rho_i}{\rho_1}\frac{\partial\theta_i}{\partial t} \qquad (3\text{-}18)$$

$$C_v\frac{\partial T}{\partial t} = \frac{\partial}{\partial z}\left[\lambda\,\frac{\partial T}{\partial z}\right] + L_f\rho_i\frac{\partial\theta_i}{\partial t} \qquad (3\text{-}19)$$

式中，θ_1、θ_i 分别为土壤中液态水、冰的体积含量；T 为土壤温度；t、z 分别为时间、空间坐标（垂直向下为正）；$D(\theta_1)$、$K(\theta_1)$ 分别为非饱和土壤水分扩散率、导水率；C_v、

λ 分别为土壤体积热容量、热导率；ρ_i、ρ_1 分别为冰、水密度；L_f 为融化潜热。

在冻土中，液态含水量与温度之间存在着动态平衡关系：

$$\theta_1 = f(T) \tag{3-20}$$

由于在水分及热量方程中，均出现含冰量的变化项，联立式（3-18）、式（3-19）消去含冰项，并结合式（3-20）可得冻土中水热耦合方程

$$C_e \frac{\partial T}{\partial t} = \frac{\partial}{\partial z}\left[\lambda_e \frac{\partial T}{\partial z}\right] - U_e \frac{\partial T}{\partial z} \tag{3-21}$$

式中，C_e、λ_e、U_e 分别为冻土的等效体积热容量、等效热导率、等效对流速度，其值分别为

$C_e = C_v + C_1$,

$\lambda_e = \lambda + D(\theta_1) \cdot C_1$,

$U_e = C_1 \cdot dK(\theta_1)/d\theta_1$,

$C_1 = L_f \rho_1 \cdot df/dT$

对式（3-21），采用全隐式差分格式求解，如下

$$A_i T_{i-1}^n + B_i T_i^n + C_i T_{i+1}^n = F_i \tag{3-22}$$

式（3-22）中的系数为

$A_i = -R_{ln_i}\lambda_{e_{i-1/2}} - R_{3_i}U_{e_i}$,

$C_i = -R_{lp_i}\lambda_{e_{i+1/2}} + R_{3_i}U_{e_i}$,

$B_i = C_{e_i} - A_i - C_i$,

$F_i = C_{e_i}T_i^{n-1}$,

$R_{3_i} = \Delta t_n/(z_{i+1} - z_{i-1})$,

$R_{ln_i} = 2R_{3_i}/(z_i - z_{i-1})$,

$R_{lp_i} = 2R_{3_i}/(z_{i+1} - z_i)$

对式（3-18），假定在时段 Δt_n 内的含冰量不变，在时段末多余的液态水瞬时冻结成冰，此时式（3-18）中可忽略相变的作用，同样采用全隐式差分格式求解为

$$\alpha_i \theta_{l_{i-1}}^n + \beta_i \theta_{l_i}^n + \gamma_i \theta_{l_{i+1}}^n = G_i \tag{3-23}$$

其中，$\alpha_i = -R_{ln_i}D_{i-1/2}$,

$\gamma_i = -R_{lp_i}D_{i+1/2}$,

$\beta_i = 1 - \alpha_i - \gamma_i$,

$G_i = \theta_{l_i}^{n-1} - R_{3_i}(K_{i+1} - K_{i-1})$

离散方程（3-21）和（3-22）为三对角方程组，可用追赶法求解。在迭代开始时，可用较小的时间步长，然后根据时段内的迭代次数对时间步长进行修正。在土壤水分、温度变化较快时采用较小时间步长，在土壤水分、温度变化较慢时采用较大时间步长，从而提高迭代精度。

由于土壤温度降低到0℃以下后，土壤孔隙中存在三种水分形态：冰、可移动液态水及不可移动液态水。在冻土中，发生移动的水分只占液态水的一部分，然而目前关于冻融的模型在进行水分运动方程计算时，认为土壤中液态水都是可移动的，这就容易造成冻土中水分运动方程及运动参数的计算误差。因此，如何根据冻土中实际运动的液态水分来修

正运动方程及水分运动参数将是本研究的重点。在利用方程（3-18）进行水量平衡计算时，其中的液态含水率为总的液态含水率，然而对非饱和水力传导度和土壤水分特征曲线来讲，实际上仅仅是可移动的液态水发生移动，因此，有如下关系式：

$$h = h(S_a) \tag{3-24}$$

$$K = f_a K(S_a) \tag{3-25}$$

式中，S_a 为可移动水体的饱和度；f_a 为考虑不可移动的液态水体占据部分孔隙路径后，流动通道面积减小而对非饱和水力传导度的影响因子。

而在理论上，总的液态含水率和可移动液态水的含水率是能够建立函数关系的，即

$$S_a = g(S_e) \tag{3-26}$$

于是，方程（3-18）修改后的形式如下：

$$\frac{\partial \theta_1}{\partial t} = \frac{\partial}{\partial z}\left[D(\theta_{1m})\ \frac{\partial \theta_1}{\partial z} - K(\theta_{1m}) \right] - \frac{\rho_i}{\rho_1}\frac{\partial \theta_i}{\partial t} \tag{3-27}$$

式中，θ_{1m} 为可移动液态水含量。

同理，方程（3-18）中水力传导性能有关的系数 $K(\theta_1)$、$D(\theta_1)$ 均替换为 $K(\theta_{1m})$ 和 $D(\theta_{1m})$，有如下形式：

$$C_v \frac{\partial T}{\partial t} = \frac{\partial}{\partial z}\left[\lambda_{em} \frac{\partial T}{\partial z} \right] - U_{em}\frac{\partial T}{\partial z} \tag{3-28}$$

$C_e = C_v + C_1,$

$\lambda_e = \lambda + D(\theta_{1m}) \cdot C_1,$

$U_e = C_1 \cdot dK(\theta_{1m})\ /d\theta_{1m},$

$C_1 = L_f \rho_1 \cdot df/dT$

采用式（3-22）中的全隐式差分格式求解。

3.2.3　重要参数的计算方法

（1）土壤水势

根据 Clausius-Clapeyron 方程，并假设冻土中冰压与非冻土中空气的压力相同，都为零，可以发现冻土水势与温度之间存在如下关系式：

$$h = \frac{\sigma}{\sigma_{sl}}\frac{L_f}{g}\ln \frac{T_m - T}{T_m} \tag{3-29}$$

式中，σ、σ_{sl} 分别为气–液与冰–液界面自由能；T_m 为土壤水分的冻结温度；L_f 为冰的融化潜热。

（2）土壤比热容

土壤比热容可表达成各组分体积比热容之和：

$$C_v = \sum c_{vj}\theta_j \tag{3-30}$$

式中，c_{vj} 和 θ_j 分别为第 j 种土壤组分（土壤矿物颗粒、水、冰和汽）的体积比热容和体积

百分比。

（3）土壤导热率

土壤导热率可以用 de Vries（1963）提出的半经验半理论模型计算，其计算公式为

$$\lambda = \frac{\sum k_i \theta_i \lambda_i}{\sum k_i \theta_i} \tag{3-31}$$

式中，k_i、θ_i 和 λ_i 分别为第 i 种土壤组分（如土壤矿物颗粒、有机质、水、冰和汽）的权重系数、体积含量和热导率。

土壤各组分形状系数见表 3-3。

表 3-3 土壤各组分形状系数

土壤成分	石英	长石	方解石	黏土云母	云母	有机质	冰	水
长短轴比 m	3	9	2	100	10	0	1	1
形状系数 g_i	0.182	0.076	0.236	0.0078	0.07	0.5	0.333	0.333

3.2.4 与 WEP 模型的耦合

在 WEP 模型中，将表层土壤分成 3 层，分层依据是乔木根系贯穿 3 层土壤，灌木和农作物根系贯穿上 2 层，裸地土壤蒸发发生在第 1 层。3 层土壤的厚度是模型的重要调试参数，模型默认值分别是第一层 20cm、第二层 40cm、第三层 140cm。由图 3-6 的土壤温度变化规律可知，在土壤冻结期，随着深度的增加土壤层温度处于连续变化的状态，在进行水热耦合模拟时，如果单层计算单元厚度太大，将无法准确反映土壤水热的连续变化过程，极有可能导致迭代计算不收敛。为了有效解决这个问题，本次研究将可能发生蒸散发的表层土壤分成 10 层，并默认第 1 层发生裸地蒸发，第 1~第 3 层为灌木根系到达的深度，第 1~第 10 层为乔木根系到达的深度，将调试参数从 3 个减少到 1 个，即发生裸地蒸发的土壤层厚度。若该参数设为 0.2m，则灌木根系到达的深度为 0.6m，乔木根系到达的深度为 2.0m，这与 WEP 模型的默认值是一致的。由于松花江流域冻土层厚度一般在 1.5m 左右，高于地下水位，本次研究剔除了地下水对冻土效应的影响，即假定地下水不冻结，也不与最底层土壤层发生热交换。

模型迭代计算时首先计算各土壤层在当天的液态水分蒸发、迁移和壤中流量。其中表层土壤的蒸发限制在土壤液态水分含量在最大分子持水率以上，即当土壤液态水分含量低于最大分子持水率时，表层土壤不发生蒸散发；其他各层土壤的蒸发限制在枯萎含水量以上。各层土壤的下渗和迁移都限制在最大分子持水率以上。土壤层蒸散发采用了 Penman-Monteith 公式。土壤水的迁移根据达西定律采用水势梯度方法计算，计算公式如下：

$$q_1 = -k \nabla (\psi_m + \psi_g) \tag{3-32}$$

式中，q_1 为液态水通量；k 为渗透系数；ψ_g 为重力势；ψ_m 为基质势。K 和 ψ_m 都是关于土

壤层未冻水含量 θ_1 的函数。对各土壤层，仅考虑垂向间的通量，则式（3-32）可转化为

$$q_1 = -k \frac{\partial (\psi_m + z)}{\partial z} = -k \frac{\partial \psi_m}{\partial z} - k \tag{3-33}$$

式中，z 为土壤层厚度。在山地丘陵等地形起伏地区，从不饱和土壤层流入河道的坡向壤中流的计算公式如下：

$$R_2 = k \sin(\text{slope}) Lz \tag{3-34}$$

式中，R_2 为坡向壤中流；slope 为地表面坡度；L 为计算单元内的河道长度。

完成土壤层坡向壤中流、水分蒸散发和对流通量的计算后，判断土壤层是否达到饱和含水率，若超过饱和含水率，则计算蓄满产流。

在完成一次土壤层液态水分的迁移转化计算后，计算各土壤层的感热传导，进入第一层土壤的热量通过地温强迫-恢复法计算，其他各层之间的感热传导通过土壤层导热系数和温度差计算。计算公式如下：

$$H_s - \frac{k_{s,up} \cdot z_{up} + k_{s,down} \cdot z_{down}}{z_{up} + z_{down}} \times \frac{T_{s,up} - T_{s,down}}{0.5 z_{up} + 0.5 z_{down}} \times 86\,400 \tag{3-35}$$

式中，H_s 为感热；k_s 为土壤导热系数；z 为土壤层厚度；下标 up、down 分别代表上层和下层土壤，下同。

感热传导直接导致各土壤层温度的变化，计算公式如下：

$$\Delta T_2 = \frac{H_{1,2} - H_{2,3}}{C_{s2} Z_{s2}} \tag{3-36}$$

式中，ΔT_2 为中间土壤层（计算层）的温度变化；$H_{1,2}$、$H_{2,3}$ 分别为计算层与其上层、下层之间的感热；C_{s2} 为计算土壤层的体积热容；Z_{s2} 为计算土壤层的厚度。

土壤层温度的变化导致土壤内固态、液态水分分布发生变化。在模型中，根据土壤层平均温度将土壤层分为完全冻结（平均温度小于-8℃）、未冻结（平均温度大于0℃）和部分冻结（介于-8~0℃）3 种状态。在完全冻结状态，土壤中残留液态水分为最大分子持水率，其他全为固态含水量；在未冻结状态，则固态含水量为零；在部分冻结状态，根据冻土水热耦合运移模型计算固态水含量变化量。这样完成一次水热耦合模拟过程的计算，然后以土壤层温度、固态含水量、液态含水量稳定为迭代收敛判断条件，进行迭代计算，直至计算结果稳定。

3.3 模拟结果与分析

3.3.1 土壤层温度模拟验证

本研究根据土壤层平均温度来判断土壤层的冻结状态，确定固态、液态水分含量，因此对土壤层温度的准确模拟是实现冻土水热耦合模拟的关键。由于本研究进行的冻土水文效应观测试验只是记录了一个冻融周期内若干天和若干时间点的冻土层温度，而模型计算的时间尺度是日，利用试验实测土壤层温度数据进行校验的代表性和系列性均不够。而流

域内扎龙湿地拥有我国第一个湿地气象水文自动观测站的土壤层温度资料，因此选取扎龙湿地 2002～2005 年各月平均地温对模型地温模拟结果进行验证。在模型中，扎龙湿地所在参数分区的单层土壤厚度为 0.2m，分别选取第 1 层、第 3 层和第 8 层土壤的模拟温度与 0.1m、0.5m、1.5m 深土壤的实测温度进行对比，结果如图 3-6 所示。

由图 3-6 可以看出，对各层土壤的温度模拟基本符合各自土壤层温度变化规律，Nash 效率系数均达到 0.8 以上，相关系数更是达到 0.9 以上。在冻结期，模拟的土层温度总体上偏低，可能是由于模拟中未考虑地下水对深层土壤的热量传递。虽然如此，但模拟的土壤层平均温度基本反映了其温度变化过程，平均误差在 2℃ 以内，验证了对水热耦合模拟的科学性和适用性。

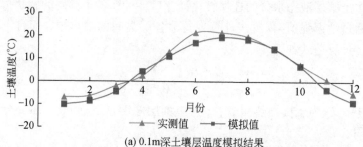

(a) 0.1m深土壤层温度模拟结果
平均误差为-2.0℃，Nash效率系数为0.89，相关系数为0.95

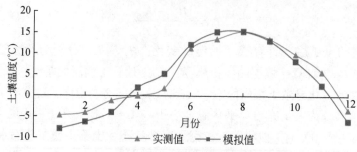

(b) 0.5m深土壤层温度模拟结果
平均误差为-0.7℃，Nash效率系数为0.85，相关系数为0.91

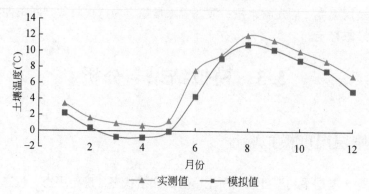

(c)1.5m深土壤层温度模拟结果
平均误差为-1.4℃，Nash效率系数为0.81，相关系数为0.96

图 3-6　土壤层温度模拟对比图

3.3.2 地表径流模拟验证

3.3.2.1 保持模型参数不变

在模型添加冻土水热耦合模拟模块后，在不对模型参数进行调整的情况下，选取嫩江流域出口断面大赉站作为典型站点，探究水热耦合模拟对模拟效果的影响。用月平均径流模拟的 Nash 效率系数和相对误差来显示模拟效果，全年和枯水期的模拟结果见表3-4。

表3-4 添加与未添加冻土水热耦合模拟模块下大赉站月平均径流模拟结果

序列	全年		枯水期	
	相对误差	Nash 效率系数	相对误差	Nash 效率系数
未添加冻土水热耦合模拟模块	4.3%	0.65	13.5%	0.33
添加冻土水热耦合模拟模块	4.8%	0.63	6.8%	0.51

从表3-4可以看到，添加冻土水热耦合模拟模块后，模型计算的全年径流量有所增加，模拟效果略微变差；而枯水期径流量明显减小，模拟效果明显好转。其他各主要站点变化规律类似。由于枯水期（12月至次年3月）基本都处于土壤的冻结期，进行水热耦合模拟后土壤水被冻结，不参与产流，模型的物理机制更明确，对枯水期的流量模拟效果更好。而对长系列全年逐月径流量的模拟效果略有变差，则可能是由于所输入的模型参数是在未添加冻土水热耦合模拟模块情况下率定的，存在一定的参数失真问题，这将在3.3.3小节进行探讨。为了进一步揭示土壤冻结的水文效应，探究冻土模块的模拟效果，接下来选取典型年份对大赉站的日径流变化过程进行分析。

选取2005年作为典型年份，大赉站年内日径流过程在添加与未添加冻土水热耦合模拟模块情况下的模拟结果如图3-7所示。

从图3-7可以看出，在添加冻土水热耦合模拟模块后，模型模拟结果有了较大的改善，Nash 效率系数从0.68提高到0.74，相对误差从−10.1%减小到−8.6%。对比图3-7（a）和图3-7（b），可以看出，在不处于土壤冻融期的6~10月，添加与不添加冻土水热耦合模拟模块，模型的模拟结果基本上是一致的。从图3-7可以看出两处显著差别：一是添加冻土水热耦合模拟模块后，对4月下旬的春汛有了较好的模拟效果，可见，随着4月进入冻土融化期，土壤冻结过程中吸附的水分得到释放，形成了较大的春汛流量，添加冻土水热耦合模拟模块后对这一过程有较好的模拟，只是时间上比实际春汛过程略早了一周，这可能是水热耦合模拟中对地温模拟的偏差造成的。二是进入11月中下旬后，不添加冻土水热耦合模拟模块，模拟流量会偏高，添加冻土水热耦合模拟模块后，模拟流量显著降低，有效模拟了土壤冻结后对水分的吸附和凝结作用。以上结果验证了在寒区分布式水文模拟中对冻土进行水热耦合模拟的科学性和必要性。

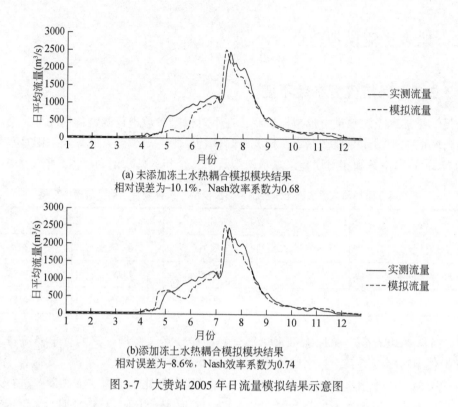

(a) 未添加冻土水热耦合模拟模块结果
相对误差为-10.1%，Nash效率系数为0.68

(b)添加冻土水热耦合模拟模块结果
相对误差为-8.6%，Nash效率系数为0.74

图 3-7　大赉站 2005 年日流量模拟结果示意图

3.3.2.2　对参数进行调整

添加冻土水热耦合模拟模块后，改变了土壤水模拟的机理。模型参数是按照不添加冻土水热耦合模拟模块调试的，造成一定程度的参数失真，因此有必要对模型参数重新进行调试，并在调试过程中兼顾枯水期的径流模拟效果。重新调试参数后，模型长系列逐月径流量和枯水期径流量模拟效果分别见表3-5、表3-6，添加冻土水热耦合模拟模块后主要水文站枯水期径流量模拟效果如图3-8所示。

在添加冻土水热耦合模拟模块，并对参数重新进行调试后，对比表3-5和表2-29的长系列逐月实测径流量模拟效果，可看出添加冻土水热耦合模拟模块对全年逐月径流量的模拟效果并无显著改善作用，36个代表性水文站长系列模拟的平均 Nash 效率系数仍然为0.72，个别水文站的模拟效果由于考虑枯水期径流量的模拟甚至变差，不过9个三级区控制断面的相对误差均在5%以内，平均 Nash 效率系数为 0.73，控制断面模拟效果有所提升，整体变化不大。

而若只对比枯水期径流量模拟效果，对比表3-6和表2-30，则可以发现添加冻土水热耦合模拟模块对枯水期径流量的模拟效果有大幅度的改善。除少数枯水期径流量特别小的水文站外，大部分水文站枯水期径流量模拟的相对误差都在 10% 以内。Nash 效率系数整体水平不高，9个水文站出现负值，基本都属于支流站点。9个三级区控制性水文站的相对误差基本都在5%以内，平均 Nash 效率系数达到 0.52。

总体而言，对冻土水文效应进行水热耦合模拟后，在长系列逐月径流量模拟效果未明显变化的情况下，模型对枯水期径流量的模拟效果有了极为明显的改善，验证了冻土水热耦合模拟在寒区分布式水文模拟中的科学性和必要性，为利用枯水期径流量进行寒区水功能区设计流量和纳污能力的计算奠定了基础。

值得注意的是，寒区水循环除了受土壤冻结的影响外，冰封期河道和坡面的汇流也有别于一般区域，相对而言其影响程度要小于土壤水冻结，因此本研究对此未做深入分析和模拟，仅针对河流冰封的特点对河道冻结过程进行了简单线性模拟，对河道冻结后的 Manning 系数进行了修正。

表 3-5　添加冻土水热耦合模拟模块后实测径流量模拟效果（1956～2000 年）

水资源三级区	编号	水文站	水系	多年平均实测径流量（亿 m³）	多年平均模拟径流量（亿 m³）	相对误差	Nash 效率系数
尼尔基以上	1	石灰窑	嫩江	30.40	29.45	−3.1%	0.58
	2	柳家屯	甘河	39.19	37.56	−4.1%	0.74
	3	阿彦浅	嫩江	110.31	104.83	−5.0%	0.73
尼尔基至江桥	4	德都	讷谟尔河	11.18	10.64	−4.8%	0.51
	5	古城子（二）	诺敏河	47.72	45.58	−4.5%	0.82
	6	同盟（二）	嫩江	166.91	160.05	−4.1%	0.80
	7	那吉	阿伦河	6.69	6.57	−1.7%	0.83
	8	音河水库	音河	1.54	1.33	−13.9%	0.72
	9	双阳	双阳河	0.66	0.64	−1.9%	0.63
	10	依安大桥	乌裕尔河	6.38	6.28	−1.6%	0.53
	11	碾子山（二）	雅鲁河	19.27	19.08	−1.0%	0.87
	12	景星（二）	罕达罕河	3.86	3.83	−0.8%	0.71
	13	两家子（二）	绰尔河	22.01	22.44	1.9%	0.77
	14	江桥	嫩江	217.46	220.37	1.3%	0.80
江桥以下	15	白沙滩	嫩江	210.34	218.99	4.1%	0.79
	16	洮南	洮儿河	13.88	12.95	−6.7%	0.69
	17	大赉	嫩江	226.97	237.63	4.7%	0.65
	18	白云胡硕	霍林河	3.72	3.26	−12.2%	0.73
丰满以上	19	五道沟	辉发河	24.26	24.76	2.0%	0.86
	20	丰满水库	西流松花江	127.87	123.10	−3.7%	0.79

续表

水资源三级区	编号	水文站	水系	多年平均实测径流量（亿 m³）	多年平均模拟径流量（亿 m³）	相对误差	Nash 效率系数
丰满以下	21	农安	伊通河	3.23	3.36	3.8%	0.74
	22	德惠	饮马河	7.28	6.94	-4.7%	0.61
	23	扶余	西流松花江	147.66	146.46	-0.8%	0.83
三岔口至哈尔滨	24	蔡家沟	拉林河	30.26	29.92	-1.1%	0.74
	25	哈尔滨	松花江干流	433.95	440.69	1.6%	0.65
哈尔滨至通河	26	阿城	阿什河	4.21	4.35	3.3%	0.70
	27	兰西	呼兰河	35.40	34.07	-3.7%	0.77
	28	莲花（二）	蚂蜒河	20.72	19.89	-4.0%	0.79
	29	通河	松花江干流	484.39	501.84	3.6%	0.67
牡丹江	30	长江屯	牡丹江	78.07	74.59	-4.5%	0.73
通河至佳木斯	31	依兰	松花江干流	571.77	584.15	2.2%	0.71
	32	倭肯	倭肯河	4.60	4.68	1.6%	0.54
	33	晨明（二）	汤旺河	50.59	45.25	-10.6%	0.79
	34	佳木斯	松花江干流	669.42	662.21	-1.1%	0.75
佳木斯以下	35	宝泉岭	梧桐河	7.92	5.63	-28.9%	0.76
	36	鹤立	鹤立河	1.21	1.21	-0.3%	0.65

表 3-6　添加冻土水热耦合模拟模块后枯水期径流量模拟效果（1956～2000 年）

水资源三级区	编号	水文站	水系	多年平均枯水期径流量（亿 m³）	多年平均模拟径流量（亿 m³）	相对误差	Nash 效率系数
尼尔基以上	1	石灰窑	嫩江	0.14	0.14	2.3%	0.31
	2	柳家屯	甘河	0.64	0.63	-2.3%	0.41
	3	阿彦浅	嫩江	1.38	1.38	0.2%	0.26
尼尔基至江桥	4	德都	讷谟尔河	0.14	0.16	16.8%	-0.20
	5	古城子（二）	诺敏河	1.07	0.99	-7.3%	0.48
	6	同盟（二）	嫩江	3.18	3.07	-3.3%	0.30
	7	那吉	阿伦河	0.08	0.08	-2.5%	0.08

续表

水资源 三级区	编号	水文站	水系	多年平均 枯水期径流量 （亿 m³）	多年平均 模拟径流量 （亿 m³）	相对 误差	Nash 效率系数
尼尔基 至江桥	8	音河水库	音河	0.01	0.01	6.1%	0.18
	9	双阳	双阳河	0.00	0.01	53.5%	-0.54
	10	依安大桥	乌裕尔河	0.01	0.03	148.1%	-2.09
	11	碾子山（二）	雅鲁河	0.31	0.32	3.3%	0.12
	12	景星（二）	罕达罕河	0.02	0.02	5.9%	0.27
	13	两家子（二）	绰尔河	0.58	0.56	-3.2%	0.34
	14	江桥	嫩江	5.86	5.59	-4.7%	0.34
江桥以下	15	白沙滩	嫩江	5.70	5.62	-1.4%	0.02
	16	洮南	洮儿河	0.61	0.70	16.4%	0.39
	17	大赉	嫩江	8.62	8.46	-1.8%	0.42
	18	白云胡硕	霍林河	0.15	0.19	24.5%	0.34
丰满以上	19	五道沟	辉发河	1.38	1.48	7.1%	0.41
	20	丰满水库	西流松花江	34.09	31.58	-7.4%	0.78
丰满以下	21	农安	伊通河	0.42	0.38	-9.4%	0.04
	22	德惠	饮马河	0.22	0.22	0.0%	-0.13
	23	扶余	西流松花江	32.85	33.52	2.0%	0.70
三岔口至 哈尔滨	24	蔡家沟	拉林河	1.06	1.00	-6.1%	0.06
	25	哈尔滨	松花江干流	45.72	46.06	0.7%	0.69
哈尔滨 至通河	26	阿城	阿什河	0.17	0.17	-2.0%	-0.13
	27	兰西	呼兰河	0.79	1.09	38.3%	-0.80
	28	莲花（二）	蚂蜒河	0.61	0.64	3.6%	0.07
	29	通河	松花江干流	47.51	49.93	5.1%	0.73
牡丹江	30	长江屯	牡丹江	7.02	6.85	-2.5%	0.12
通河至 佳木斯	31	依兰	松花江干流	56.12	58.08	3.5%	0.71
	32	倭肯	倭肯河	0.04	0.05	27.7%	-0.66
	33	晨明（二）	汤旺河	0.87	0.79	-8.6%	0.11
	34	佳木斯	松花江干流	63.30	60.63	-4.2%	0.68
佳木斯以下	35	宝泉岭	梧桐河	0.18	0.20	15.1%	-0.50
	36	鹤立	鹤立河	0.01	0.01	9.1%	-0.06

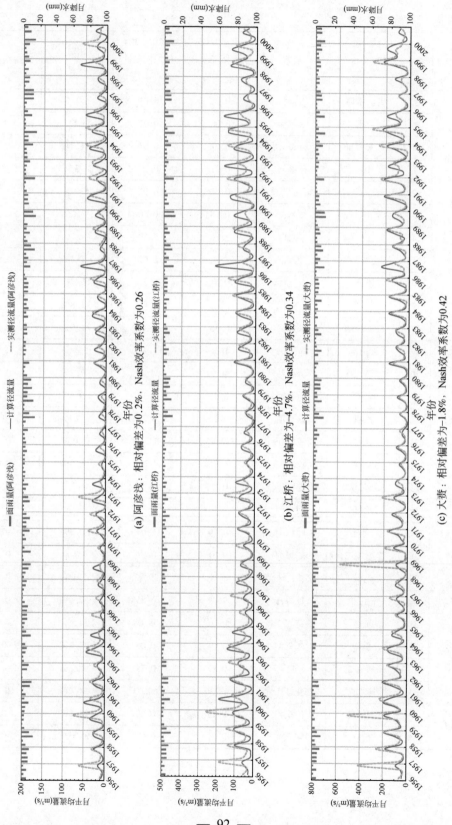

(a) 阿彦浅：相对偏差为0.2%，Nash效率系数为0.26

(b) 江桥：相对偏差为-4.7%，Nash效率系数为0.34

(c) 大赉：相对偏差为-1.8%，Nash效率系数为0.42

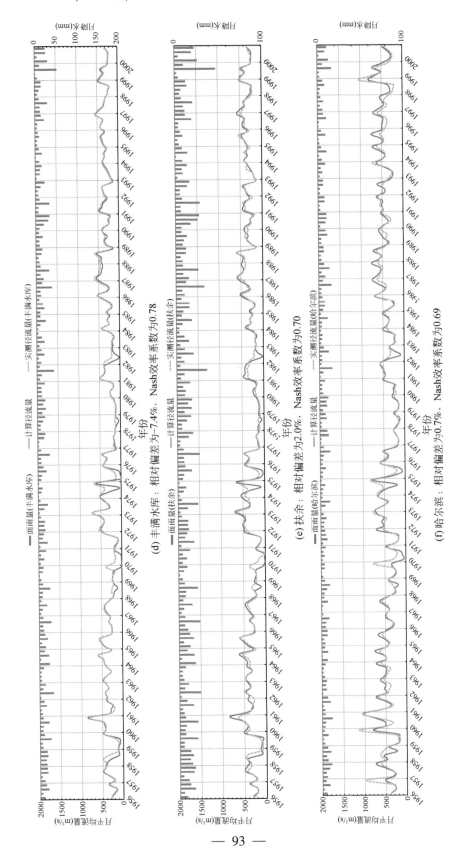

(d) 丰满水库：相对偏差为-7.4%，Nash效率系数为0.78

(e) 扶余：相对偏差为2.0%，Nash效率系数为0.70

(f) 哈尔滨：相对偏差为0.7%，Nash效率系数为0.69

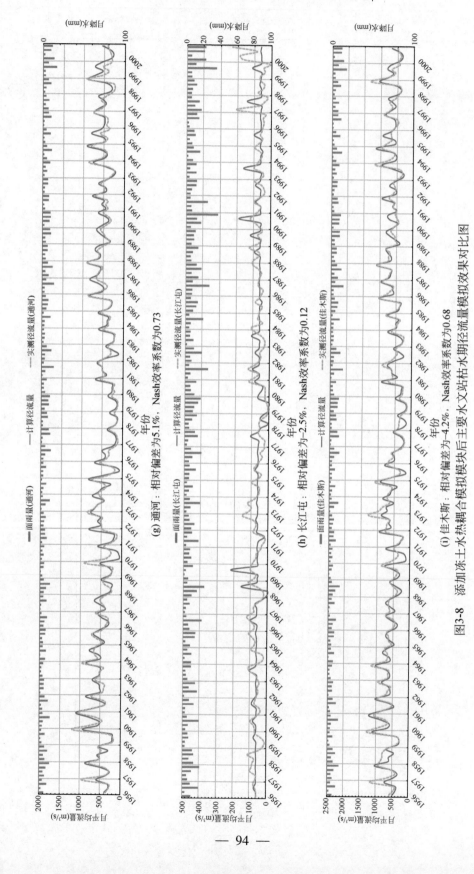

(g) 通河：相对偏差为5.1%，Nash效率系数为0.73

(h) 长江屯：相对偏差为−2.5%，Nash效率系数为0.12

(i) 佳木斯：相对偏差为−4.2%，Nash效率系数为0.68

图3-8　添加冻土水热耦合模拟模块后主要水文站枯水期径流量模拟效果对比图

3.4　本章小结

1）利用 NaBr 作为示踪剂，在松花江流域选取典型区域，进行了整个冻融周期的冻土水文效应观测试验，试验结果显示：①研究区最大冻深为 1.5m 左右，冻融周期从 11 月下旬一直到持续次年 5 月。②在土壤冻结过程中，由于土壤水冻结后水势变小，土壤水存在向冻结锋面迁移的规律，表现为冻土对土壤水的"吸附"作用；在融化过程中，表层融化的水体向深层入渗受到下层冻土的顶托，在冻融锋面聚集，而在底层最大冻深位置，冻土融化后向下层入渗，表现为"释放"土壤水，整个冻融过程表现为冻土对土壤水分的"涵养"作用。③在冻土层温度降低到 $-8℃$ 后，尽管在冻结过程中不断地有水分从未冻土向冻结锋附近移动，但冻土的液态含水率基本保持不变，稳定在 $0.02cm^3/cm^3$（$0 \sim 15cm$深度）和 $0.07cm^3/cm^3$（$15 \sim 28cm$ 和 $28 \sim 100cm$ 深度）附近。

2）将 WEP-L 模型原有的 3 层土壤结构拓展成等厚度的 10 层土壤结构，基于土壤冻结后水分相态变化对其运移规律和能量传递的影响，建立了各层土壤之间的水热连续方程，提出了系统上边界和重要参数的确定方法，实现了对土壤冻融过程的水热耦合模拟，并与分布式水文模型相结合，形成了物理机制明确、适宜于大尺度寒区流域、突出冻土水文效应的寒区分布式水文模型。

3）分别利用实测地温资料和地表径流资料对模型的模拟效果进行验证，结果表明模型对各土壤层温度的模拟效果较好，绝对误差在 2℃ 以内；耦合冻土水热耦合模拟模块后，在不改变参数的情况下，模型对枯水期径流量的模拟效果明显好转，并能较好地模拟 4 月下旬的春汛；按照寒区水循环特点对建立的寒区分布式水文模型重新进行参数调试后，对长系列逐月径流量的模拟效果无显著改变，但对枯水期径流量的模拟效果有极为明显的改善，36 个重要水文站中枯水期径流量模拟相对误差在 10% 以内的个数从 9 个上升到 28个，为利用枯水期径流量进行寒区水功能区设计流量和纳污能力的计算奠定了基础。

第4章 二元水循环过程化紧密耦合模拟

影响寒区枯水期径流量的因素除了土壤水冻结、河流冰封等自然水循环过程以外，社会水循环的取用水过程也是重要的影响。因此，欲实现对寒区枯水期径流量的有效模拟，务必探明社会水循环对自然水循环的影响机理，并予以定量描述。传统的"自然–社会"二元水循环耦合模拟主要基于用水量的时空展布来实现，采用水量数据传递的分散耦合方式，与社会水循环"取水—输水—用水—排水"的物理过程有较大差别。本章在对二元水循环耦合机制进行总结和分析的基础上，提出了社会水循环各过程的概化与定量描述方法，形成了二元水循环的紧密耦合模拟方法，并以流域内人类活动影响最大的西流松花江流域为例进行了实证研究。

4.1 "自然–社会"二元水循环耦合机制

4.1.1 "自然–社会"二元水循环模式

流域二元水循环，就是将人工力与自然力并列为流域水循环系统演变的双驱动力，从"自然–社会"二元的视角来研究变化环境下的流域水循环与水资源演变过程及规律，具体体现在两方面：一是将人类活动对流域自然水循环系统的环境影响作为内生变量来考虑，包括气候变化、下垫面变化、水利工程建设和人工能量加入等；二是将人工取水–用水–排水过程作为与自然主水循环内嵌的社会侧支水循环来考虑，建立"自然–社会"二元水循环结构的同时保持其动态耦合关系，社会水循环通过取水、排水和蒸散耗水与自然水循环发生联系，是自然主循环和社会水循环的联系纽带，也是社会水循环对自然水循环影响最为剧烈和敏感的形式。二元水循环研究经济社会用水发展条件下的流域水循环系统演进过程与规律及其伴生的资源、生态与环境效应。二元水循环概念性框架如图4-1所示。

"自然–社会"二元水循环模式指在自然驱动力与人类活动驱动力的双重驱动下的水分在流域地表介质中的循环转化的认知范式。这一范式二元化的基本内涵包括四方面：一是驱动力的二元化；二是循环路径的二元化；三是循环结构与参数的二元化；四是服务功能与效应的二元化。

（1）驱动力的二元化

天然状态下，流域水分在太阳辐射能、重力势能和毛细作用等自然作用力下不断运移转化，表现为"一元"的自然力。随着人类活动对流域水循环过程影响的范围拓展，流域

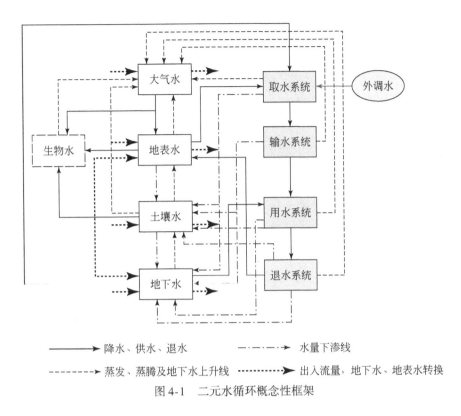

图 4-1　二元水循环概念性框架

水循环的内在驱动力呈现出明显的二元结构，在人类活动强烈干扰地区，甚至超过了自然作用力。

两种不同的驱动力对水循环的作用机理也有所不同。自然作用力方面，水体在蒸腾发过程中吸收太阳辐射能，克服重力做功形成重力势能；水汽凝结成雨滴后受重力作用影响形成降水，天然的河川径流也从重力势能高的地方流到重力势能低的地方；当上层土壤干燥时，毛细作用力可以将低层土壤中的水分提升。太阳辐射能和重力势能、毛细作用等维持水体的自然循环。人工作用力外在表现为修建水利工程使水体壅高，或者使用电能、化学能等能量转化为机械能将水体提升。人工作用力存在三大作用机制：一是经济效益机制，水由经济效益低的区域和部门流向经济效益高的区域和部门。二是生活需求驱动机制，水由生活需求低的领域流向生活需求高的领域，生活需求又由人口增长、城市化和社会公平因素决定。水是人日常生活必不可少的部分，为了兼顾社会公平和建设和谐社会的需求，必须在经济效益机制和生活需求的基础上考虑社会公平机制。三是生态环境效益机制，生态环境效益已经从自上至下的政府行政要求转化成自下至上的民众普遍要求。为了人类经济社会的可持续发展，人工作用力的生态环境效益机制的作用越来越大。

天然的水循环作用力——太阳辐射能、重力势能和毛细作用的作用是相对恒定的。相反人工作用力的影响是不断发展的，随着人类使用工具的发展、新技术的开发，人类能够影响的水循环范围在扩大。在采食经济阶段，人类只能够开发利用地表水和浅层地下水；到了近代，人类已经通过修建大型水利工程，深度影响地表水、大规模开发利用浅层地下水；到了现代，人类已经能够进行跨流域调水、开发深层地下水，甚至能够采用科学的手段调控利用土壤水，排放的温室气体引起的全球气候变化能够影响全球水循环，人类活动已经对水循环产生了深度影响。

（2）循环路径的二元化

从路径上来看，水循环也体现出了二元化的特征。由于人类取用水、航运等多种经济活动的影响，水循环已经不局限于河流、湖泊等天然路径，一方面在天然路径之外开拓了长距离调水工程、人工航运工程、人工渠系、城市管道等新的水循环路径；另一方面，天然水循环路径在人类活动的影响下发生变化，人工降雨缩短了水汽的输送路径，地下水的开发缩短了地下水的循环路径，也改变了地表水和地下水的转化路径。

水循环路径的改变必然伴随着水循环周期的改变。从流域层面上来说，流域水循环路径的二元化使流域纵向水通量减小，垂向水通量增大，从而加快了区域内的水循环速度，缩短了流域内的水循环周期。特别是地下水，在天然状况下需要长时间才能更新的深层地下水由于受到人类大规模的开发利用，其赋存条件发生极大改变，转化周期大大缩短。

（3）循环结构与参数的二元化

从循环结构与参数上来看，二元模式水循环结构也呈现出明显的二元化特征。自然状况下，流域天然水循环是"大气—坡面—地下—河道"的主循环。在人类活动参与下，一方面，在天然主循环外形成了由"取水—输水—用水—排水"四个环节构成的侧支循环圈；另一方面，人类活动对天然主循环的结构与参数也产生了深刻的影响，包括人类活动（如坡面耕作等）对天然的坡面产汇流过程的影响、地下水的开发和下垫面的变化改变了平原地区的渗透和产汇流过程。

天然主循环外形成的社会水循环，已经不能用天然水循环的参数来描述，必须增加用于描述和刻画社会水循环的参数体系，包括供水量、用水量、耗水量、排水量等体现社会水循环用水效率的参数。在二元化的循环结构中，不同区域的社会水循环的特点并不一致。因此两种不同的社会水循环结构，需要用不同的参数体系来描述。

由于天然主循环与社会水循环的径流通量之间存在着动态互补依存关系，社会水循环圈的形成和通量的增加，必然会引起伴随流域二元水循环的水沙过程、水盐过程、水化学过程和水生态过程的相应演化。

（4）服务功能与效应的二元化

水循环支撑着自然生态环境系统和人类社会经济系统。水循环对自然生态环境系统的支撑包括五个方面：第一，水在循环过程中不断运动和转化，使全球水资源得到更新；第二，水循环维持了全球海陆间水体的动态平衡；第三，水在循环过程中进行能量交换，对地表太阳辐射能进行吸收、转化和传输，缓解不同纬度间热量收支不平衡的矛盾，调节全球气候，形成鲜明的气候带；第四，水循环过程中形成了侵蚀、搬运、堆积等作用，不断塑造地表形态，维持生态群落栖息地的稳定；第五，水是生命体的重要组成成分，也是生命体代谢过程中不可缺失的物质组成，对维系生命有不可替代的作用。水循环对人类社会经济系统的支撑，主要包括三个方面：第一，水在循环过程中支撑着人类的日常生活；第二，水在循环过程中支撑着人类生产活动，包括第一产业、第二产业和第三产业；第三，水在循环过程中支撑着市政环境、人工生态环境系统用水。

在人类经济社会用水和生态环境用水发生冲突时，对水循环服务功能的二元化的认识，有助于辩证地认识自然生态环境系统、人类社会经济系统之间的关系，科学地指导两个系统之间的用水协调，实现人类社会经济系统和自然生态环境系统的可持续发展。

4.1.2 二元水循环耦合过程

现代环境下，流域水循环演变规律受自然和社会二元作用力的综合作用，具有高度复杂性，是一个复杂的巨系统。水循环在驱动力、过程、通量三大方面均具有耦合特性，并衍生出多重效应（图4-2）。

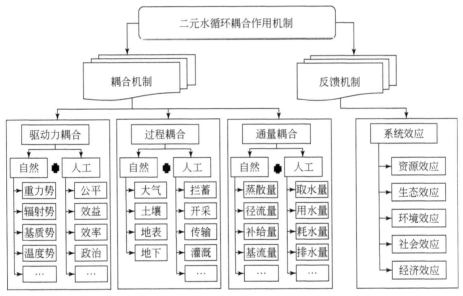

图4-2 二元水循环耦合作用机制

在驱动力方面，体现为自然驱动力和人工驱动力的耦合，即流域水分的驱动机制不仅基于自然的重力势、辐射势等，也受人工驱动力（如公平、效益、效率、政治等）的作用。自然驱动力是流域水循环产生和得以持续的自然基础，人工驱动力是水的资源价值和服务功能得以在社会经济系统中实现的社会基础。自然驱动力使流域水分形成特定的水资源条件和分布格局，成为人工驱动力发挥作用的外部环境，不仅影响人类生产、生活的布局，同时影响水资源开发利用方式和所采用的技术手段。人工驱动力使流域水分循环的循环结构、路径、参数发生变化，进而影响自然驱动力作用的介质环境和循环条件，使自然驱动力下的水分运移转化规律发生演变，从而对人工驱动力的行为产生影响。流域水循环过程中两种驱动力并存，并相互影响和制约，存在某种动态平衡关系。需要指出的是，相对而言自然驱动力的稳定性和周期性规律较强，但人工驱动力则存在较大的变数，动态平衡阈值的破坏往往源自于人工驱动力不合理的扩张和过度的强势。

在过程耦合方面，体现为自然水循环过程与人工水循环过程的耦合。自然水循环过程可划分为大气过程、土壤过程、地表过程、地下过程。在过程耦合作用机制上，人工水循环过程较多体现为外在干预的形式。自然水循环四大过程中的每一个环节，人工水循环过程均有可能参与其中，如大气过程中人工降雨过程、温室气体排放过程等；地表过程中的水库拦蓄过程、水利枢纽分水、渠系引水过程等；土壤过程中的农业灌溉过程、低渗透性面积建设过程等；地下过程中的地下水开采、回补等。以上自然水循环过程和人工水循环过程的耦合显著增加了流域水循环整体过程的复杂性和研究的难度。

在通量耦合方面，现代环境下的自然水循环通量与社会水循环通量紧密联系在一起。二元水循环通量的耦合与过程的耦合有直接的因果关系。在水循环过程二元耦合情况下，水循环通量的二元耦合是必然的。二元水循环系统中自然水循环的各项通量，如蒸散量、径流量、入渗量、补给量等，与社会经济系统的取水量、用水量、耗水量、排水量等既是构成系统整体通量的组成部分，又存在相互影响、此消彼长、对立统一的关系。传统的水资源评价方法相对于现代环境下的水资源评价技术需求存在五大缺陷：评价口径狭窄；一元静态评价；要素分离评价；时空集总式评价；缺乏统一的定量工具。这样可能导致水资源评价结果对水循环过程和规律的认知出现失真，不能反映水循环过程的全部有效水量和利用效率的高低。为客观评价二元水循环系统的通量，需要发展新的评价理论与技术方法，进行全口径层次化动态评价。

4.1.3 二元水循环耦合效应

现代环境下流域水循环存在"自然-人工"二元特性，人类活动和人工能量一方面改变了自然水循环的天然过程特性，其功能属性另一方面拓展到社会属性和经济属性，并影响着自然水循环自然属性功能的发挥，从而衍生出一系列相关效应。因此，流域二元水循环演化衍生出对自然水循环及其伴生过程的三大后效应：一是水资源次生演变效应，大多表现为径流性水资源衰减；二是伴生的水环境演变，主要表现为水体污染和环境污染；三是伴生的水生态演变，主要表现为天然生态退化和人工生态的发展。同时，在原始自然属性的基础上，水作为人类经济社会系统中的关键生产要素，对经济社会的发展有着基础支撑作用；水作为人类经济社会系统中污染物的输移质，对社会有较大的促进作用；水作为自然水循环系统中的基本要素，对保障自然生态与经济社会健康发展有约束作用。因此，人类活动对水循环过程的干预衍生了水的经济与社会属性。

（1）水资源效应

从 20 世纪 80 年代开始，北方地区气候干旱持续，缺水形势加剧。由于降水偏少，气温偏高，地面蒸发损失加大；同时又受到人类活动的影响，地下水补给量明显减少。在地表水持续衰减的情况下，水资源供需矛盾加剧，地下水超采严重，地下水位持续下降，透支水资源造成地面沉降等地质灾害，危及生态安全，进一步加剧了地下水供水能力的衰减，形成恶性循环。同时，随着近年来工业生产和城市建设的迅猛发展，经济发展加快，刚性用水需求不断增长，水资源短缺形势更加严峻。

（2）水环境效应

排污量和水环境容量不相适应，是造成水环境问题的重要原因。1980~2000年，我国工业及城镇废污水排放量年均增长率为6%左右，2000年后随着治污力度的加大，增速有所放缓，但总量不小，2008年全国废污水排放量达到758亿t。与此同时，河道内径流大幅减少，河流动力学过程和水文情势发生了深刻演变，导致纳污能力减小，水体自净能力下降，加剧了水环境恶化，这些因素也是导致水环境问题突出的重要方面。

（3）水生态效应

人类活动对水资源的过度开发造成生态系统的退化和破坏。水资源演变和刚性需求的增加导致的资源型缺水，以及水环境污染导致的水质型缺水进一步加剧了水资源的供需矛盾。一些地区用水量已大大超过水资源可利用量，对水资源无节制的过度开发利用，导致了江河断流、湖泊萎缩、湿地消失、地下水枯竭、水体污染等一系列生态问题。另外，水资源过度开发及水体污染导致的生态系统破坏也对水生态造成了巨大的危害。此外，大量建造大坝、水库、引水、围垦等水利工程，使得水资源在时间和空间上分布的不稳定性增加，并导致一些新的生物入侵和生态变迁问题。

（4）经济社会效应

伴随着人类生存与发展需求的变化，人类经济社会活动对自然水循环的干扰逐渐增大。虽然经济社会发展的布局对自然水循环的直接依赖程度逐渐弱化，但水是人类赖以生存和发展的基础。水资源的有限性决定了自然水循环对保障自然生态与经济社会健康发展的约束作用。具体表现为，人类活动对自然水循环的作用产生水资源、水环境与水生态效应，同时，水资源对地区生产力、产品的市场竞争力、投资环境、城市化和人类生存环境都有支撑与改善作用。因此，需要合理调控经济社会系统对水资源的需求和人类活动对水循环的干预，引导它们朝良性平衡方向发展，力争实现生态环境和经济社会发展双赢。

流域"自然-社会"二元水循环是水资源形成演化和水资源开发利用的基础，随着经济社会活动影响的加剧，水循环的二元化分异属性日益显著，人们在水资源开发利用和调控过程中，必须坚持二元论的观点，综合看待水循环的二元化属性和功能，协调好水循环统一基础上的生态环境与经济社会系统的关系，遵循自然原理和社会规律，科学配置水资源，走内涵式的发展道路，实现社会经济系统与生态环境系统的协调发展。

4.2 社会水循环物理过程概化方法

水资源从自然水循环进入社会水循环有两种基本途径：一是取用径流性水资源，包括地表水和地下水，即常规水资源；二是对有效降雨、土壤水等非常规水资源的利用，即广义水资源。常规水资源参与社会水循环的物理过程一般包括"取水—输水—用水—排水"4个部分。广义水资源中的有效降雨和土壤水进入社会水循环主要是用于农业生产，可结合分布式水文模型对其循环过程进行详尽模拟。海水淡化、矿井水等利用量较小，有条件地区可作为替代性水源。

4.2.1 取水过程概化

根据取水量的规模及取用水过程的时空一致性,可分为集中取水和分散取水两类。分散取水主要是小型灌溉和非集中供水地区农村生活用水,存在即取即用的特点,循环过程相对简单,可在计算单元内采用面上模拟的方式。集中取水一般规模较大,需进行点上的模拟,其取水户包括一般取水户和公共供水企业两类,其水循环物理过程包括:自然水体到一般取水户的取水(反向的弃水)、自然水体到公共供水企业的取水(反向的弃水)、供水企业向用水户的输水、用水户内部的使用、用水户向污水处理厂的排水、用水户向自然水体的排水、污水处理厂到用水户的再生水回用、污水处理厂向自然水体的排水等。

4.2.1.1 集中取水

集中取水按取水源划分成地表取水和地下取水两类。其中地表取水按取水方式划分成引水、蓄水和提水 3 种基本方式,可采用单一的方式,也可采用两种或三种相互结合的方式;按取水水源划分,主要有河道取水和水库取水两类。本研究以自然水循环的模拟为基础,主要探究和模拟社会水循环过程对自然水循环的影响,因此按照取水水源的不同,分河道型取水、水库型取水和地下水取水 3 种基本方式对集中取水进行概化和描述。

(1) 河道型取水

从河道内取水直接影响了河道内的汇流过程,采用一维动力波模型进行河道汇流计算,考虑取水的影响后,其计算公式可修正为

$$\frac{\partial A}{\partial t} + \frac{\partial Q}{\partial x} = q_L - q \text{ (连续方程)} \tag{4-1}$$

$$\frac{\partial Q}{\partial t} + \frac{\partial (Q^2/A)}{\partial x} + gA\left(\frac{\partial h}{\partial x} - S_0 + S_f\right) = (q_L - q) \ V_x \text{ (运动方程)} \tag{4-2}$$

$$Q = \frac{A}{n} R^{2/3} S_f^{1/2} \text{ (Manning 公式)} \tag{4-3}$$

式中,A 为流水断面面积;t 为时间;Q 为断面流量;q_L 为网格单元或河道的单宽流入量(包含网格内的有效降雨量、来自周边网格及支流的水量);g 为重力加速度;h 为水位高度;q 为取水流量;n 为 Manning 糙率系数;R 为水力半径;S_0 为网格单元地表面坡降或河道的纵向坡降;S_f 为摩擦坡降;V_x 为单宽流入量的流速在 x 方向的分量。

取水口取水流量根据日平均取水量计算:

$$q = WR/86\,400 \tag{4-4}$$

取水量的限制条件:

$$Q \geqslant 0; \ q \leqslant q_t \tag{4-5}$$

式中,WR 为取水口日取水量;q_t 为取水口最大取水能力,相关数据可从研究区的取水许可管理台账信息获取。台账信息中取水口取水量一般以年为单位,在转化为日取水量时,需要做时间上的展布,其中工业和生活用水年内季节性变化不大,可采用日平均的方式进

行展布；农业用水根据研究区作物需水过程和灌溉取水方式在灌溉期内进行展布。

（2）水库型取水

水库型取水主要改变水库的蓄水量，水库的入流和出流水量即其所在计算单元的入流和出流水量，考虑取水的影响后，水库蓄水量的平衡方程为

$$V = V_0 + q_L t - E_{re} - q_m t - lea - WRE \tag{4-6}$$

取水量的限制条件：

$$V \geqslant 0; \quad WRE \leqslant WRE_t \tag{4-7}$$

式中，V 为时段末水库蓄水量；V_0 为时段初水库蓄水量；E_{re} 为水库蒸发量；q_m 为水库下泄流量；lea 为水库渗漏损失（与地下水交换量）；WRE 为水库取水量；WRE_t 为水库取水工程日取水能力；其他符号意义同前。

水库取水量和取水工程取水能力从取水许可管理台账信息获取。在一个水库内可能有多个取水户和取水口，在模拟时可对各取水户的取水量进行求和计算。取水量的年内时间展布同河道型取水。

（3）地下水取水

地下水取水口通过水井抽取地下水，会降低水井周围地下水位，并促进其他区域地下水的侧向流动和补给。按照 BOUSINESSQ 方程进行浅层地下水二维数值计算，考虑地下取水的影响后，其计算公式如下：

$$C_u \frac{\partial h_u}{\partial t} = \frac{\partial}{\partial x} \left[k (h_u - z_u) \frac{\partial h_u}{\partial x} \right] + \frac{\partial}{\partial y} \left[k (h_u - z_u) \frac{\partial h_u}{\partial y} \right] + (Q_3 + WUL - RG - E - Per - WG_u) \tag{4-8}$$

承压层地下水运动方程为

$$C_1 \frac{\partial h_1}{\partial t} = \frac{\partial}{\partial x} \left[k_1 D_1 \frac{\partial h_1}{\partial x} \right] + \frac{\partial}{\partial y} \left[k_1 D_1 \frac{\partial h_1}{\partial y} \right] + (Per - RG_1 - Per_1 - WG_1) \tag{4-9}$$

式中，h 为地下水位（无压层）或水头（承压层）；C 为储流系数；k 为导水系数；z 为含水层底部标高；D 为含水层厚度；Q_3 为来自不饱和土壤层的涵养量；WUL 为上水道漏水；RG 为地下水流出；E 为蒸发蒸腾；Per 为深层渗漏；WG 为地下水取水量。下标 u 和 1 分别表示无压层和承压层。

取水量的限制条件：

$$h_u \geqslant z_u; \quad WG \leqslant WG_t \tag{4-10}$$

式中，WG_t 为地下水取水能力，其与地下水取水量均来自取水许可管理台账。地下水水质较好，一般用于工业和城镇生活，年内时间展布可采取日平均的方式。

4.2.1.2 分散取水

分散取水的主要对象是农村生活和分散的农业、工业用水，其单点取用水量一般较小，无长距离输水，存在即取即用的特点，循环过程相对简单。其水源以当地地表水和地下水为主。以下分别针对不同用水行业，简述其概化过程。

（1）分散农业用水

A. 取水位置

借助研究区土地利用图和地理信息系统工具实现对分散农业用水的空间范围的界定。分散农业用水可进一步划分为水田灌溉、旱地灌溉、林果地灌溉和鱼塘补水 4 种类型，其在土地利用信息图中的代码分别是（111、112、113、114）、（121、122、123、124）、24、43。在集中取水的灌区覆盖范围内的农业用水一律采用集中取水作为水源，可通过集中取水灌区图层与模型等高带计算单元图层的叠加进行判别，完全在集中取水灌区范围内的计算单元农业分散取水系数为 0，完全在集中取水灌区范围外的计算单元农业分散取水系数为 1，处于分界线上的计算单元则按集中取水灌区范围外的面积比例设定系数，计算公式如下：

$$\lambda（ix, iy）= 1 - \frac{\text{AIRR}（ix, iy）}{\text{AR}（ix, iy）} \tag{4-11}$$

式中，$\lambda（ix, iy）$ 为编码为（ix, iy）的等高带计算单元农业分散取水系数，即该计算单元的农业用水量从所在子流域取水的比例；$\text{AR}（ix, iy）$ 为计算单元面积；$\text{AIRR}（ix, iy）$ 为计算单元位于集中取水灌区范围内的面积，通过地理信息系统的图层叠加计算。

由此确定了 4 类分散农业用水的地理位置，基于分散取水的当地取水原则，也就同时确定了分散农业用水的取水位置。

B. 年取水量

在明确分散取水的位置后接下来需要确定各个取水点的年取水量。具体方法是：以二级区套地市为单元，每一个二级区套地市单元内的总农业用水量与集中取水的农业用水量之差即单元内分散取水的农业用水量，根据单元内 4 种农业用水类型用水量的比例确定单元内各种类型农业用水量，再根据二级区套地市单元内各种农业用水类型的空间分布情况对分散农业用水量进行空间展布，按照分散取水取用地点一致的概化原则，得到各个等高带计算单元内 4 种农业用水类型的年取水量。计算公式如下：

$$\text{WAGR}_i（ix, iy）=［\text{WAGR} -（1-\omega）\cdot \text{WAGRC}］\cdot \frac{\lambda（ix, iy）\cdot \text{AREA}_i（ix, iy）}{\sum\limits_{ix} \sum\limits_{iy} \lambda（ix, iy）\cdot \text{AREA}_i（ix, iy）}$$

$$\tag{4-12}$$

$$\text{WAGR}（ix）= \sum_{iy=1}^{IY} \sum_{i=1}^{4} \text{WAGR}_i（ix, iy）\tag{4-13}$$

式中，$\text{WAGR}_i（ix, iy）$ 为编码为（ix, iy）的等高带计算单元第 i 类农业用水取水量；WAGR 为等高带所在二级区套地市农业用水总量；WAGRC 为所在二级区套地市农业集中取水量；ω 为集中取水的弃水率，可根据模拟结果进行修正；$\text{AREA}_i（ix, iy）$ 为（ix, iy）等高带计算单元第 i 类农业用水面积；$\text{WAGR}（ix）$ 为编码为 ix 的子流域农业分散取水量；IY 为子流域内等高带数目；下标 $i = 1$、2、3、4，分别代表水田、旱地、林果地和鱼塘。由此确定了各个子流域的年分散农业取水量，且每个二级区套地市的实际取用水量与统计数据相吻合。

C. 年内展布

农业用水量与作物生长需要和降水条件密切相关，各个分散取水点年取水量的年内时间展布主要考虑这两方面因素。

1）作物需水量的计算。作物需水量指作物在适宜的土壤水分和肥力水平下，经过正常生长发育，获得高产时的植株蒸腾、棵间蒸发及构成植株体的水量之和。影响因素包括气象因子、作物因子、土壤水分状况、耕作栽培措施及灌溉方式等。目前估算方法大致分为三类：模系数法、直接计算法、参考作物法。

首先计算参考作物蒸散量，参考作物蒸散量计算方法有很多，包括 Hargreaves 经验法、Radiation-FAO 法、Blaney-Criddie-FAO 法和 Penman 法等。参考作物蒸散量采用 1992 年 FAO 提出的最新修正 Penman-Monteith 公式计算，计算时一般以日为时段进行，Penman-Monteith 公式以能量平衡和水汽扩散理论为基础，既考虑了作物的生理特征又考虑了空气动力学参数的变化，具有较充分的理论基础和较好的通用性与稳定性，估算精度也较高，参考作物法是由 FAO 推荐并在国际上广泛应用的方法，在国内自 20 世纪 80 年代以来被广泛应用，效果较好。

参考作物法是以高度一致、生长旺盛、完全覆盖地面而不缺水的绿色草地（8 ~ 15cm）的蒸散量作为计算各种作物需水量的参考。参考作物蒸散量 ET_0 采用 1992 年 FAO 提出的最新修正 Penman-Monteith 公式计算：

$$ET_0 = \frac{0.408\Delta(Rn-G)+\gamma\frac{900}{T+273}U_2(e_s-e_a)}{\Delta+\gamma(1+0.34U_2)} \tag{4-14}$$

式中，ET_0 为参考作物蒸散量（mm/d）；Δ 为温度–饱和水汽压关系曲线在 T 处的切线斜率（kPa/℃）；Rn 为作物表面净辐射 [MJ/(m^2·d)]；G 为土壤热通量 [MJ/(m^2·d)]；γ 为干湿表常数（kPa/℃）；T 为 2m 高处的日平均气温（℃）；U_2 为 2m 高处 24 小时平均风速（m/s）；e_a 为实际水汽压（kPa）；e_s 为饱和水汽压（kPa）。

其次利用作物系数进行修正，最终得到某种作物的需水量。

$$ETC = \sum ETC_i = \sum Kc_i ET_{0i} \tag{4-15}$$

式中，ETC 为作物全生育期的需水量（mm）；ETC_i 为第 i 阶段的需水量（mm）；Kc_i 为第 i 阶段的作物系数；ET_{0i} 为第 i 阶段的参考作物蒸散量（mm）。

2）作物系数的确定。作物系数指全生育期阶段田间实测需水量与参考作物蒸散量的比值，是利用参考作物蒸散量计算作物需水量的关键性参数，受土壤、气候、作物生长状况和管理方式等多种因素的影响，一般各地都通过灌溉试验确定，并给出逐时段（日、旬或月）的变化过程。

对缺乏试验资料或试验资料不足的作物或地区，可利用 FAO 推荐的 84 种作物的标准作物系数和修正公式（FAO-56，1998），并依据当地气候、土壤、作物和灌溉条件对其进行修正。

FAO 推荐采用分段单值平均法确定作物系数，即把全生育期的作物系数变化过程概化为 4 个阶段，并分别采用 3 个作物系数值予以表示。

3）净灌溉需水量的计算。某种作物的净灌溉需水量 WETC 等于生育期内作物需水量

ETC 与有效降雨量 P_e 之差，单位是 mm。

$$WETC = \begin{cases} 0, & ETC \leqslant P_e \\ ETC - P_e, & ETC > P_e \end{cases} \tag{4-16}$$

有效降雨量指总降雨量中能够保存在作物根系层中用于满足作物蒸发蒸腾需要的那部分水量，不包括地表径流和渗漏至作物根系吸水层以下的水量，即理论上有效降雨量的计算公式为

$$P_e = P - P_1 - P_2 \tag{4-17}$$

式中，P_1 为降雨所产生的地表径流（mm）；P_2 为降雨所产生的深层渗漏量（mm）。

由于降雨产生的地表径流和产生的深层渗漏需要通过观测计算求得，在生产实践中常采用下列简化方法计算不同降水频率下的有效降雨量，即

$$P_e = \mu P \tag{4-18}$$

式中，μ 为降雨有效利用系数，一般认为当一次降雨量小于 5mm 时，μ 取为 1；当一次降雨量在 5~50mm 时，μ 取为 0.8~1.0；当一次降雨量大于 50mm 时，μ 取为 0.7~0.8。

将某一计算单元全年的净灌溉需水量相加，则每年的净灌溉需水量占全年的比例即该计算单元的年内到日尺度的时间展布系数，与计算单元各类型农业用水年分散取水量相乘即得到各分散取水点逐日的农业用水取水量。利用净灌溉需水量的计算，结合研究区实灌面积资料，可直接计算分散农业取水量，适宜于缺资料地区，也可对未来情景进行模拟。

（2）分散生活取水

分散生活取水的概化方式与分散农业取水的概化方式相似，即首先根据土地利用类型图确定分散生活取水的空间位置，然后确定各分散取水点（各子流域）的年取水量，采取年内平均分布的方式确定逐日的取水量，具体计算过程如下。

A. 取水位置

分散生活用水进一步划分为农村生活和城镇生活两种类型，以农村人口和城镇人口的空间展布信息为基础，在集中取供水的城镇范围内的生活用水一律采用集中取水作为水源，通过集中供水城镇区域图层与模型等高带计算单元图层的叠加进行判别，完全在集中供水城镇范围内的计算单元生活分散取水系数为 0，完全在集中供水城镇范围外的计算单元农业分散取水系数为 1，处于分界线上的计算单元则按集中供水城镇范围外的面积比例设定系数，计算公式如下：

$$\lambda_1(ix, iy) = 1 - \frac{AMUN(ix, iy)}{AR(ix, iy)} \tag{4-19}$$

式中，$\lambda_1(ix, iy)$ 为编码为 (ix, iy) 的等高带计算单元生活用水分散取水系数，即该计算单元的生活用水量从所在子流域取水的比例；$AR(ix, iy)$ 为计算单元面积；$AMUN(ix, iy)$ 为计算单元位于集中供水城镇范围内的面积，通过地理信息系统的图层叠加计算。

由此确定了分散生活用水的地理位置，基于分散取水的当地取水原则，也就同时确定了分散生活用水的取水位置。

B. 年取水量

根据生活用水的历史统计资料进行空间展布，具体方法是：以二级区套地市为单元，每一个二级区套地市单元内的总生活用水量与集中取水的生活用水量之差即单元内分散取水的生活用水量，根据单元内农村和城镇生活用水类型用水量的比例确定单元内各种类型生活用水量，再根据二级区套地市单元内农村人口和城镇人口的空间分布情况对分散生活用水量进行空间展布，按照分散取水取用地点一致的概化原则，得到各个等高带计算单元内农村生活和城镇生活用水的年取水量。计算公式如下：

$$\mathrm{WLIV}_i(ix,\ iy) = (\mathrm{WLIV} - \mathrm{WLIVC}) \cdot \frac{\lambda_1(ix,\ iy) \cdot \mathrm{POP}_i(ix,\ iy)}{\sum_{ix} \sum_{iy} \lambda_1(ix,\ iy) \cdot \mathrm{POP}_i(ix,\ iy)} \tag{4-20}$$

$$\mathrm{WLIV}(ix) = \sum_{iy=1}^{IY} \sum_{i=1}^{2} \mathrm{WLIV}_i(ix,\ iy) \tag{4-21}$$

式中，$\mathrm{WLIV}_i(ix,\ iy)$ 为编码为 $(ix,\ iy)$ 的等高带计算单元第 i 类生活用水取水量；WLIV 为等高带所在二级区套地市生活用水总量；WLIVC 为所在二级区套地市生活集中取水量；$\mathrm{POP}_i(ix,\ iy)$ 为 $(ix,\ iy)$ 等高带计算单元农村/城镇人口数量；$\mathrm{WLIV}(ix)$ 为编码为 ix 的子流域生活分散取水量；IY 为子流域内等高带数目。

C. 年内展布

农村和城镇生活用水受季节性影响较小，因此在年内日尺度上做均匀展布。

（3）分散工业取水

理论上所有的工业大额取水都需要办理取水许可证，都属于集中取水的概化范围，实际模拟时由于资料的详细程度不一致，某些较小取水量的工业取水不在集中取水的模拟范围内，需要按照分散取水方式进行概化。概化方式与分散生活用水相似，只是将人口数据替换为工业增加值数据，在保持二级区套地市工业取水总量与统计资料一致的前提下，对分散的工业取水按照工业增加值的分布情况进行空间展布，年内的时间展布采取均一化的方式。具体概化过程不再详述。

4.2.2　用水过程概化

社会水循环的农业用水过程与自然水循环紧密联系，生活和工业用水过程与自然水循环相对独立，需采用不同的概化方式。

4.2.2.1　农业用水

（1）分散取水的农业用水过程

分散农业取水存在即取即用的特点，每个计算单元当天取水量即该计算单元当天用水量，其用水过程与自然水循环直接耦合，灌溉用水作为地表洼地储留层的源汇项参与地表入渗、蒸发和产流的计算，计算公式如下。

地表洼地储蓄层:

$$\frac{\partial H_s}{\partial t} = P(1 - \text{Veg}_1 - \text{Veg}_2) + \text{Veg}_1 \text{Rr}_1 + \text{Veg}_2 \text{Rr}_2 + \text{WARG} - E_0 - Q_0 - R1_{se} \qquad (4\text{-}22)$$

$$R1_{se} = \begin{cases} 0, & H_s \leqslant H_{svmax} \\ H_s - H_{svmax}, & H_s > H_{svmax} \end{cases} \qquad (4\text{-}23)$$

土壤表层:

$$\frac{\partial \theta_1}{\partial t} = \frac{1}{d_1}(Q_0 + \text{QD}_{12} - Q_1 - R_{21} - \text{Es} - \text{Etr}_{11} - \text{Etr}_{21}) \qquad (4\text{-}24)$$

土壤中层:

$$\frac{\partial \theta_2}{\partial t} = \frac{1}{d_2}(Q_1 + \text{QD}_{23} - \text{QD}_{12} - Q_2 - R_{22} - \text{Etr}_{12} - \text{Etr}_{22}) \qquad (4\text{-}25)$$

土壤底层:

$$\frac{\partial \theta_3}{\partial t} = \frac{1}{d_3}(Q_2 - \text{QD}_{23} - Q_3 - \text{Etr}_{13}) \qquad (4\text{-}26)$$

$$Q_j = k_j(\theta_j) \qquad (j = 1, 2, 3) \qquad (4\text{-}27)$$

$$Q_0 = \min[k_1(\theta_1), Q_{0max}] \qquad (4\text{-}28)$$

$$Q_{0max} = W_{1max} - W_{10} - Q_1 \qquad (4\text{-}29)$$

$$\text{QD}_{j,j+1} = \bar{k}_{j,j+1} \frac{\varphi_j(\theta_j) - \varphi_{j+1}(\theta_{j+1})}{(d_j + d_j + 1)/2} \qquad (j = 1, 2) \qquad (4\text{-}30)$$

$$\bar{k}_{j,j+1} = \frac{d_j \times k_j(\theta_j) + d_{j+1} \times k_{j+1}(\theta_{j+1})}{d_j + d_{j+1}} \qquad (j = 1, 2) \qquad (4\text{-}31)$$

式中, H_s 为洼地储蓄; H_{svmax} 为最大洼地储蓄; Veg_1、Veg_2 分别为裸地–植被域的高植被和低植被的面积率; Rr_1、Rr_2 分别为从高植被和低植被的叶面流向地表面的水量; Q 为重力排水; E_0 为洼地储蓄蒸发; WARG 为分散取水的农业用水量; Es 为表层土壤蒸发; Etr 为植被蒸腾(第一个下标中的 1 表示高植被, 2 表示低植被; 第二个下标表示土壤层号); R_2 为壤中流; $R1_{se}$ 为地表产流; $k(\theta)$ 为体积含水率 θ 对应的土壤吸引压; d 为土壤层厚度; W 为土壤蓄水量($W = \theta \cdot d$); W_{10} 为表层土壤初期蓄水量; 下标 0、1、2、3 分别表示地表洼地储蓄层、土壤表层、土壤中层和土壤底层。

(2) 集中取水的农业用水过程

集中取水的农业用水需要首先确定用水的具体位置的用水量的时空分布, 具体方法是: 根据取水口的取水能力和渠系资料, 将灌渠概化为储水设施, 设置最大储水容量的参数; 集中取水灌区覆盖范围内的计算单元实际取用水量的计算参照分散农业取水的年内展布, 即根据作物生长系数和有效降雨, 利用式(4-16)推求逐日实灌需水量; 实灌需水量从渠系储水中抽取, 渠系储水不够则不充分灌溉, 渠系储水量超过最大蓄水量, 则产生弃水。

明确集中取水的农业用水时空分布后, 其灌溉水量参与自然水循环的过程与分散取水相同。

4.2.2.2 工业用水

工业用水的用水过程与自然水循环相对独立，用水过程中的一部分水分以蒸发的形式进入自然水循环，另一部分水分则通过产品转移等方式消耗，剩下的水进入排水系统。由于工业用水中直流火核电用水量大而耗水率低，可将工业用水划分为一般工业用水和直流火核电冷却用水两大类进行概化和描述。其概化公式为

$$WIND_i = ET_i + WC_i + DRA_i \tag{4-32}$$

$$\mu_i = \frac{ET_i + WC_i}{WIND_i} \times 100\% \tag{4-33}$$

式中，$i = 1$、2，分别代表一般工业用水和直流火核电冷却用水；$WIND_i$ 为第 i 类工业用水量；ET_i 为第 i 类工业用水蒸发量；WC_i 为第 i 类工业用水随产品转移的水量；DRA_i 为第 i 类工业用水排水量；μ_i 为第 i 类工业用水耗水率，对直流火核电，一般取值 5%。

分散取水的工业用水的空间位置即取水位置，已在取水过程概化中确定；集中取水的工业企业一般情况下，其用水地点与取水地点距离较近，也认为其取水口空间位置即其用水过程的空间位置；取用水空间位置不一致的主要是从集中供水企业即自来水厂取水的工业用水，但工业用水过程本身不对自然水循环造成影响，造成影响的主要是使用之后的排水过程，由于其处在集中供水范围内，其排水一般也是集中排放，不需明确其具体位置，只需明确与之相对应的供水企业即可。

4.2.2.3 生活用水

生活用水过程同样与自然水循环过程相对独立，对社会水循环造成影响的主要是其排水。农村生活用水一般不存在排放问题，即耗水率为 100%。城镇生活用水则按照一定的耗水率集中排放，在排放环节统一进行概化。

4.2.3 排水过程概化

社会水循环的排放主要有两方面：一是集中取水中未加以利用而排放的弃水，此部分水量一般不计入社会水循环用水量的统计资料；二是各行业用水后形成的排水。工业和城镇生活用水的季节性变化小，取用水过程相对稳定，因此其取水的弃水率一般较小，在本研究中不做考虑，发生弃水的主要是集中取水的农业取水口。而农业用水由于其用水过程直接与自然水循环相联系，在对其用水过程的描述中也对其产生的地表径流即退水进行了概化，不需再单独对排水过程进行描述，而农村生活用水一般不存在排水，对废污水的排放主要针对工业和城镇生活用水。

4.2.3.1 集中取水的农业用水弃水

对集中取水的大型灌区，其取水过程与实际灌溉需水过程由于受降雨、渠系输送等因素的影响，二者之间难以完全吻合，会在某些时间段出现灌溉水不足或冗余的情况，产生弃水。弃水率的大小与灌区的管理水平和渠系输送能力密切相关。在模拟过程中，根据取

水口的取水能力和渠系资料，将灌渠概化为储水设施，设置最大储水容量的参数；集中取水灌区覆盖范围内的计算单元实际取用水量的计算参照分散农业取水的年内展布，即根据作物生长系数和有效降雨，利用式（4-16）推求逐日实灌需水量；实灌需水量从渠系储水量中抽取，渠系储水量不够则不充分灌溉，渠系储水量超过最大蓄水量，则产生弃水。

某一集中取水灌区弃水量的计算公式为

$$\text{Aba} = \begin{cases} 0, & W_{ch} \leqslant W_{chmax} \\ W_{ch} - W_{chmax}, & W_{ch} > W_{chmax} \end{cases} \tag{4-34}$$

$$\frac{\partial W_{ch}}{\partial t} = \text{WAGRC} - \sum_{ix} \sum_{iy} \left[1 - \lambda(ix, iy) \right] \text{WETC}(ix, iy) \tag{4-35}$$

$$\omega = \frac{\text{Aba}}{\text{WAGRC}} \times 100\% \tag{4-36}$$

式中，Aba 为灌区弃水量；W_{ch} 为灌区渠道蓄水量；W_{chmax} 为渠道最大蓄水量；WAGRC 为灌区取水量；WETC(ix, iy) 为编码为 (ix, iy) 的等高带计算单元实际灌溉需水量；ω 为弃水率，同时也是分散农业取水空间展布 [式（4-12）] 中的重要参数，可将排水过程对全灌溉期弃水率的计算作为初始值输入。

在确定了集中取水灌区弃水的数量后需要确定其空间位置。对具备灌渠信息的灌区，取其干渠末端作为弃水口；对不具备灌渠信息的灌区，则取其灌溉范围内最下游的子流域作为弃水口。

在本研究区，弃水一般排入河道，参与河道汇流，考虑弃水的影响后，式（4-1）和式（4-2）可进一步修正为

$$\frac{\partial A}{\partial t} + \frac{\partial Q}{\partial x} = q_L - q_R + q_d \quad （连续方程） \tag{4-37}$$

$$\frac{\partial Q}{\partial t} + \frac{\partial (Q^2/A)}{\partial x} + gA \left(\frac{\partial h}{\partial x} - S_0 + S_f \right) = (q_L - q_R + q_d) \ V_x \quad （运动方程） \tag{4-38}$$

式中，q_d 为弃水流量，其他符号同式（4-1）、式（4-2）。

4.2.3.2　工业和城镇生活用水排水

理论上，所有工业和城镇生活排水进入自然水循环均需通过入河排污口的形式，可通过收集研究区入河排污口管理和监测数据进行概化。考虑到工业和城镇生活用水的年内分布的一致性，可用典型时间点的排放流量监测数据反映全年的排放情况。在对河道汇流的影响上，与农业取水的弃水相似，计算方法参照式（4-37）和式（4-38）。

在监测资料不足，或开展未来情景的模拟时，则需要对废水排放量进行估算。估算方法是针对不同行业用水，设置相应的耗水率，并为每个入河排污口设置对应的废污水收集单元，不属于任何入河排污口的计算单元，其工业和城镇生活排水直接排入当地河道。入河排污口分为企业排污口和污水处理厂排污口两类，企业排污口只对应所在计算单元的污水排放，污水处理厂排污口对应集中排水范围内其他工业和城镇生活污水的排放。各排污口废污水排放量计算公式如下：

$$\text{DRA}(i) = \sum_{ix} \sum_{iy} \text{dra}(ix, iy) \tag{4-39}$$

$$\mathrm{dra}(ix, iy) = \sum_{j=1}^{3} (1 - \mu_j) \mathrm{WU}_j(ix, iy) \tag{4-40}$$

式中，DRA (i) 为第 i 个入河排污口的污水排放量；dra (ix, iy) 为隶属于第 i 个入河排污口的编码为 (ix, iy) 的等高带计算单元工业和城镇生活污水排放量；$j=1$、2、3，分别代表一般工业、直流火核电冷却水和城镇生活用水；μ_j 为 j 类用水的耗水率；WU_j (ix, iy) 为编码为 (ix, iy) 的等高带计算单元各类用水量。

在实际模拟过程中，可采用式（4-39）和式（4-40）计算各入河排污口废污水排放量，并与实测资料相对比，相互进行验证，同时利用实测资料进行耗水率等参数的率定，以用于模型对情景方案的模拟。

4.2.4 输水过程概化

在取水–用水–排水之间均涉及水资源的输送，输水过程中水资源的渗漏和蒸发与自然水循环相连接。主要参数和变量包括输水量、输水能力、渗漏率等。本研究着重于分析和模拟社会水循环对自然水循环的影响，社会水循环内部的过程化模拟并不是重点，因此对输水过程做了简单处理，即假定所有输水过程中的渗漏损失都发生在用水所在地，而不是沿途。如此概化后，对农业用水而言，渗漏损失与有效利用的水量同时参与地表和土壤层的蒸发、下渗和产流模拟，即农业用水量与有效取水量（取水量与弃水量之差）相等；对工业和生活水，则设定管道输水的渗漏率，相应比例的取水量渗漏进入土壤层，参与土壤层的自然水循环过程，其计算公式为

$$\mathrm{Leak}(ix, iy) = \rho_j \sum_{j=1}^{3} \mathrm{WU}_j(ix, iy) \tag{4-41}$$

式中，Leak (ix, iy) 为编码为 (ix, iy) 的计算单元工业和城镇生活用水的渗漏量；$j=$ 1、2、3，分别代表一般工业用水、直流火核电冷却水和城镇生活用水；ρ_j 为 j 类用水的输水渗漏损失率；WU_j (ix, iy) 为编码为 (ix, iy) 的等高带计算单元各类用水量。

在考虑输水损失后，式（4-40）应做相应的修正，修改后是

$$\mathrm{dra}(ix, iy) = \sum_{j=1}^{3} (1 - \mu_j) \rho_j \mathrm{WU}_j(ix, iy) \tag{4-42}$$

4.3 典型流域耦合实例研究

以松花江流域内人类活动干扰最显著的西流松花江流域为例，利用 4.2 节的概化和模拟方法，以 2010 年为代表年份，对其"自然–社会"二元水循环进行耦合模拟研究。

4.3.1 取水过程

根据《2010 年中国水资源公报》的统计资料，西流松花江流域各地区 2010 年供用水量见表 4-1。全年总供水量为 64.89 亿 m^3，其中，地表供水量为 49.95 亿 m^3，占总供水量

的 77.0%；地下供水量为 14.94 亿 m^3，占总供水量的 23.0%。64.89 亿 m^3 的总用水量中，农业（农田灌溉+林牧渔畜）用水量为 37.15 亿 m^3，占总用水量的 57.3%；工业用水量为 17.20 亿 m^3，占总用水量的 26.5%；生活（城镇公共+居民生活）用水量为 7.91 亿 m^3，占总用水量的 12.2%；生态环境用水量为 2.63 亿 m^3，占总用水量的 4.0%。

表 4-1　西流松花江流域内各地区 2010 年供用水量统计（单位：亿 m^3）

地区	供水量			用水量						
	地表供水	地下供水	总供水量	农田灌溉	林牧渔畜	工业	城镇公共	居民生活	生态环境	总用水量
抚顺市	0.49	0.01	0.50	0.48	0.01	0	0	0.01	0	0.50
长春市	14.36	7.1	21.46	10.98	1.06	3.49	2.59	2.43	0.91	21.46
吉林市	19.78	3.44	23.22	8.05	0.82	12.17	0.56	1.11	0.51	23.22
四平市	0.49	0.8	1.29	0.77	0.2	0.17	0.03	0.14	0	1.29
辽源市	0.64	0.57	1.21	0.68	0.15	0.28	0.02	0.08	0	1.21
通化市	9.09	0.66	9.75	8.64	0.18	0.44	0.1	0.39	0	9.75
白山市	0.34	0.27	0.61	0.15	0.02	0.27	0.04	0.13	0	0.61
松原市	4.3	2.02	6.32	4.12	0.46	0.29	0.04	0.18	1.21	6.32
延边朝鲜族自治州	0.46	0.07	0.53	0.25	0.15	0.07	0	0.06	0	0.53
合计	49.95	14.94	64.89	34.12	3.03	17.20	3.38	4.53	2.63	64.89

4.3.1.1　集中式取水

（1）集中式地表取水口

整理西流松花江流域取水许可管理信息，将主要地表取水口在流域分布式水文模拟数据平台上进行定位和信息化。集中式地表取水口主要有两类：一类位于河道；另一类位于水库，其中水库取水又分为坝上（直接从水库取水）和坝下（从水库下泄水量中取水）两种方式。从水库坝下的取水受水库调度方式的影响，但由于取水口取水能力一般远小于水库下泄能力，在考虑尽量满足坝下取水口取水要求的前提下，将水库坝下取水量直接转化为水库内取水量对水库蓄水量和河道径流量的模拟几乎没有影响，因此本研究不区分坝上与坝下取水的差别，均看作直接从水库取水。

本研究共收集整理了流域内 29 个主要地表取水口，相关信息见表 4-2。各取水口年取水量均在 300 万 m^3 以上（2010 年），总取水量为 352 494 万 m^3，占 2010 年西流松花江流域地表取用水量 49.95 亿 m^3 的 70.6%。取水用途包括农业、工业（一般工业与火核电）、城市生活，其中自来水厂的取水用途包括工业和城市生活。取水方式涵盖了蓄水、引水、提水及其组合。通过 GIS 数据平台，将取水口空间位置信息与流域分布式水文模拟的子流域划分信息相叠加，即得到各取水口所在的子流域编码，并按照式（4-1）~式（4-7）进行河道汇流和水库水量平衡的计算。值得注意的是，对位于同一条河流相邻子流域且取水用途一致的取水口，其对河道汇流的叠加影响在本研究中进行了合并处理，以减小工作量。

表 4-2 西流松花江流域主要地表取水口信息

编号	名称	年取水量 （万 m³）	取水用途	取水方式	取水位置 （子流域编码）
1	吉林市农业	14 500	农业	引水提水	12420
2	永吉县土城子灌区	2 800	农业	引水	12450
3	永吉县星星哨灌区	8 000	农业	引水	12780
4	磐石市官马水库灌区	850	农业	蓄水	12184
5	磐石市黄河水库灌区	2 640	农业	引水	12720
6	辉南县农业	12 000	农业	引水	12180
7	九台市二松农业	2 422	农业	引水	12489
8	九台市五一水库	880	农业	蓄水	12811
9	九台市牛头山水库	1 228	农业	蓄水	12485
10	梅河口市海龙水库	8 000	农业	引水	11973
11	梅河口市新合水库	1 167	农业	引水	12068
12	前郭哈达山	19 163	农业	提水	12867
13	前郭锡伯屯	16 395	农业	提水	12872
14	吉林热电厂	91 131	热电	引水	12418
15	吉林市工业	85 544	工业	引水	12395
16	长春华能电厂	1 887	电厂	引水	12789
17	吉林省水投公司	8 395	工业	引水	12788
18	吉林市自来水厂	10 732	生活工业	引水	12370
19	永吉县自来水厂	548	生活工业	引水	12779
20	长春水务	30 800	城市生活	引水	12653
21	公主岭自来水厂	420	城市生活	引水	12574
22	九台市东湖新城	1 141	城市生活	引水	12810
23	临江市供水	365	城市生活	引水	11796
24	抚松县供水公司	657	城市生活	引水	11828
25	抚松县松江河供水公司	584	城市生活	引水	11851
26	九台市水务集团	25 927	城市生活	引水	12787
27	农安县净水厂	1 460	城市生活	引水	12609
28	辉南县朝阳镇自来水公司	2 008	生活工业	提水	12135
29	磐石市柳杨水库	850	农业	蓄水	12142
	合计	352 494			

取水许可管理信息只提供了各主要取水口的年取水量，而模型计算的时间尺度是日尺度，因此需要将各取水口的年取水量展布到各日取水量。工业和生活用水受季节变化影响较小，因此将其年取水量平均分配到各日。通过分析农业用水年内日取水过程的历史资料发现，西流松花江流域农田灌溉取水一般发生在 4～10 月，且月内日取水过程相对平缓，

因此本研究对农业用水进行到月的年内时间展布，月内日过程做均一化处理。对具有年内取水过程资料的取水口，按照取水过程资料进行各月的展布；对不具备年内取水过程资料的取水口，按照松花江流域农业取水口的平均月过程进行展布。松花江流域主要农业取水口的月内过程见表4-3。其中4~10月的平均取水量比例分别为1.2%、21.3%、18.8%、21.9%、20.6%、10.2%、6.0%。

表4-3 松花江流域主要农业取水口的月内过程（单位：万 m^3）

名称	4 月	5 月	6 月	7 月	8 月	9 月	10 月
北部引嫩（农业）	336	20 259	14 016	19 460	14 394	0	0
中部引嫩（农业）	14	6 565	3 906	5 153	3 130	0	0
泰来灌区	0	2 632	2 225	2 432	1 798	152	61
白沙滩灌区	1 914	5 514	5 511	4 857	4 422	1 082	0
四方坨子灌区	1 500	4 500	3 500	2 500	2 300	330	0
引嫩入白	994	8 855	7 835	7 835	3 765	994	994
大安灌区	0	15 826	12 470	8 536	8 633	0	0
塔虎城灌区	200	600	400	300	300	200	0
南部引嫩（农业）	0	0	0	10 000	20 000	15 000	0
哈达山（农业）	0	25 559	29 823	31 952	28 663	25 575	24 625
各月合计	4 958	90 310	79 686	93 025	87 405	43 333	25 680
占全年比例	1.2%	21.3%	18.8%	21.9%	20.6%	10.2%	6.0%

（2）地下水取水口

整理西流松花江流域取水许可管理信息，将主要地下水取水口在流域分布式水文模拟数据平台上进行定位和信息化。本研究共收集整理了流域内13个主要地下水取水口，相关信息见表4-4。各取水口年取水量均在200万 m^3（含200万 m^3）以上（2010年），年总取水量为7600万 m^3，仅占西流松花江流域地下供水量14.94亿 m^3 的5.1%，可见西流松花江流域地下水取水以分散取水为主。集中地下取水用途主要是工业和城市生活，其年取水量在年内做平均展布。通过GIS数据平台，将取水口空间位置信息与流域分布式水文模拟的等高带计算单元划分信息相叠加，即得到各取水口所在的子流域和等高带编码，并按照式（4-8）~式（4-10）参与地下水运移的模拟。

表4-4 西流松花江流域主要地下取水口信息

编号	名称	年取水量（万 m^3）	取水用途	地区	子流域编码	等高带编码
1	长春大合生物技术开发有限公司	1825	工业	长春市	12830	1
2	吉林省大黑山钼业有限公司	200	工业	永吉县	12387	3
3	吉林铁合金厂	600	工业	吉林市	12400	6

编号	名称	年取水量 （万 m³）	取水用途	地区	子流域 编码	等高带 编码
4	吉林油田江北水厂	696	工业	松原市	12879	1
5	四平黄龙食品工业有限公司	260	工业	公主岭市	12555	1
6	中国人民解放军第三三零五工厂	257	工业	桦甸	11946	3
7	吉林市自来水五厂	511	工业、城市生活	吉林市	12398	1
8	公主岭自来水厂	600	城市生活	公主岭市	12562	1
9	梅河口自来水厂	360	城市生活	梅河口市	12022	2
10	白山市水务（集团）有限责任公司	1041	城市生活	浑江市	11805	4
11	磐石市自来水公司	219	城市生活	磐石市	12724	2
12	德惠市自来水公司	292	城市生活	德惠市	12833	1
13	蛟河市自来水公司	720	城市生活	蛟河市	12310	6

综合表 4-1、表 4-2、表 4-4 数据，可得到西流松花江流域各地区 2010 年集中取用水量，详见表 4-5。全流域集中取水量为 36.02 亿 m³，占全流域用水量的 55.5%，其中农田灌溉集中用水量为 9.91 亿 m³，占总灌溉用水量的 29%；工业集中用水量为 16.19 亿 m³，占工业总用水量的 94.1%；城镇公共和居民生活用水量为 7.28 亿 m³，占生活总用水量的 92.0%；生态环境用水全部为集中取水。在表 4-5 对各地区各行业集中取用水量的计算中，抚顺市、四平市、辽源市、通化市、白山市、延边朝鲜族自治州由于取用水相互独立，其总取水量与总用水量相等，而吉林市、长春市、松原市之间地理位置邻近，存在取用水之间的交换互补关系，因此各地区的取水量与其用水量并不完全一致。主要表现在吉林市内取水量较大，其 2010 年非农业取水量达到 19.05 亿 m³，而其当年非农业用水量只有 14.35 亿 m³，因此将 4.70 亿 m³ 的取用水量差额用于补齐长春市、松原市集中取水量不足的非农业用水量 3.88 亿 m³，并将剩余的 0.82 亿 m³ 取水量用于吉林市的农田灌溉，以实现各地区取用水量的平衡。

表 4-5　西流松花江流域各地区 2010 年集中取用水量（单位：亿 m³）

地区	取水量			用水量						
	地表 取水	地下 取水	总取 水量	农田 灌溉	林牧 渔畜	工业	城镇 公共	居民 生活	生态 环境	总用 水量
抚顺市	0.00	0.00	0.00	0.00	0.00	0.00	0.00	0.00	0.00	0.00
长春市	7.46	0.21	7.67	0.45	0.00	3.49	2.59	2.43	0.91	9.87
吉林市	21.76	0.25	22.01	3.78	0.00	12.17	0.56	1.11	0.51	18.13
四平市	0.00	0.09	0.09	0.00	0.00	0.03	0.00	0.06	0.00	0.09
辽源市	0.00	0.00	0.00	0.00	0.00	0.00	0.00	0.00	0.00	0.00
通化市	2.32	0.04	2.36	2.12	0.00	0.10	0.00	0.14		2.36
白山市	0.16	0.10	0.26	0.00	0.00	0.09	0.04	0.13	0.00	0.26

地区	取水量			用水量						
	地表取水	地下取水	总取水量	农田灌溉	林牧渔畜	工业	城镇公共	居民生活	生态环境	总用水量
松原市	3.56	0.07	3.63	3.56	0.00	0.31	0.04	0.18	1.21	5.30
延边朝鲜族自治州	0.00	0.00	0.00	0.00	0.00	0.00	0.00	0.00	0.00	0.00
合计	35.26	0.76	36.02	9.91	0.00	16.19	3.23	4.05	2.63	36.02

4.3.1.2 分散取水的模拟

总的取用水量减去集中取水量则为分散取用水量，将吉林市地表取水中供给长春市和松原市的水量分别添加到长春市和松原市地表水资源供水量，将表4-5调整成各地区供用水平衡的数据表，然后与表4-1数据做差，得到西流松花江流域各地区2010年分散取水量，详见表4-6。

表4-6　西流松花江流域各地区2010年分散取水量（单位：亿 m^3）

地区	供水量			用水量						
	地表供水	地下供水	总供水量	农田灌溉	林牧渔畜	工业	城镇公共	居民生活	生态环境	总用水量
抚顺市	0.49	0.01	0.50	0.48	0.01	0.00	0.00	0.01	0.00	0.50
长春市	4.70	6.89	11.59	10.53	1.06	0.00	0.00	0.00	0.00	11.59
吉林市	1.90	3.19	5.09	4.27	0.82	0.00	0.00	0.00	0.00	5.09
四平市	0.49	0.71	1.20	0.77	0.00	0.14	0.03	0.08	0.00	1.20
辽源市	0.64	0.57	1.21	0.68	0.15	0.28	0.02	0.08	0.00	1.21
通化市	6.77	0.62	7.39	6.52	0.18	0.34	0.00	0.25	0.00	7.39
白山市	0.18	0.17	0.35	0.15	0.02	0.18	0.00	0.00	0.00	0.35
松原市	0.00	1.02	1.02	0.56	0.46	0.00	0.00	0.00	0.00	1.02
延边朝鲜族自治州	0.46	0.07	0.53	0.25	0.15	0.07	0.00	0.06	0.00	0.53
合计	15.63	13.25	28.88	24.21	3.03	1.01	0.15	0.48	0.00	28.88

将表4-6中各地市各行业分散取用水量按照4.2.1.2节的描述，展布到分布式水文模型各计算单元上。其中农业用水优先取用地表水，工业和生活用水优先取用地下水，并保证各地市地表、地下总取水量与实际供水量一致。

4.3.2 输水过程

从取水口到用水户所在位置，需要经过输水的过程，输水过程中水资源存在蒸发、渗漏等损失。一般农业用水的输水方式为明渠，工业、生活用水的输水方式为管道。严格意义上说，为了对输水过程进行模拟，需要收集相应的渠道和管道信息，但考虑到在分布式水文模拟中，输水过程中的损失相对于地表径流量较小，且输水过程中的渗漏量需通过壤中流或进入地下水才能影响地表径流，因此渗漏发生的位置对模型针对地表径流的模拟影响并不大，因此本研究在模拟时将输水过程中的渗漏量简化为在用水地点发生，并根据不同行业用水的特点设置相应的渗漏率参数。

对于农业用水，其用水过程即是对农田的灌溉，本研究将渗漏地点简化为用水地点，因此在农田的模拟中，用水与渗漏过程是统一的，损失的主要是输水过程中的水面蒸发，其量一般占总损失量的5%。研究区所在的吉林省2010年灌溉水有效利用系数为0.525，即农业用水的损失率为47.5%，其中蒸发量为2.4%。即在每个计算单元中，农业用水量扣除2.4%后，剩下的97.6%进入农田地表参与地表和壤中流的计算。

工业和城市生活用水存在管网漏失的问题，输水过程中的渗漏损失进入土壤层参与壤中流的汇流等。根据《松辽流域水资源综合规划》，松花江流域城市管网漏失率大都在10%~30%，有的甚至超过了30%。考虑到城市生活用水的管网路线较长、接口较多，漏失率比工业用水大，因此将研究区工业用水漏失率设置为15%，城市生活用水漏失率设置为25%。

4.3.3 用水过程

用水过程主要发生在社会水循环内部，除了用水过程中有一定的水量蒸发进入大气层外，对自然水循环的影响不大。不同行业的用水过程都伴随着水资源的消耗，消耗量决定了排水量，因此对用水过程进行概化的主要参数是耗水率。西流松花江流域现状各行业用水的耗水率见表4-7。

表 4-7 西流松花江流域现状各行业用水的耗水率 （单位:%）

用水行业	耗水率
城镇生活	30
农村生活	100
农业	54
工业	15
建筑业	100
三产	29
生态	90
平均	45

资料来源:《松辽流域水资源综合规划》

在模型模拟中，农业用水过程通过土壤层的蒸发、渗漏和产流进行模拟，不需要设置相应的耗水率参数；农村生活用水基本全部消耗，按照100%计算；模型中将建筑业、第三产业、生态和城镇生活用水统一为城镇生活用水，取综合耗水率为35%；工业则区分一般工业用水和直流火核电冷却用水，一般工业耗水率为20%，直流火核电耗水率为5%。

4.3.4 排水过程

水资源进入社会水循环后，通过一系列的输送和利用，最终通过排水回到自然水循环。排放的方式主要有两类：第一类是组织管理措施和监测监控措施的有序排放，纳入入河排污口管理，包括污水处理厂和工业企业等，主要是工业用水和城镇生活用水；第二类是组织管理措施较弱，难于有效监测监控排放状况，排放特点是随用随排，用水与排水过程耦合在一起，主要是农业灌溉用水、农村生活用水。在模型计算时，农村生活用水耗水率按 100% 计算，即不存在排水，而农业灌溉用水则与用水过程统一模拟，因此对社会水循环排水过程的模拟主要是针对第一类排水，即入河排污口的排水。

4.3.4.1 入河排污口

收集整理西流松花江流域内入河排污口管理资料，由于入河排污口数量较多，将其相关信息按地区汇总，西流松花江流域 2010 年各地区入河排污口汇总信息见表 4-8。从表 4-8 可以看出，西流松花江流域 2010 年实测入河排污口共有 169 个，主要分布在吉林市、长春市和白山市，其共有入河排污口 141 个，占流域总数的 83.4%。从废污水流量和年排放废污水排放总量上看，吉林市废污水排放流量为 21.33m³/s，占流域废污水总排放流量的 86.8%，年废污水排放总量为 43 641.03 万 m³，占流域年排放总量的 84.4%。吉林市废污水排放量较大主要是由于市内的热电厂大量冷却用水的排水，占吉林市废污水总排放量的 66.1%，其 COD、氨氮、总氮、总磷排放量各占流域总排放量的 62.8%、77.1%、73.0% 和 29.3%。

西流松花江流域入河排污口主要分布在伊通河、饮马河、辉发河和西流松花江干流等河流。通过地理信息系统工具将入河排污口图层与分布式水文模型子流域图层相叠加，即可得到每个入河排污口所在的子流域编码。除个别季节性排污口外，各排污口污水排放量在年内均匀分布。各子流域废污水排放量根据式（4-37）和式（4-38）参与河道汇流的计算，位于同一子流域的排污口在模型计算时可合并处理。

表 4-8 西流松花江流域 2010 年各地区入河排污口信息

地区	排污口个数（个）	废污水流量（m³/s）	年废污水排放量（万 m³）	COD 排放量（t）	氨氮排放量（t）	总氮排放量（t）	总磷排放量（t）
长春市	28	2.08	4 375.06	11 013.28	673.37	1 064.43	119.67
吉林市	80	21.33	43 641.03	33 118.92	3 279.25	4 474.46	142.01
四平市	2	0.03	100.75	2 975.56	19.23	33.09	7.70
辽源市	9	0.06	191.14	391.95	13.15	28.64	15.24
通化市	12	0.24	762.67	3 761.85	55.00	169.54	69.85
白山市	33	0.67	2 115.79	1 412.33	211.16	353.07	130.29
松原市	5	0.16	317.95	37.39	3.86	5.70	0.20
合计	169	24.57	51 504.39	52 711.28	4 255.02	6 128.93	484.96

4.3.4.2 污水处理厂

大部分城镇生活用水和部分工业废水经过污水收集管网，统一排放到污水处理厂，经处理后部分回用，剩余水量排入河道，进入自然水循环。通过收集整理流域内污水处理厂位置和处理能力等资料，可形成对入河排污口资料的有效补充，并对流域内的中水回用过程进行定量描述。

西流松花江流域现状污水处理厂信息见表4-9。西流松花江流域现状年共有污水处理厂23座，设计处理能力合计为170.90万t/d，2010年实际平均处理水量为121.26万t/d，其中，中水回用量为21.40万t/d，不考虑污水处理过程中的损失情况下，其中水排放量为99.9万t/d，合废污水排放流量11.56m³/s。其中长春市北郊污水处理厂、长春市第二污水处理厂、长春市第三污水处理厂和吉林市污水处理厂、蛟河市污水处理厂、磐石市污水处理厂相关排放数据在表4-8中已包括，不再做重复计算。其他污水处理厂用实际处理水量减去中水回用量作为处理后污水排放量，根据式（4-36）和式（4-38）进行其所在子流域河道汇流的计算。

表4-9 西流松花江流域现状污水处理厂信息（单位：万t/d）

编号	名称	投运时间	设计处理能力	实际处理水量	中水回用量	子流域编码
1	长春市北郊污水处理厂	2000	39.00	37.42	10.00	12661
2	长春市第二污水处理厂	2003	15.00	7.30	0.00	12660
3	长春市第三污水处理厂	2001	2.50	1.20	0.00	12658
4	长春市南部污水处理厂	2009	15.00	8.40	5.00	12654
5	长春市天嘉污水处理有限责任公司	2007	2.00	0.80	0.00	12659
6	农安县污水处理厂	2010	3.00	1.29	0.00	12671
7	双阳开发区污水处理厂	2008	1.50	0.06	0.00	12757
8	永吉开发区污水处理厂	2005	1.40	0.30	0.00	12382
9	吉林石化公司污水处理厂	1980	24.00	12.08	0.00	12418
10	吉林市污水处理厂	2008	30.00	24.99	0.00	12398
11	蛟河市污水处理厂	2009	2.50	1.58	0.00	12315
12	磐石市污水处理厂	2009	3.50	1.50	0.50	12184
13	东丰县三达水务有限公司	2010	1.00	0.85	0.00	12016
14	松原市江南污水处理厂	2008	5.00	5.40	1.00	12873
15	九台市污水处理厂	2010	3.00	2.13	1.00	12792
16	德惠市污水处理厂	2010	3.00	2.13	0.00	12832
17	吉林市经济开发区污水处理厂	2010	6.00	4.26	2.40	12420
18	桦甸市污水处理厂	2010	3.00	2.13	1.50	12213
19	伊通县污水处理厂	2010	1.50	1.06	0.00	12631
20	辉南县污水处理厂	2010	2.50	1.77	0.00	12135

续表

编号	名称	投运时间	设计处理能力	实际处理水量	中水回用量	子流域编码
21	柳河县污水处理厂	2010	1.00	0.71	0.00	12072
22	梅河口市污水处理厂	2010	3.50	2.48	0.00	11995
23	抚松县污水处理厂	2010	2.00	1.42	0.00	11817
合计			170.90	121.26	21.40	

4.3.5　典型站点模拟结果

将上述对西流松花江流域"自然–社会"二元水循环的概化和描述方法导入已建立的寒区分布式水文模型，对西流松花江流域 2010 年水循环过程进行模拟。本研究在西流松花江流域共选取了五道沟、丰满水库、农安、德惠、扶余 5 个水文站点，其中位于西流松花江干流的丰满水库和扶余站枯水期径流量直接受丰满水电站下泄流量的影响，而丰满水电站枯水期的下泄流量主要取决于发电调度，人为扰动较大，不利于分析取用水对径流量的影响，因此选取其他 3 个水文站点的实测径流量数据对二元水循环紧密耦合的模拟效果进行验证，并与传统方法模拟结果进行对比，结果如表 4-10、图 4-3 所示。

表 4-10　代表性水文站 2010 年逐日径流量模拟效果

水文站	模拟方式	全年		枯水期	
		相对误差	Nash 效率系数	相对误差	Nash 效率系数
农安	紧密耦合模拟	3.1%	0.64	6.9%	0.50
	松散耦合模拟	4.9%	0.61	-18.7%	0.31
德惠	紧密耦合模拟	-4.7%	0.58	-0.9%	0.43
	松散耦合模拟	-3.8%	0.56	-9.4%	0.14
五道沟	紧密耦合模拟	2.8%	0.76	4.8%	0.52
	松散耦合模拟	2.9%	0.73	3.7%	0.45

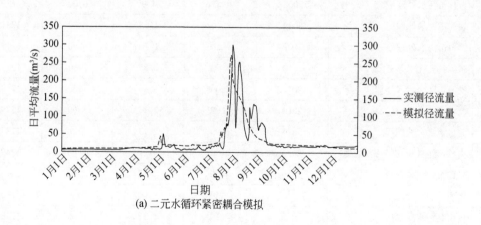

(a) 二元水循环紧密耦合模拟

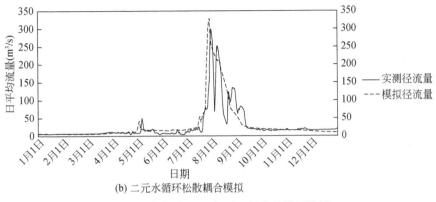

(b) 二元水循环松散耦合模拟

图 4-3 农安站 2010 年逐日径流量模拟效果

从表 4-10 可以看出,采取二元水循环紧密耦合的模拟方式后,对各代表性水文站 2010 年全年径流量和枯水期径流量的模拟效果均有改善,其中枯水期径流量的改善效果更为显著。可见,本研究提出的二元水循环紧密耦合模拟方式较传统的模拟方法,对人工取用水活动对自然水循环影响的模拟更为有效,由于枯水期天然径流量较小,取用水对自然水循环的影响更大,采取紧密耦合模拟方式后,改善效果更为显著。

从 3 个水文站的对比情况来看,采取紧密耦合方式后,农安站和德惠站模拟效果改善程度较大,五道沟站改善效果一般,这与 3 个水文站的地理分布位置有较大关系。农安站和德惠站位于西流松花江下游支流饮马河流域,是流域内经济社会最发达、人口和用水最集中的地区,因此采取紧密耦合方式对其社会水循环过程进行详细模拟较大程度地改善了其径流过程模拟效果;而五道沟站位于西流松花江上游辉发河流域,属于山区,经济社会用水量较小,因此采取紧密耦合模拟方式对其径流过程模拟效果改善作用不明显。

从对径流量绝对值的影响来看,采用紧密耦合方式后,全年径流量模拟值略为增加,枯水期径流量模拟值则显著增加。究其原因,采用紧密耦合模拟方式后,直接从江河湖库地表径流量中取用水资源,取水过程对地表径流的影响更为直接,特别是作物生长期中大量的农业取用水,致使模拟的地表径流量较松散耦合模拟方式偏小;而枯水期取水量较小,但通过入河排污口直接向河流排放废水,使枯水期地表径流量模拟结果较松散耦合模拟方式偏大。

4.4 本章小结

1)基于社会水循环取用水过程对自然水循环的重要影响,分析了二元水循环的相互作用机制,形成了包括驱动力耦合、过程耦合和通量耦合的二元水循环耦合机制,并对二元水循环的耦合效应进行定性分析。

2)以二元水循环的过程耦合为重点,分别对社会水循环的取水、用水、排水和输水过程进行了概化,其中取水过程分为集中取水和分散取水分别进行概化,用水过程按照用水行业属性分别对农业、工业和生活用水过程进行概化,排水则重点针对农业取水的弃水和工业生活用水的排水进行概化，并分别提出了相应的定量描述方法，形成了"自然-社会"二元水循环的紧密耦合模拟方法。

3）以松花江流域内人类活动影响最显著的西流松花江流域为例，应用二元水循环紧密耦合模拟方法，结合流域取水许可、入河排污口管理等相关资料，对西流松花江流域2010年"自然-社会"二元水循环过程进行了模拟。结果显示，相较于传统的松散耦合模拟方式，本研究提出的紧密耦合方法对代表性水文站地表径流量，特别是枯水期径流量的模拟效果有较为明显的改善。

4）通过第3章冻土水热耦合模拟对寒区枯水期自然水循环过程的有效模拟，以及本章二元水循环紧密耦合对寒区枯水期社会水循环影响的有效模拟，基本实现了对寒区枯水期径流量的准确模拟，具备了利用枯水期径流量模拟结果进行寒区水功能区设计流量及纳污能力计算的基本条件。

第5章 水功能区设计流量与冰封期纳污能力计算

寒区冰封期受土壤水冻结、取用水、河流冰封等因素的影响，径流量显著降低，同时冰封期水体的低温条件对污染物的降解造成较大影响，造成冰封期水体纳污能力降低，水环境风险增大，有必要对冰封期的纳污能力进行针对性研究，确保冰封期水质安全。本章基于寒区分布式水文模型对冰封期径流量的准确模拟，开展了松花江流域水功能区设计流量的计算与分析，根据寒区冰封期河道汇流和污染物迁移转化特征，提出了寒区冰封期纳污能力计算方法，根据松花江流域冰封期现状污染物排放情况，对流域冰封期纳污能力进行了核算，并对冰封期水功能区水质达标情况进行了分析。

5.1 水功能区设计流量计算与分析

5.1.1 基于历史流量过程的设计流量计算

为了促进水资源的合理开发和有效保护，我国于 2011 年颁布了《全国重要江河湖泊水功能区划》，将全国主要河流和湖泊划分为保护区、缓冲区、开发利用区和保留区共 4 类 2888 个水功能一级区，其中 1133 个开发利用区又被划分为饮用水源区、工业用水区、农业用水区、渔业用水区、景观娱乐用水区、过渡区和排污控制区共 7 类 2738 个水功能二级区。其中，松花江流域共有水功能一级区 208 个，其中 72 个开发利用区又分为 166 个二级区，不同类型水功能区共有 302 个。

《中共中央 国务院关于加快水利改革发展的决定》中明确提出确立水功能区限制纳污红线，从严核定水域纳污容量，严格控制入河湖排污总量。水功能区纳污容量的确定主要是通过在设定水文条件下，某种污染物满足水功能区水质目标要求所能容纳的最大数量来计算，设计流量的大小对河流水功能区纳污容量有着直接的影响。目前，我国各大流域对水功能区设计流量的具体核算方法有所差别，但主要均是根据长系列实测数据，选取一定保证率的枯水期流量作为设计流量。根据《水域纳污能力计算规程》（GB 25173—2010），计算河流水域纳污能力，应采用 90% 保证率最枯月平均流量或近 10 年最枯月平均流量作为设计流量，季节性河流、冰封河流宜选取不为零的最小月平均流量作为样本，但由于我国南、北方河流的差异较大，各地可根据实际情况，选择不同水期（如丰水期、平水期、枯水期）或者其他保证率（如 75%、95% 等）下的设计水量条件计算水域纳污能力。松花江流域实际应用中水功能区设计流量的核算规则是：饮用水源区取长系列枯水期（12月至次年 3 月）月平均径流的 95% 保证率流量，其他功能区取长系列枯水期月平均径流的

75%保证率流量。

在实现对研究区枯水期径流量的有效模拟后，由于分布式水文模型对各子流域每天的径流量都有模拟和记录，在利用模型计算水功能区设计流量时，只需将水功能区所在河段的流量模拟数据按照研究区设计流量核算规则进行处理，即可得到各水功能区设计流量。需要指出的是，对某一水功能区，其设计流量一般是一个固定值，在5.1.2节中，为了对未来情景进行计算和分析，某一水功能区的设计流量均指按照一定的情景进行模拟计算后采取相应核算方法确定的流量值大小。对某一水文站，其设计流量指该水文站所在水功能区的设计流量。

利用地理信息系统工具建立起松花江流域302个水功能区与分布式水文模型内部各子流域的对应关系，输出这些子流域的枯水期月径流过程，并按照松花江流域水功能区设计流量核算规则进行计算，或者直接在分布式水文模型中添加相应的计算模块，即可得到流域内各水功能区按照1956~2000年水文系列所确定的设计流量。在干支流选取代表性水文站，将通过分布式水文模型计算的设计流量与通过实测数据核算的设计流量进行对比，结果见表5-1。

表5-1　松花江流域主要水文站对应的水功能区设计流量计算结果对比

水文站	水功能区	设计流量保证率（%）	实测数据核算结果（m³/s）	分布式水文模型计算结果（m³/s）	绝对误差	相对误差（%）
古城子	诺敏河蒙黑缓冲区	75	2.6	2.4	-0.2	-7.7
碾子山	雅鲁河齐齐哈尔市保留区	75	1.3	1.2	-0.1	-7.7
江桥	嫩江黑蒙缓冲区	75	24.4	21.4	-3.0	-12.3
大赉	嫩江黑吉缓冲区	75	39.1	38.6	-0.5	-1.3
五道沟	辉发河通化市、吉林市开发利用区（农业用水）	75	5.0	4.9	-0.1	-2.0
德惠	饮马河吉林市、长春市开发利用区（农业用水）	75	0.5	0.6	0.1	20.0
扶余	西流松花江吉林市、长春市、松原市开发利用区（饮用水源）	95	95.8	92.8	-3.0	-3.1
蔡家沟	拉林河吉黑缓冲区	75	3.6	3.5	-0.1	-2.8
哈尔滨	松花江干流哈尔滨市开发利用区（景观娱乐用水）	75	279.0	292.8	13.8	4.9
莲花	蚂蜒河方正县开发利用区（农业用水）	75	2.2	2.1	-0.1	-4.5
长江屯	牡丹江依兰县保留区	75	56.6	60.7	4.1	7.2
佳木斯	松花江干流佳木斯市开发利用区（农业用水）	75	409.3	420.2	10.9	2.7

从表 5-1 可以看出,通过分布式水文模型计算的设计流量与通过实测数据计算的设计流量差距不大。相对误差最大的是德惠站的 20.0%,主要原因在于其枯水期流量较小,模拟结果的绝对误差很小。哈尔滨站和佳木斯站绝对误差较大,但相对误差都在 5% 以内。结果表明,在实现对枯水期径流量的有效模拟后,可以通过分布式水文模型对流域内各个水功能区的设计流量进行快速计算,这在对流域内水功能区的设计流量进行动态分析时显得尤为重要。

5.1.2 未来情景设置与分析

松花江流域是我国重要的商品粮生产基地,《全国新增 1000 亿斤粮食生产能力规划(2009~2020 年)》中,吉林、黑龙江两省承担着 300 多亿斤的粮食增产任务,重要途径就是通过大规模调配松花江水资源发展灌溉农业。流域农业用水和总用水的大幅增长,将不可避免地使河道水量降低,对水功能区设计流量的达标造成威胁,进而对流域水功能区达标率和水环境质量造成威胁。为了对规划水平年松花江流域水功能区的设计流量进行达标分析,根据《松辽流域水资源综合规划》,分别生成了 2020 年、2030 年松花江流域的下垫面、经济社会取用水、大型调水工程数据,导入模型中对流域规划水平年在 1956~2000 年系列水文条件下的水循环过程进行模拟,探究其枯水期流量的变化。相关规划数据的获取和基本情况见表 5-2。

表 5-2 松花江流域水循环未来情景设置相关数据说明

数据类别	2000 年	2020 年情景	2030 年情景
灌溉面积(万 hm²)	270	377	424
总用水量(亿 m³)	313	409	495
调水工程调配总量(亿 m³)	29.3	81.2	84.3

5.1.2.1 用水的影响

在完成对研究区历史水文过程的模拟后,保持其他条件不变,将历史用水数据分别替换为 2020 年和 2030 年用水数据,探究用水量增加对流域水循环过程及枯水期流量的影响。模拟结果见表 5-3。

表 5-3 用水量增加对地表径流的影响模拟结果

水文站	2020 年用水条件			2030 年用水条件		
	年平均径流量(亿 m³)	枯水期平均径流量(亿 m³)	设计流量(m³/s)	年平均径流量(亿 m³)	枯水期平均径流量(亿 m³)	设计流量(m³/s)
古城子	45.56(−0.1%)	0.99(−0.5%)	2.34(−1.0%)	45.56(−0.1%)	0.98(−0.5%)	2.34(−1.2%)
碾子山	18.96(−0.6%)	0.30(−6.0%)	1.07(−12.4%)	18.93(−0.8%)	0.30(−6.7%)	1.05(−13.7%)
江桥	218.78(−0.7%)	5.41(−3.2%)	19.75(−7.5%)	218.33(−0.9%)	5.41(−3.2%)	19.71(−7.7%)

水文站	2020 年用水条件			2030 年用水条件		
	年平均径流量 （亿 m³）	枯水期平均径流量 （亿 m³）	设计流量 （m³/s）	年平均径流量 （亿 m³）	枯水期平均径流量 （亿 m³）	设计流量 （m³/s）
大赉	234.17（−1.5%）	8.05（−4.9%）	35.82（−7.1%）	233.06（−1.9%）	7.98（−5.7%）	35.27（−8.5%）
五道沟	24.87（0.4%）	1.45（−2.2%）	4.72（−3.1%）	24.99（0.9%）	1.45（−2.5%）	4.70（−3.5%）
德惠	4.44（−36.1%）	0.05（−79.5%）	0.01（−98.5%）	4.29（−38.2%）	0.04（−82.2%）	0.01（−98.6%）
扶余	139.22（−4.9%）	32.45（−3.2%）	76.87（−17.2%）	138.34（−5.5%）	32.32（−3.6%）	75.90（−18.2%）
蔡家沟	28.31（−5.4%）	0.80（−20.0%）	2.02（−41.9%）	28.24（−5.6%）	0.78（−21.9%）	1.92（−44.8%）
哈尔滨	426.74（−3.2%）	44.08（−4.3%）	278.73（−4.8%）	424.39（−3.7%）	43.81（−4.9%）	277.83（−5.1%）
莲花	19.12（−3.8%）	0.51（−19.2%）	1.28（−38.0%）	18.98（−4.6%）	0.49（−22.2%）	1.21（−41.5%）
长江屯	72.65（−2.6%）	6.55（−4.3%）	59.38（−2.2%）	72.18（−3.2%）	6.49（−5.2%）	59.07（−2.7%）
佳木斯	641.24（−3.2%）	57.51（−5.1%）	380.84（−9.4%）	637.66（−3.7%）	57.05（−5.9%）	379.16（−9.8%）

注：表中每列数据后的百分数表示与历史过程模拟数据的相对差值。下同

　　从表5-3可以看出，随着规划水平年用水量的增加，除五道沟站外，各个水文站年平均径流量均有不同程度的衰减。其中受影响较小的古城子、碾子山、江桥、五道沟均为嫩江和西流松花江上游的站点，位于或靠近山区，受人类活动影响较小，流域总用水量增加对该区域地表径流影响不明显。而变化幅度最大的是位于西流松花江下游支流饮马河的德惠站，2020水平年年平均径流量减少36.1%，德惠站上游是吉林省省会长春市，该区域经济社会发展迅速，用水量的大幅增长对区域地表径流造成了十分严重的影响。流域出口断面径流量的变化体现了用水量增加对流域地表径流的整体影响，从佳木斯站的情况来看，2020年用水条件将导致其地表径流减少3.2%，而2030水平年用水条件将导致其地表径流减少3.7%。

　　而从枯水期地表径流的变化情况来看，用水量增加后所有站点枯水期径流量都呈减少趋势，并且减少幅度明显大于年平均径流量的减少幅度，这一点在支流站点上表现得更加突出。拉林河的蔡家沟站和蚂蜓河的莲花站2020水平年用水条件下，年平均径流量减少幅度分别为5.4%和3.8%，但其枯水期径流量减少幅度分别达到20.0%和19.2%，年平均径流量减少幅度最大的德惠站枯水期径流量更是减少了79.5%，可见用水量增加对流域枯水期径流量造成了更为严重的影响。而从计算结果看，枯水期径流量的减少将导致根据枯水期径流量排频得到的设计流量出现更大幅度的减少。同样以蔡家沟站和莲花站为例，在枯水期径流量分别减少20.0%和19.2%的同时，其设计流量降幅达到41.9%和38.0%。除了长江屯站由于流量过程受上游水库影响较大，设计流量降幅比枯水期略小外，其他站点规律类似，德惠站设计流量降幅更是达到98.5%，出口断面佳木斯站设计流量降低9.4%。设计流量的大小与河流纳污能力直接相关，设计流量的大幅降低标志着河流纳污能力的大幅降低，对维系河流良好水生态环境造成巨大影响。

5.1.2.2　下垫面的影响

　　在完成对研究区历史水文过程的模拟后，保持其他条件不变，将历史土地利用数据分

别替换为 2020 年和 2030 年土地利用数据，探究下垫面变化对流域水循环过程及枯水期流量的影响。模拟结果见表 5-4。

表 5-4 下垫面改变对地表径流的影响模拟结果

水文站	2020 年土地利用数据			2030 年土地利用数据		
	年平均径流量（亿 m³）	枯水期平均径流量（亿 m³）	设计流量（m³/s）	年平均径流量（亿 m³）	枯水期平均径流量（亿 m³）	设计流量（m³/s）
古城子	45.99（0.9%）	0.99（0.2%）	2.33（−1.5%）	45.97（0.9%）	0.99（0.0%）	2.33（−1.4%）
碾子山	19.39（1.6%）	0.31（−1.3%）	1.21（−0.9%）	19.42（1.8%）	0.31（−1.4%）	1.20（−1.4%）
江桥	224.67（2.0%）	5.70（2.0%）	22.07（3.3%）	224.91（2.1%）	5.69（1.9%）	22.13（3.6%）
大赉	242.18（1.9%）	8.64（2.2%）	39.32（2.0%）	242.61（2.1%）	8.65（2.2%）	38.99（1.1%）
五道沟	25.44（2.7%）	1.52（2.5%）	4.83（−1.0%）	25.53（3.1%）	1.53（2.9%）	4.83（−1.0%）
德惠	7.46（7.6%）	0.24（9.1%）	0.60（2.6%）	7.18（3.5%）	0.23（5.1%）	0.60（2.6%）
扶余	150.22（2.6%）	33.90（1.1%）	107.04（15.3%）	150.00（2.4%）	33.92（1.2%）	107.34（15.7%）
蔡家沟	30.86（3.1%）	1.01（1.4%）	3.36（−3.4%）	30.89（3.2%）	1.01（1.3%）	3.35（−3.9%）
哈尔滨	450.07（2.1%）	46.54（1.0%）	293.30（0.2%）	450.45（2.2%）	46.56（1.1%）	293.43（0.2%）
莲花	19.59（−1.5%）	0.63（−1.2%）	2.05（−0.4%）	19.62（−1.3%）	0.63（−0.9%）	2.05（−0.5%）
长江屯	75.81（1.6%）	6.93（1.3%）	60.70（0.0%）	76.01（1.9%）	6.95（1.4%）	60.70（0.0%）
佳木斯	671.94（1.5%）	61.09（0.8%）	423.34（0.7%）	672.69（1.6%）	61.11（0.8%）	422.90（0.6%）

从表 5-4 可以看出，随着规划水平年下垫面条件的变化，城市和农田面积增加，具有水源涵养功能的林草地面积逐渐减少，流域年平均径流量呈增加趋势，除了支流蚂蜒河的莲花站外，其他站点年平均径流量均有不同程度的增加，但整体增加幅度不大。除了 2020 年德惠站增幅达到 7.6% 以外，其他站点增幅均在 4% 以内。

从枯水期径流量变化情况来看，也略呈增加趋势，但总体增幅比年平均径流量增幅更小。出口断面佳木斯站 2020 年下垫面条件下年平均径流量增幅为 1.5%，而其枯水期径流量增幅仅为 0.8%。而根据枯水期流量排频计算得到的设计流量，在枯水期总流量增加的 10 个站点中，只有 2 个站点设计流量增幅比枯水期总流量增幅大，其余 8 个站点设计流量增幅均低于枯水期总流量增幅，且有 4 个站点在枯水期总流量增大的情况下设计流量反而减小或不变。说明随着具有水源涵养功能的林草地面积的减小，流域水资源季节调节能力降低，枯水期基流不能得到有效的补充和保障，对流域内河流的设计流量和纳污能力也造成了一定程度的负面影响。对于设计流量增幅较大的扶余站，其所在功能区由于是饮用水源区，设计流量取的是 95% 保证率下的月平均流量，当比较其 75% 保证率的流量数据时，与历史过程模拟数据相比，其设计流量同样在枯水期总流量略微增加的情况下有所降低。

5.1.2.3 规划水平年情景模拟

在完成对研究区历史水文过程的模拟后，导入规划水平年用水数据、下垫面数据和大型调水工程数据，对松花江流域未来的水循环过程进行仿真模拟，模拟结果见表 5-5。

表 5-5　规划水平年研究区地表径流模拟结果

水文站	2020 年情景			2030 年情景		
	年平均径流量（亿 m³）	枯水期平均径流量（亿 m³）	设计流量（m³/s）	年平均径流量（亿 m³）	枯水期平均径流量（亿 m³）	设计流量（m³/s）
古城子	45.95 (0.8%)	0.99 (−0.5%)	2.30 (−3.0%)	45.97 (0.8%)	0.99 (−0.3%)	2.29 (−3.1%)
碾子山	23.78 (24.7%)	1.55 (389.8%)	2.71 (121.7%)	23.78 (24.6%)	1.55 (390.0%)	2.69 (120.3%)
江桥	219.87 (−0.2%)	5.56 (−0.6%)	21.30 (−0.3%)	220.09 (−0.1%)	5.59 (0.0%)	21.39 (0.1%)
大赉	242.05 (1.9%)	8.80 (3.9%)	39.33 (2.0%)	241.64 (1.7%)	8.76 (3.6%)	39.32 (2.0%)
五道沟	25.52 (3.1%)	1.49 (0.3%)	4.68 (−4.1%)	25.74 (3.9%)	1.49 (0.4%)	4.64 (−4.8%)
德惠	5.21 (−24.8%)	0.12 (−45.5%)	0.01 (−98.6%)	4.77 (−31.2%)	0.10 (−53.8%)	0.01 (−98.6%)
扶余	137.57 (−6.1%)	32.57 (−2.8%)	34.94 (−62.3%)	135.88 (−7.2%)	32.36 (−3.5%)	34.53 (−62.8%)
蔡家沟	31.70 (6.0%)	1.64 (65.2%)	9.93 (185.2%)	31.66 (5.8%)	1.62 (63.2%)	9.83 (182.3%)
哈尔滨	428.79 (−2.7%)	46.00 (−0.1%)	272.93 (−6.8%)	426.08 (−3.3%)	45.68 (−0.8%)	271.76 (−7.2%)
莲花	18.79 (−5.5%)	0.51 (−20.5%)	1.27 (−38.2%)	18.68 (−6.1%)	0.49 (−23.3%)	1.20 (−41.7%)
长江屯	74.01 (−0.8%)	6.66 (−2.8%)	59.41 (−2.1%)	73.74 (−1.1%)	6.61 (−3.5%)	59.09 (−2.6%)
佳木斯	644.16 (−2.7%)	59.77 (−1.4%)	380.28 (−9.5%)	640.52 (−3.3%)	59.27 (−2.2%)	378.58 (−9.9%)

从模拟结果来看，2020 年和 2030 年情景下的模拟结果变化趋势一致，以下着重以 2020 年情景为例进行分析。2020 年 12 个代表性站点中除碾子山、蔡家沟站设计流量大幅增加外，其余 10 个站点中有 9 个设计流量均有不同幅度的降低，且部分站点降低幅度很大。可见，在不采取调控措施的前提下，随着未来情景下流域取用水量增加、下垫面变化等一系列人工因素的影响，流域内水功能区的设计流量将呈整体下降趋势，河流水体纳污能力将受到严重影响。下面分别对变化幅度较大的站点逐一进行分析。

设计流量大幅增加的碾子山、蔡家沟站年平均径流量、枯水期径流量也均有较大幅度的增长，这是由于在未来情景中建立了从干流向这两个站点分别所在的雅鲁河和拉林河调水的工程，年调水规模分别为 6.6 亿 m³ 和 2.0 亿 m³，这种干流向支流的调水工程有效增加了支流的枯水期径流量和水功能区设计流量，提高了支流纳污容量。

其他支流中的德惠站和莲花站设计流量则有较大幅度的降低，德惠站降低幅度更是达到 98.6%。究其原因，德惠和莲花站分别位于大中型城市长春市和牡丹江市的下游，两市作为松花江流域内人口和经济发展的重点地区，在未来情景中用水量有较大幅度的增加，导致其下游河道径流量和设计流量均大幅度降低，且年均径流量、枯水期径流量、设计流量的降低幅度呈逐级增加趋势。当地水功能区纳污容量将受到较大影响，需要采取措施加以调控。

干流站点中设计流量变化幅度最大的是扶余站，减小了 62.3%。扶余站位于西流松花江大型水利枢纽丰满水库下游，未来情景中若干向支流的调水工程均从丰满水库取水。从模拟结果来看，向支流的调水及流域内用水量增加导致西流松花江出口断面扶余站年均径流量有所减小（6.1%），但由于向支流的调水大部分是灌溉用水，调水期为 5～9 月，其枯水期径流量减小幅度并不大（2.8%），但其设计流量却大幅度降低。一方面是由于扶余站所在水功能区是饮用水源区，设计流量核算选用 95% 保证率，对流量变化较为敏感；另一方面则是由于丰满水库向支流的大量灌溉用调水虽然对枯水期总径流量未造成太大影响，但调水使得水库库容减小，径流调节能力降低，枯水期水库缺水造成的低流量事件发生频率增加，使得下游水功能区设计流量大幅降低。受扶余站影响，松花江干流的哈尔滨站和佳木斯站也分别在枯水期流量减小幅度不大的情况下，设计流量有较大幅度（6.8%和 9.5%）的降低。

5.1.3 干流水功能区设计流量调控措施分析

为了在未来情景下使扶余站及松花江干流各站点的设计流量达到历史水平，需要减小河道内低流量事件的出现频率，一个可行的方法就是为丰满水库的调度设置最小下泄流量，运用水利设施的多目标优化调度改善水环境。表 5-6、图 5-1 显示了在 2020 年情景下为丰满水库设置最小下泄流量，设置值从 1956~2000 年丰满水库日均下泄流量 99% 保证率的 100m³/s 逐渐增大到 50% 保证率的 336m³/s 时，扶余站和哈尔滨站径流量和设计流量的模拟结果。

表 5-6　丰满水库不同最小下泄流量下扶余站和哈尔滨站径流变化情况分析

保证率	最小下泄流量（m³/s）	扶余站			哈尔滨站		
		年平均径流量（亿 m³）	枯水期平均径流量（亿 m³）	设计流量（m³/s）	年平均径流量（亿 m³）	枯水期平均径流量（亿 m³）	设计流量（m³/s）
99%	100	138.5（-5.4%）	13.2（-60.6%）	94.1（1.4%）	430.5（-2.3%）	26.9（-41.6%）	164.6（-43.8%）
95%	122	138.2（-5.7%）	15.2（-54.5%）	115.9（24.9%）	430.0（-2.4%）	28.8（-37.4%）	185.2（-36.8%）
90%	149	137.8（-5.9%）	18.0（-46.4%）	142.8（53.9%）	429.5（-2.5%）	31.4（-31.8%）	211.1（-27.9%）
85%	183	137.3（-6.3%）	21.4（-36.0%）	176.7（90.4%）	428.8（-2.7%）	34.8（-24.4%）	244.7（-16.4%）
80%	211	136.8（-6.6%）	24.3（-27.5%）	204.6（120.5%）	428.2（-2.8%）	37.6（-18.3%）	272.5（-6.9%）
75%	230	136.5（-6.8%）	26.2（-21.9%）	223.6（140.9%）	427.9（-2.9%）	39.5（-14.4%）	290.9（-0.6%）
67%	262	136.0（-7.1%）	29.0（-13.6%）	255.2（175.0%）	427.4（-3.0%）	42.2（-8.3%）	322.2（10.0%）
60%	291	135.9（-7.2%）	30.8（-8.1%）	114.3（23.2%）	427.1（-3.1%）	44.1（-4.2%）	346.9（18.5%）
55%	313	135.8（-7.3%）	31.9（-4.7%）	46.5（-49.9%）	427.0（-3.1%）	45.3（-1.7%）	364.1（24.3%）

续表

保证率	最小下泄流量（m³/s）	扶余站			哈尔滨站		
		年平均径流量（亿m³）	枯水期平均径流量（亿m³）	设计流量（m³/s）	年平均径流量（亿m³）	枯水期平均径流量（亿m³）	设计流量（m³/s）
50%	336	136.1（−7.0%）	32.8（−2.3%）	19.3（−79.2%）	427.3（−3.0%）	46.1（0.1%）	384.6（31.4%）

从表 5-6 可以看出，随着丰满水库最小下泄流量不断增加，从丰满水库 1956~2000 年历史下泄流量 99% 保证率的 100m³/s 一直到 50% 保证率的 336m³/s，扶余站和哈尔滨站年平均径流量呈先减小后增大趋势，但总体变化幅度不大。而最小下泄流量的设定则对枯水期流量影响巨大，当最小下泄流量设置为历史流量过程 50% 保证率的 336m³/s 时，扶余站和哈尔滨站枯水期径流量才能达到历史平均水平。随着最小下泄流量的降低，枯水期径流量会迅速降低。当最小下泄流量低至 99% 保证率的 100m³/s 时，扶余站和哈尔滨站枯水期流量将分别减少 60.6% 和 41.6%。

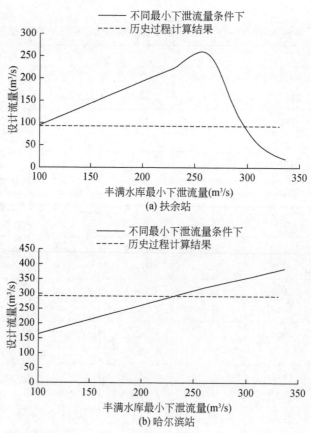

图 5-1　丰满水库不同最小下泄流量条件下扶余站和哈尔滨站设计流量变化趋势

而从设计流量的变化情况看，两站则有着不同的变化规律。松花江干流上的哈尔滨站由于有嫩江的汇流，其设计流量基本随着丰满水库最小下泄流量的增加而持续增加，与枯水期径流量的变化规律一致。当最小下泄流量为历史过程 75% 保证率的 230m³/s 时，哈尔滨站设计流量基本与历史过程持平。而扶余站设计流量则随着丰满水库最小下泄流量的增加，呈先逐渐增加后迅速减小的趋势。当最小下泄流量为 99% 保证率的 100m³/s 时，扶余站设计流量基本与历史过程持平；随着最小下泄流量的增加，扶余站设计流量相应增加，并在最小下泄流量为 67% 保证率的 262m³/s 时达到最大值 255.2m³/s；此后随着最小下泄流量的增加，扶余站设计流量迅速减小，当最小下泄流量达到 50% 保证率的 336m³/s 时，扶余站设计流量降低到 19.3m³/s，比历史过程减小了 79.2%。究其原因，主要受两方面因素影响：一是当丰满水库最小下泄流量的要求越来越高时，由于下泄了较大的水量，极端枯水季节库存不足而无法达到最小下泄流量的要求，产生下游河道的低流量事件；二是扶余站所在水功能区为西流松花江吉林市、长春市、松原市开发利用区的饮用水源区，其设计流量核算规则为枯水期月均径流量的 95% 保证率，因此较低频次的低流量事件也会对其设计流量造成重大影响。而位于松花江干流的哈尔滨站一方面有嫩江的水量对其枯水期径流进行补充，另一方面其设计流量取枯水期月均径流量的 75% 保证率，对低流量事件的敏感性较弱，因此在本研究设置的丰满水库最小下泄流量范围内随着最小下泄流量的增加而持续增加。可以预见，若在 336m³/s 基础上持续增加丰满水库最小下泄流量，哈尔滨站的设计流量也会在某一水平达到最大值，然后下降。

综上所述，在 2020 年情景下为了保证扶余站和哈尔滨站设计流量都达到历史水平，丰满水库最小下泄流量的设置值并不是越大越好，过大的下泄流量会导致水库失去其对径流的季节调节能力，在枯水期由于没有足够的库存而无法满足相应的最小下泄流量条件。当最小下泄流量设为 75% 保证率的 230m³/s 时，哈尔滨站和扶余站设计流量都能达到历史水平，并且扶余站的设计流量能得到很大幅度的提高。

5.2 冰封期纳污能力计算方法

水体的纳污能力，指在水域使用功能不受破坏的条件下，受纳污染物的最大数量，即在一定设计水量条件下，满足水功能区水环境质量标准要求的污染物最大允许负荷量。其大小与水功能区范围的大小、水环境要素的特性和水体净化能力、污染物的理化性质等有关。最大允许负荷量的计算是制定污染物排放总量控制方案的依据。

松花江流域地处中高纬度地区，冬季寒冷漫长，年负温期 5 个月左右，河流一般于 11 月底 12 月初进入冰封期，次年 3 月底 4 月初解冻。为了研究需要与表述的方便，下文中所指冰封期特指每年 12 月至次年 3 月。冰封期河道流量小，水体自净能力降低，有机污染物降解缓慢，同时，冰封期污水处理厂进水负荷波动较大，微生物生化代谢活性较弱，氮、磷和有机物难以得到有效处理。根据《松花江流域水污染防治规划（2006—2010年）》，松花江流域水质污染主要污染特征呈有机型污染，受冰封影响明显，枯水期水质最差。2005 年全流域干、支流主要水质评价断面中，年均值为 V 类或劣 V 类的断面占 34%，冰封期占 45%。水污染严重区域集中在城市河段，主要污染指标为高锰酸盐指数、氨氮、总磷、石油类和生化需氧量。2005 年，流域内斯力很、大山、泔水缸、同江等国控断面，各水期水质不能稳定达标，尤其是枯水期水质较差。"十五"期间，松花江干流水质总体呈污染加重的趋势，高锰酸盐指数和氨氮是主要的污染指标，例行环境监测中未检出重金属等有毒有害物质。

基于松花江流域冰封期的水环境高污染风险，有必要单独进行冰封期纳污能力计算，结合冰封期现状纳污情况，分析冰封期水环境质量达标的重难点区域和存在问题，以提出有针对性的措施，保障松花江流域冰封期水质安全。

5.2.1　总体要求

按照《全国重要江河湖泊水功能区划（2011–2030 年）》，水功能区划分为两级体系。一级区划在宏观上调整水资源开发利用与保护的关系，协调地区间关系，同时考虑持续发展的需求；水功能一级区分四类，即保护区、保留区、开发利用区、缓冲区。二级区划主要针对开发利用区来细化水域使用功能类型及功能排序，协调不同用水行业间的关系；水功能二级区将一级区划的开发利用区具体划分为饮用水源区、工业用水区、农业用水区、渔业用水区、景观娱乐用水区、过渡区、排污控制区七类。各类型水功能区纳污能力计算的总体要求如下。

（1）保护区和保留区

对水质现状已达到水功能区水质目标要求的，原则上是维持现状水质不变，采用污染负荷法核定其纳污能力。对需要改善水质的，通过模型计算来核定其纳污能力。

（2）缓冲区

对水质较好，达到水功能区水质目标要求、用水矛盾不突出的缓冲区，采用污染负荷法，将现状污染物入河量核定为其纳污能力。对水质较差需要改善水质，或存在用水矛盾的缓冲区，根据水质目标及设计水文条件，将纳污能力计算值核定为其纳污能力。

（3）开发利用区

开发利用区根据各二级水功能区的水文设计条件、水质目标和模型参数，按水质模型进行计算并核定出纳污能力。

5.2.2　计算模型

松花江流域河流冰封枯水期水量减少，河道变窄，使得河道流量和流速较小，所以水功能区纳污能力采用一维水质模型进行计算。

在没有外来废污水排入时，计算河段下断面污染物浓度按式（5-1）计算：

$$C_x = C_0 \exp\left(-K\frac{L}{u}\right) \tag{5-1}$$

式中，C_x 为下断面污染物浓度（mg/L）；C_0 为初始断面的污染物浓度（mg/L）；L 为计算河段长度（m）；u 为设计流量下河道断面的平均流速（m/s）；K 为污染物综合衰减系数（1/s）。

当计算河段距下断面距离为 x 处有污水排入时，下断面的污染物浓度按式（5-2）计算：

$$C_x = C_0 \exp(-KL/u) + \frac{m}{Q} \exp(-Kx/u) \tag{5-2}$$

式中，m 为污染物入河速率（g/s）；Q 为水功能区设计流量（m³/s）；x 为排污口距下断面的纵向距离（m）；其他符号意义同前。

令 $C_x = C_s$，得计算河段最大纳污能力为

$$M = [C_s - C_0 \exp(-KL/u)] \cdot Q \cdot \exp(Kx/u) \tag{5-3}$$

式中，C_s 为下断面污染物目标浓度；M 为水功能区纳污能力（g/s）；其他符号意义同前。

5.2.3 冰封期主要参数计算方法

（1）上、下断面污染物目标浓度

下断面污染物目标浓度 C_s 为所在水功能区目标水质对应的污染物浓度，上断面污染物目标浓度 C_0 为上一水功能区目标水质对应的污染物浓度，对江河源头水功能区，C_0 取值为零。对主要污染物 COD 和氨氮，根据《地表水环境质量标准》（GB 3838—2002），各类别水质对应的 COD、氨氮浓度见表 5-7。

表 5-7　各类别水质对应的 COD、氨氮浓度（单位：mg/L）

水质类别	I 类	II 类	III 类	IV 类	V 类
COD	15	15	20	30	40
氨氮	0.015	0.5	1.0	1.5	2.0

（2）污染物综合衰减系数

本研究采用的松花江流域污染物综合衰减系数来自《松辽流域水资源保护"十一五"规划》相关成果，各水功能区 COD、氨氮的综合衰减系数为夏季（水温 20℃）时测定。而水温是影响降解系数的一个重要因素，水体温度高，降解系数大，二者之间的定量关系已经有较为可靠的研究成果。寒区冰封期河道内水体接近 0℃，对降解系数影响不容忽视。

不同水温条件下 K 值估算关系式如下：

$$K_t = K_{20} \cdot \theta^{(T-20)} \tag{5-4}$$

式中，K_t 为 T℃时的 K 值（1/d）；T 为水温（℃），冰封期取值为 0℃；K_{20} 为 20℃时的 K 值（1/d）；θ 为温度系数，工业废水一般在 1.03 ~ 1.1，本研究取 1.05 的保守中值。

（3）水功能区长度

水功能区长度 L 取自于《全国重要江河湖泊水功能区划（2011–2030 年）》中松花江

流域内各河流水功能区长度数据，未列入全国重要江河湖泊水功能区的水功能区长度取自松辽流域水功能区断面复核成果。

（4）设计流量

基于分布式水文模型的水功能区设计流量计算方法见 5.1 节。为了更准确地模拟冰封期流量，对模型模拟的河道径流量进行了河道冻结与融化水量的修正，根据修正后径流量数据进行水功能区设计流量的核算。修正方法简述如下：采取分三级区设置最大冻深的方式，初冻时间定为日平均气温连续 5 天低于−5℃，最大冻深日期设置为最低日平均气温10 天后，解冻日期设置为日平均气温高于 0℃之后 10 天，解冻时的冰层厚度设置为最大冻深的 2/3。在初冻与最大冻深日期之间，水流每日按均匀速度冻结，不参与河道汇流。在最大冻深与解冻日期之间，冰层每日按均匀速度解冻，参与河道汇流。在解冻日期，所有冰层水量释放，参与河道汇流。当最大冻深超过河道水深时，发生连底冻，河道流量减为零，河道新增汇流全部冻结进入冰层。

（5）排污口距下断面距离

排污口距下断面距离 x 利用地理信息系统中排污口距水功能区下断面距离确定。当水功能区中只有一个排污口时，x 即该排污口至下断面距离；当有多个排污口时，x 取最上游排污口距离与最下游排污口距离的算术平均值；当水功能区内没有排污口时，x 取水功能区长度的一半，即 $L/2$。

（6）设计流量下河道断面的平均流速

设计流量下河道断面的平均流速根据以下方程联立求解

$$Q = uA = u \cdot (b + h \cdot m) \cdot h \tag{5-5}$$

$$u = \frac{1}{n} R^{2/3} i^{1/2} \tag{5-6}$$

$$R = \frac{A}{b + 2h\sqrt{1 + m^2}} \tag{5-7}$$

$$i = \frac{\Delta z}{L} \tag{5-8}$$

式中，A 为设计流量下过流断面面积；b 为过流断面概化为等腰梯形后的底宽；m 为概化断面的边角余切值；h 为设计流量下过流断面水深；R 为水力半径、以上各项参数均指能代表整个水功能区的平均值，具体计算方法见下文"水功能过流断面相关参数"小节；n 为 Manning 系数，关于河流冰封对其的影响见下文"Manning 系数"小节；i 为计算水功能区的平均坡降；Δz 为水功能区上下断面高程差，根据各水功能区上、下断面所在子流域的高程数据作差求得。

（7）水功能区过流断面相关参数

水功能区过流断面相关参数的计算重点是确定能代表水功能区所在河段的平均断面形

状，然后根据式（5-5）~式（5-8）联立求解过流水深，即可实现各项参数的计算，进而求得水功能区设计流量下的平均流速。本研究将河道断面统一概化为等腰梯形，决定河道断面形状的主要参数即底宽 b 和边角余切值 m。建立各个三级区河道断面面积与现状参数、断面汇流面积之间的关系，取水功能区上下断面汇流面积的均值作为该水功能区代表断面的汇流面积，进而求得水功能区代表断面的底宽和边角余切参数，具体概化方法见胡鹏等（2010）。

（8）Manning 系数

河渠冰期水流运动与污染物归趋现象是一个非常复杂的水动力与水质过程。仅河渠冰盖形成就是一个非常复杂的物理过程，其发展方程包括：①水流的热扩散方程；②冰花的扩散方程；③冰盖下水流的输冰能力；④水面浮冰的输运方程；⑤冰盖和冰块厚度的发展方程。为了简化模拟计算，将冰盖对河道水流的影响概化为封冻河道阻力项的影响，也就是综合考虑河床糙率和冰盖糙率对水流的影响。因此，冰封期河道汇流模型就是在圣维南方程组的基础上，考虑水流内部及边界的摩阻损失的方程，即

$$n_c = （n_b^{3/2}+n_i^{3/2}）^{2/3} \tag{5-9}$$

式中，n_c 为综合糙率值；n_b 和 n_i 分别为河床、冰盖糙率值。

5.3 冰封期纳污能力计算

根据 5.2 节冰封期水功能区纳污能力的计算规则，计算流域水功能区纳污能力首先需要明确各水功能区现状纳污量。对保护区、保留区和缓冲区，选取现状纳污量和模型计算的水功能区纳污能力中较小的值作为水功能区纳污能力，开发利用区则采用模型分别计算各二级区的纳污能力。

5.3.1 冰封期纳污现状

冰封期内流域污染物排放主要是点源污染，经过对冰封期各水功能区入河排污口监测资料的汇总，松花江流域冰封期现状（2010 年）各分区和各地市点源污染排放量见表 5-8、表 5-9。2010 年松花江流域冰封期废污水总排放量为 88 913.5 万 m^3，COD 入河量112 728.1t，氨氮入河量为 7557t。松花江流域废污水排放量排名前 5 位的地区分别是牡丹江市、佳木斯市、吉林市、大庆市、七台河市，其冰封期废污水排放量和 COD、氨氮、总氮、总磷排放量分别占到流域总排放量的 79.3%、71.6%、62.8%、61.4%、73.0%。松花江流域冰封期废污水及主要污染物排放集中于松花江干流下游地区以及吉林市、大庆市为中心的石化工业区。

表 5-8 松花江流域各地市冰封期点源污染排放量（2010 年）

分区	废污水（万 m^3）	COD（t）	氨氮（t）	总氮（t）	总磷（t）
嫩江	15 036.3	17 891.9	1 799	3 020.6	29.8
西流松花江	32 494.5	26 147.3	2 902.2	4 024.5	154.2

分区	废污水（万 m³）	COD（t）	氨氮（t）	总氮（t）	总磷（t）
松花江干流	41 382.7	68 688.9	2 855.8	5 245.3	1 096.9
合计	88 913.5	112 728.1	7 557	12 290.4	1 280.9

表5-9　松花江流域各地区冰封期点源污染排放量（2010 年）

地区	废污水（万 m³）	COD（t）	氨氮（t）	总氮（t）	总磷（t）
长春市	1 593.1	4 021.1	255.8	405.0	42.8
吉林市	14 810.6	11 443.9	1 142.7	1 561.1	49.1
松原市	271.3	724.3	34.7	48.0	1.6
哈尔滨市	1 955.4	3 796.1	726.6	982.9	95.3
伊春市	1 109.5	1 001.7	283.4	561.7	20.2
呼伦贝尔市	1 302.9	811.8	35.8	81.0	15.5
黑河市	224.9	351.6	67.9	110.7	0.7
齐齐哈尔市	4 889.8	3 197.8	389.2	679.5	5.5
大庆市	8 863.2	13 745.9	1 475.4	2 359.1	8.2
绥化市	1 331.4	1 302.2	340.0	730.2	24.2
白城市	1 012.8	465.9	29.4	69.9	4.7
兴安盟	821.5	464.0	261.3	314.1	14.4
牡丹江市	26 771.0	14 143.8	1 068.7	1 320.5	113.5
延边朝鲜族自治州	1 027.7	3 125.0	112.7	246.9	14.3
鹤岗市	720.9	3 849.5	100.2	196.6	14.7
佳木斯市	14 390.0	18 460.1	558.9	1 373.6	366.7
七台河市	5 664.3	22 893.9	497.0	927.4	397.5
双鸭山市	1 084.8	6 051.1	76.7	125.9	16.9
白山市	713.0	475.9	71.2	119.0	43.9
辽源市	64.4	132.1	4.4	9.7	5.1
四平市	34.0	1 002.7	6.5	11.2	2.6
通化市	257.0	1 267.7	18.5	57.1	23.5
合计	88 913.5	112 728.1	7 557.0	12 290.4	1 280.9

5.3.2　冰封期纳污能力计算

5.3.2.1　基于历史流量过程的纳污能力

以松花江流域 1956~2000 年枯水期径流量的模拟结果为设计流量核定依据，对松花江流域冰封期纳污能力进行计算。

（1） 水功能一级区纳污能力计算

松花江流域共有保护区、保留区、缓冲区 136 个，其中存在冰封期排污口的功能区只有 23 个，剩余 113 个水功能区冰封期纳污量均为 0，其对应的纳污能力也为 0。存在冰封期排污口的 23 个水功能区，以辉发河松花江三湖保护区为例简述其纳污能力计算过程及对冰封期相关参数修正前后的影响，相关结果见表 5-10。由表 5-10 可见，在利用模型计算水功能区纳污能力时，是否进行冰封期参数修正对计算结果影响很大。在不进行修正时，计算的 COD 和氨氮纳污能力分别为 296.5t、20.9t，比修正后的 121.5t、8.25t 分别偏大 144% 和 153%，将导致模型计算结果严重失真。进行冰封期参数修正后，辉发河松花江三湖保护区通过模型计算的纳污能力仍大于其现状纳污量，因此取现状纳污量作为该水功能区核定纳污能力。松花江流域其他具有冰封期排污口的水功能区纳污能力见表 5-11。

表 5-10　辉发河松花江三湖保护区冰封期纳污能力

参数/变量	不进行冰封期参数修正		进行冰封期参数修正后	
	COD	氨氮	COD	氨氮
下断面污染物浓度 C_s	20mg/L	1mg/L	20mg/L	1mg/L
初始断面污染物浓度 C_0	20mg/L	1mg/L	20mg/L	1mg/L
污染物综合衰减系数 K	0.15/d	0.2/d	0.06/d	0.08/d
河段长度 L	42km		42km	
排污口距下断面的纵向距离 x	28km		28km	
水功能区设计流量 Q	3.93m³/s		3.93m³/s	
Manning 系数 n	0.05		0.064	
水功能区的平均坡降 i	0.037°		0.037°	
过流断面概化为等腰梯形后的底宽 b	31.19m		31.19m	
概化断面的边角余切值 m	26.65		26.65	
设计流量下过流断面水深 h	0.40m		0.46m	
设计流量下过流断面面积 A	16.63m²		19.72m²	
设计流量下河道断面的平均流速 u	0.24m/s		0.20m/s	
模型计算的纳污能力	296.5t	20.9t	121.5t	8.25t
现状纳污量	5.91t	1.09t	5.91t	1.09t
核定纳污能力	5.91t	1.09t	5.91t	1.09t

表 5-11　松花江流域水功能一级区冰封期纳污能力核算结果（单位：t）

编号	一级水功能区名称	现状纳污量		模型计算的纳污能力		核定纳污能力	
		COD	氨氮	COD	氨氮	COD	氨氮
1	辉发河松花江三湖保护区	5.9	1.1	121.5	8.3	5.9	1.1
2	西流松花江松花江三湖保护区	182.3	7.2	2 286.8	76.2	182.3	7.2
3	头道松花江靖宇县抚松县缓冲区	55.2	17.7	325.2	10.8	55.2	10.8
4	蛟河蛟河市缓冲区	11.4	1.4	3.2	0.2	3.2	0.2

编号	一级水功能区名称	现状纳污量		模型计算的纳污能力		核定纳污能力	
		COD	氨氮	COD	氨氮	COD	氨氮
5	科洛河嫩江县源头水保护区	31.0	6.2	134.2	15.8	31.0	6.2
6	雅鲁河齐齐哈尔市保留区	229.6	7.9	182.2	14.1	182.2	7.9
7	科洛河嫩江县保留区	6.6	1.6	115.7	5.3	6.6	1.6
8	讷谟尔河讷河市保留区	34.6	3.6	38.8	1.9	34.6	1.9
9	讷谟尔河五大连池市保留区	81.8	15.4	9.7	2.4	9.7	2.4
10	五大连池五大连池市保留区	9.7	2.4	23.7	4.6	9.7	2.4
11	嫩江黑蒙缓冲区1	113.1	17.1	921.9	70.7	113.1	17.1
12	嫩江黑蒙缓冲区2	223.0	20.2	725.0	14.5	223.0	14.5
13	嫩江扎龙自然保护区	1 054.8	27.9	3 755.2	216.2	1 054.8	27.9
14	乌裕尔河北安市源头水保护区	48.1	10.5	43.7	7.8	43.7	7.8
15	乌裕尔河克东县保留区	200.2	65.9	167.6	32.5	167.6	32.5
16	汤旺河上甘岭源头水保护区	103.3	17.3	276.9	11.4	103.3	11.4
17	倭肯河依兰县保留区	9 489.5	116.1	485.0	32.3	485.0	32.3
18	松花江同江市缓冲区	1 459.1	3.2	180.7	16.3	180.7	3.2
19	二道白河安图县保留区	2 048.2	42.7	118.5	33.0	118.5	33.0
20	富尔河敦化市、安图县保留区	26.9	8.2	35.8	6.5	26.9	6.5
21	松花江干流黑吉缓冲区	1 621.5	445.5	4 284.0	214.2	1 621.5	214.2
22	拉林河吉黑缓冲区2	395.9	42.6	217.9	17.7	217.9	17.7
23	细鳞河（细浪河）吉黑缓冲区	55.5	8.4	43.7	8.7	43.7	8.4
	合计	17 487.2	890.1	14 496.9	821.4	4 920.1	468.2

综上所述，松花江流域136个保护区、保留区、缓冲区的水功能区一级区冰封期CDD和氨氮的纳污能力分别为4920.1t和468.2t。

（2）水功能二级区纳污能力

利用5.2节一维水质模型计算方法，对松花江流域72个开发利用区划分的166个水功能二级区冰封期纳污能力进行计算，并与未进行冰封期参数调整的计算结果相对比，各二级区汇总结果见表5-12。在不对冰封期参数进行修正的情况下，松花江流域冰封期COD纳污能力为186 368.9t，氨氮纳污能力为13 426.3t；进行冰封期参数修正后，COD纳污能力为101 100.7t，氨氮纳污能力为7839.1t。不进行冰封期参数修正的情况下，模型计算的COD和氨氮纳污能力分别比修正后大84.3%和71.3%。

表5-12 松花江流域开发利用区冰封期纳污能力计算结果（单位：t）

分区	未对冰封期参数进行修正		对冰封期参数进行修正	
	COD	氨氮	COD	氨氮
嫩江	26 487.2	2 065.1	13 243.5	1 214.5
西流松花江	33 016.4	2 478.7	17 376.7	1 548.5
松花江干流	126 865.3	8 883.5	70 480.6	5 076.0
合计	186 368.9	13 426.3	101 100.7	7 839.1

（3）汇总结果

将松花江流域保护区、保留区、缓冲区与开发利用区冰封期纳污容量相加，得到的全流域现状冰封期纳污能力见表5-13。未对冰封期参数进行修正的情况下，COD和氨氮纳污能力分别为191 287.5t和13 893.4t；进行冰封期参数修正后，纳污能力分别为106 020.6t和8307.2t。

表5-13 松花江流域基于历史流量过程的冰封期纳污能力计算结果（单位：t）

分区	未对冰封期参数进行修正		对冰封期参数进行修正	
	COD	氨氮	COD	氨氮
嫩江	28 362.9	2 186.8	15 119.4	1 336.7
西流松花江	33 262.3	2 497.0	17 623.3	1 567.9
松花江干流	129 662.3	9 209.6	73 277.9	5 402.6
合计	191 287.5	13 893.4	106 020.6	8 307.2

5.3.2.2 现状纳污能力计算

以2010年现状下垫面、取用水和水利工程为条件，代入建立的松花江流域二元水循环模型，对现状条件下1956~2000年水文系列的水循环过程进行模拟，将枯水期径流量模拟结果作为水功能区设计流量核算依据，对松花江流域现状冰封期纳污能力进行计算。各二级区汇总结果及与基于历史流量过程的计算结果对比见表5-14。

由表5-14可知，在现状条件下，松花江流域冰封期纳污能力整体有所提高，修正冰封期参数的情况下，COD纳污能力提高了7.9%，氨氮纳污能力提高了10.7%。其中嫩江流域增长幅度最大，而西流松花江流域有所降低。现状条件与历史流量过程相比，改变的是各水功能区设计流量，因此与不进行冰封期参数修正时的变化规律类似。分析现状条件下流域水功能区纳污能力发生变化的原因，嫩江流域主要是尼尔基水库2006年建成后，对嫩江干流的径流起到了较好的调蓄作用，枯水期径流量有较大幅度的增加，提高了水功能区设计流量和纳污能力；西流松花江流域则由于现状年份枯水期工业生活取用水量较历史过程较大幅度地增加，导致现状年枯水期径流量减小，引起水功能区设计流量和纳污能力的降低；嫩江流域增大的枯水期径流量汇入松花江干流后，对松花江干流枯水期75%保证率的流量有一定的提升作用，水功能区设计流量和纳污能力也成一定比例的增加。

表 5-14　松花江流域现状冰封期纳污能力计算结果（单位：t）

分区	未对冰封期参数进行修正				对冰封期参数进行修正			
	COD		氨氮		COD		氨氮	
嫩江	34 782.4	22.6%	2 789.6	27.6%	18 677.5	23.5%	1 723.9	29.0%
西流松花江	30 157.5	−9.3%	2 192.5	−12.2%	15 943.0	−9.5%	1 372.3	−12.5%
松花江干流	140 782.6	8.6%	10 347.3	12.4%	79 782.3	8.9%	6 097.0	12.9%
合计	205 722.5	7.5%	15 329.4	10.3%	114 402.8	7.9%	9 193.2	10.7%

5.3.3　冰封期水质达标率分析

　　为了验证冰封期参数修正的科学性，同时对松花江流域冰封期水质达标情况进行分析，将松花江流域各水功能区现状纳污量与功能区纳污能力相对比，对水功能区限制排污控制情况和水质达标情况进行统计分析，并提出水功能区限制纳污控制率的概念，即实际纳污量在其纳污能力范围之内的水功能区个数占功能区总数的比例。各二级区汇总的限制排污达标情况和实测水质达标情况对比见表 5-15。松花江流域 302 个重点水功能区中开展水质监测的一共是 180 个，监测率为 59.6%，表 5-15 中的实测水质达标率为开展监测的180 个水功能区水质达标情况。为了保持数据的可比性，水功能区限制纳污控制率的计算也只选取这 180 个水功能区进行统计。

　　由表 5-15 可知，按照 COD 和氨氮两项评价指标，松花江流域现状水质达标率为47.9%，其中 COD 单因子达标率为 52.1%，氨氮单因子达标率为 73.3%。在不对冰封期参数进行修正的情况下，模拟松花江流域冰封期水功能区限制纳污控制率为 73.8%，进行冰封期参数修正后水功能区限制纳污控制率为 56.9%，比修正前更接近实测水质达标率，证明了在寒区进行水功能区纳污能力计算时对冰封期参数进行修正的必要性和科学性。修正后的限制纳污控制率仍比实测水质达标率高了 9 个百分点，这是由于一个水功能区严重超标排放会对下游其他水功能区水质达标造成影响。总的来看，松花江流域冰封期各水功能区限制纳污控制率需比水质达标率要求高 10 个百分点，方能保证水功能区冰封期水质目标的实现。

表 5-15　松花江流域水功能区水质达标率与限制纳污控制率对比（单位:%）

分区	实测水质达标率			不对冰封期参数进行修正的限制纳污控制率			对冰封期参数进行修正后的限制纳污控制率		
	COD	氨氮	综合	COD	氨氮	综合	COD	氨氮	综合
嫩江	47.2	83.9	47.2	79.2	86.7	77.5	60.8	64.2	57.5
西流松花江	65.5	69.0	62.1	77.9	80.7	75.0	66.4	69.3	63.6
松花江干流	52.5	67.5	46.0	70.9	76.3	69.1	54.8	57.5	52.1
合计	52.1	73.3	47.9	75.8	81.4	73.8	59.9	63.1	56.9

5.4 本章小结

1）基于寒区分布式水文模型对枯水期径流量的有效模拟，本研究建立了一种基于分布式水文模型的水功能区设计流量计算方法，该方法快捷有效，可应用于水功能区设计流量的相关动态分析和规律研究。应用该方法对松花江流域 2020 年和 2030 年情景下水功能区设计流量进行了计算和分析，结果表明未来情景下由于取用水增加、下垫面变化等人工因素的影响，流域内水功能区设计流量整体呈下降趋势。通过对 2020 年情景下扶余站和哈尔滨站径流量和设计流量的深入分析，提出了通过为丰满水库调度设置合理最小下泄流量的方法对干流径流过程进行调控，维持和提高干流水功能区设计流量，加大其纳污容量的方案。

2）基于对水功能区设计流量的核算，根据寒区冰封期河道汇流和污染物迁移转化特点，提出了基于分布式水文模型的寒区冰封期水功能区纳污能力计算方法。相较于一般地区水功能区纳污能力的计算，其特点主要包括污染物综合衰减系数随温度的变化规律、设计流量核算中对河流冰封影响的模拟、河流冰封对河床糙率的影响等。利用冰封期水功能区纳污能力计算方法，对松花江流域现状及基于历史流量过程的纳污能力分别进行了计算。结果显示，在现状条件下，松花江流域冰封期 COD 纳污能力为 114 402.8t，氨氮纳污能力为 9193.2t，分别比基于历史流量过程的计算结果提高了 7.9% 和 10.7%。

3）将进行冰封期参数修正后的纳污能力计算结果与一般方法计算的纳污能力相对比，结果显示，未对冰封期参数进行修正的情况下，现状 COD 和氨氮纳污能力分别为205 722.5t 和 15 329.4t，分别比进行冰封期参数修正后的纳污能力偏大 79.8% 和 66.7%。将基于模型计算纳污能力的水功能区限制纳污控制率与流域水功能区实测水质达标率进行比较，结果显示，松花江流域 180 个开展水质监测评价的水功能区，按 COD 和氨氮两项评价指标，冰封期实测水质达标率为 47.9%，若不进行冰封期参数调整，则流域水功能区限制纳污控制率为 73.8%，与实测水质达标情况相差较大；进行冰封期参数修正后，流域水功能区限制纳污控制率为 56.9%，基本代表了实测水质情况，验证了寒区冰封期纳污能力计算方法的科学性，并为开展流域水质水量联合调控提供了基础支撑依据。

第 6 章　冰封期水质水量联合调控研究

在利用寒区分布式二元水循环模型实现了对水功能区设计流量和纳污能力的计算后，即可利用模型进行不同未来情景方案下流域水功能区水质达标的分析，以提出相应的针对性调控措施，保障冰封期水质安全。本章针对松花江流域 2020 和 2030 规划水平年的水功能区水质达标率目标，对流域在不同水量调控和污染负荷调控方案组合下的水功能区纳污能力、污染负荷入河量进行了计算，进而对不同方案下的水功能区限制纳污控制率进行统计，并结合相关调控措施的可行性，提出了保障松花江流域水功能区水质达标的冰封期水质水量优化调控方案。

6.1　冰封期水质水量联合调控方法

6.1.1　调控分区

考虑流域水资源特性和供用水资料条件，水量调控以水资源分区嵌套行政区形成的分区作为基本计算单元。松花江流域地跨黑、吉、辽、内蒙古，涉及 25 个地级市。按照全国水资源分区划分标准，松花江流域共分为 3 个水资源二级区、10 个水资源三级区、38 个水资源四级区。以水资源四级分区嵌套流域地级行政区形成 99 个调控单元。

水质分析以河流为主体，以河流水功能区为控制单元。水功能区指为满足水资源合理开发、利用、节约和保护的需求，根据水资源的自然条件和开发利用现状，按照流域综合规划、水资源保护和经济社会发展要求，依其主导功能划定范围并执行相应水环境质量标准的水域。根据全国重要江河湖泊水功能区划，松花江流域共划分一级水功能区 208 个，其中保护区 71 个、缓冲区 30 个、开发利用区 72 个、保留区 35 个。一级水功能区中的 72 个开发利用区又划分为 166 个二级水功能区，因此共有 302 个具有水质控制目标的水功能区。

水资源分区和水功能分区按照区域与河道进行划分，相互有交叉关系。为分析水质水量联合调控效应，需要对水资源分区与水功能区建立对应关系。每个调控单元都包含若干个水功能区，每个水功能区都对应存在排水关系的调控单元。二者之间通过单元尺度更小的寒区分布式水文模型建立联系。

6.1.2　调控技术路线

冰封期水质水量联合调控研究采用现状分析评价—水量需求与污染负荷预测—多层递

阶情景模拟及反馈—总体控制方案制定—方案评价的总体技术路线。

根据对现状冰封期水资源及其开发利用状况、废污水排放及水污染状况的评价，考虑未来经济发展情景和不同对水资源需求进行预测，基于污染负荷产生机制，对未来污染负荷产生情况进行了预测。通过寒区分布式水文模型和水资源优化配置模型，提出不同节水水平水量方案下的水功能区水量过程，计算水功能区纳污能力，分析水功能区目标满足状况，通过水量调控和污染负荷削减的反馈确定水质水量优化调控方案。总体技术路线如图6-1所示。

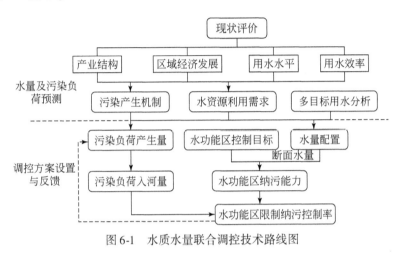

图6-1　水质水量联合调控技术路线图

6.1.3　模型体系

根据上述技术路线，对水质水量的总量调控分析涉及对水量过程、水质模拟过程的联合分析。模拟中包括对水量需求、污染负荷产生的预测，对水量过程的模拟，对污染负荷控制的优化组合，对水功能区的水质达标状况分析。上述各部分工作在本研究中均通过模型分析完成，并通过模型之间的数据交互反馈形成可供整体分析的模型体系，通过方案设置和多层次反馈实现对水质水量联合调控的模拟分析。

本研究中的水质水量联合调控模型体系包括水量模拟调控模型、污染负荷预测与优化控制模型、水功能区纳污能力分析模型。模型间的相互关系为：以社会经济发展预测为基础，分别进行水量需求和污染负荷排放的预测，根据预测的水量需求和工程规划方案进行水量模拟调控。一方面，通过水量模拟得出废污水产生排放量和入河量，结合社会经济发展预测成果，对污染负荷进行预测，推算污染负荷入河量，通过污染调控措施优化模型对污染负荷削减量进行分析；另一方面，通过水量模拟得出的水功能区断面河道水量过程，计算水功能区不同调控方案下的纳污能力，通过纳污能力分析模型对比动态水量条件下的水功能区入河排污量和纳污能力，计算水功能区达标状况。根据达标状况，分别对用水量、工程调度方案、污染控制措施进行反馈调整，达到保障冰封期水质安全的目标。

由于分析目标和数据基础不同，上述模型具有不同时空尺度，需要通过中间数据处理实现相互间的耦合交互。

水量模拟调控模型以 9829 个子流域, 30 102 个等高带计算单元为基础, 借助于松花江流域水资源优化配置模型对 99 个调控单元、302 个水功能区断面和 215 个大型供水工程实现水量过程模拟。每个调控单元均建立废污水排放与水功能区的对应关系, 建立水资源系统网络图, 实现对水功能区接受废污水量的模拟, 同时, 为纳污能力分析模型的计算建立基础。

污染负荷预测与优化控制模型以区域的经济社会发展和产业结构预测为基础, 需要采用比较详细的行政区统计资料。因此, 模型以 25 个地级行政区为基本单元进行模拟, 根据现有人口、经济布局将污染控制分布到水资源分区套地级市形成的水量调控计算单元。

纳污能力分析计算模型以 302 个水功能区为计算单元, 通过水量调控模型提供的水功能区断面流量过程, 计算各水功能区纳污能力。通过纳污能力与污染负荷预测的对比, 将结果反馈到水量调控模型和污染负荷优化控制模型, 分析不能达标的水功能区, 为水量调控和污染负荷优化控制提供依据。

6.2 流域水质水量联合调控方案设置

6.2.1 调控目标与方案设置思路

松花江流域的水资源开发利用具有典型的多目标特性。由于流域的水土资源、光热资源比较丰富, 作为国家级粮食基地, 农业用水会有较大增长。而东北地区属于老工业基地, 未来工业发展和调整也与水资源配置布局密切相关。所以, 在经济用水方面存在地区和行业部门间的竞争。在河道内经济用水方面, 西流松花江和嫩江的水力发电在东北电网中具有重要的调峰作用, 而松花江干流的航运也需要得到一定程度的保障。从流域生态维持和保护角度分析, 松花江流域有多个国家级湿地, 目前已不能在自然条件下维持平衡, 需要一定规模的人工补水。考虑未来流域开发强度大, 社会经济耗水总量占地表水水资源量的比例增长较快, 由此带来的松花江干流的生态和航运问题比较突出, 因此需要进一步分析社会经济耗水对生态环境用水及河道内航运用水的影响。此外, 松花江流域还承担未来向更为缺水的辽河流域调水的任务, 不同线路工程的规模也需要通过综合分析确定。图 6-2 给出了松花江流域水资源开发利用总体目标和各项分目标。

根据水量联合调控模型体系, 总量控制方案主要通过不同层次的方案设置分析水质水量调控的总量控制指标。方案设置分水量调控设置和污染负荷调控设置两种途径, 水量调控方案设置思路如下: ①水量基本方案。一般节水模式下水量需求增长、主要工程按现有调度规则运行的水量配置调控方案。②强化节水方案。全流域整体强化节水, 降低总需水量, 工程调度采用现有调度规则。③水量优化方案。考虑纳污能力计算和废污水排放结果, 对污染负荷优化控制后水功能区仍不能达标的区域, 采用进一步的需水控制, 同时考虑调整相关地表工程运行调度增加河道水量、提高水功能区纳污能力的方案。所有水量方案设置中水利工程建设均采用已有规划成果。

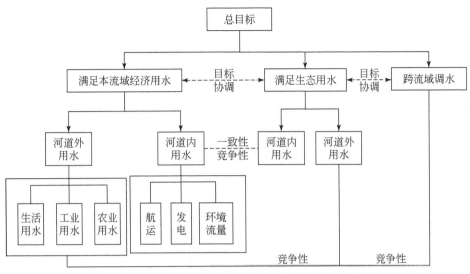

图 6-2 松花江流域水资源开发利用总体目标和各项分目标

对污染负荷控制，采用如下设置思路：①治污基本方案。以现状污水排放浓度及污水处理强度确定污水治理和污染控制强度。②一般强化方案。污水处理厂按二级标准排放，企业废水按三级标准排放。③中等强化方案。污水处理厂按一级 B 标准排放，企业废水按二级标准排放。④深度强化方案。污水处理厂按一级 A 标准排放，企业废水按一级标准排放。水量调控方案与污染负荷控制方案之间形成多重组合，通过水量调控方案为污染控制情景提供污水排放总量、断面水量过程及水功能区纳污能力动态计算结果，根据方案之间的组合可行性形成水质水量联合调控方案集，进而得出水质水量联合优化调控方案。

各方案之间的递进设置及反馈关系如图 6-3 所示。

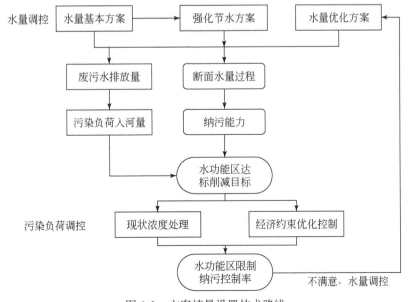

图 6-3 方案情景设置技术路线

6.2.2 水量调控方案设置

虽然本研究主要针对冰封期进行水质水量联合调控研究，但考虑到流域内水量过程的连续性和相互制约性，在水量调控方案设置时仍然以全年的水文过程进行研究和方案设置。根据松花江流域未来经济发展和生态环境保护的需求，松花江流域水量调控方案设置中涉及的主要影响因素如下。

（1）社会经济发展与节水模式

主要是区域生活和生产的用水水平预测。其中又包含农业灌区发展、区域工业布局及节水投入等因素。以水资源综合规划基本方案为基础，通过采用强化节水措施得出强化节水方案。通过对强化节水方案的污染排放控制和纳污能力超标分析，进一步提出强化节水方案基础上的水量优化方案，实现对污染超标地区用水的进一步控制和下泄流量的优化调节。

松花江流域水量基本方案需水量见表6-1。考虑在现状节水模式基础上加强产业结构调整和节约用水力度，控制需求过快增长，形成强化节水方案，至2030年需水量相比基本方案降低44.37亿 m³，到415.51亿 m³，比现状增加91.8亿 m³。松花江流域强化节水方案需水量需求见表6-2。

表 6-1 松花江流域水量基本方案需水量（单位：亿 m³）

水平年	水资源二级区	城镇			农村			合计
		生活	工业	生态	生活	农业	生态	
2020	嫩江	4.94	31.56	0.70	2.18	128.30	5.79	173.47
	西流松花江	5.74	23.88	0.73	1.49	50.83	0.45	83.12
	松花江干流	8.71	31.52	0.86	3.05	116.42	0.00	160.56
	合计	19.39	86.96	2.29	6.72	295.55	6.24	417.15
2030	嫩江	6.12	35.12	0.87	2.20	144.48	10.34	199.13
	西流松花江	7.02	26.57	0.90	1.47	53.80	0.45	90.21
	松花江干流	10.44	34.77	1.06	2.91	121.36	0.00	170.54
	合计	23.58	96.46	2.83	6.58	319.64	10.79	459.88

表 6-2 松花江流域强化节水方案需水量（单位：亿 m³）

水平年	水资源二级区	城镇			农村			合计
		生活	工业	生态	生活	农业	生态	
2020	嫩江	4.51	28.81	0.64	1.99	117.08	5.28	158.31
	西流松花江	5.17	21.52	0.65	1.35	45.80	0.40	74.89
	松花江干流	7.79	28.19	0.77	2.72	104.13	0.00	143.60
	合计	17.47	78.52	2.06	6.06	267.01	5.68	376.80

续表

水平年	水资源 二级区	城镇			农村			合计
		生活	工业	生态	生活	农业	生态	
2030	嫩江	5.58	32.05	0.79	2.00	131.85	9.43	181.70
	西流松花江	6.33	23.94	0.81	1.32	48.48	0.40	81.28
	松花江干流	9.34	31.10	0.95	2.60	108.54	0.00	152.53
	合计	21.25	87.09	2.55	5.92	288.87	9.83	415.51

（2）河道内用水主要目标

主要包括生态保护、航运和水力发电三项目标。生态保护目标，包括确定河道内生态用水需求。河道内生态保护目标包括主要断面不同季节的生态过流要求，设置嫩江的尼尔基和大赉、西流松花江的扶余及松花江干流的哈尔滨共四个断面。河道外生态用水目标主要是为重要湿地生态补水及城市河湖补水等。另外部分地区水土保持等也有生态补水需求，将其归入农村生态用户的需水。

水力发电目标，包括主要电厂发电调度和下游城镇供水、农业供水之间的优先序设置。发电和供水存在明显矛盾的工程主要有丰满和尼尔基两个调蓄能力强且存在供水功能的干流控制性水库。其他综合利用水库因功能划分明确或工程调蓄能力弱，不同调度方式差异不显著，不足以影响全流域的分析结果，为减少方案设置的复杂性因而不在模拟中进行分析。

航运目标，包括保证通航时段和通航期流量及航运和不同用户供水的优先顺序。目前主要是以哈尔滨断面作航运目标进行分析，通航期为 5～10 月。通航期内航运目标可以和断面的生态环境过流目标相结合。

根据上述方案设置目标，对河道内各种需求进行汇总后，得出几个主要控制断面过流要求（表6-3）。

表6-3 控制断面过流要求目标

分区	断面名称	控制目标	控制流量	保证率
嫩江	尼尔基水库	生态、环境、发电	$50m^3/s$	90%
	大赉断面	生态、环境	$100m^3/s$	90%
西流松花江	扶余断面	生态	$100m^3/s$	90%
	丰满水库断面	发电、环境	5 月为 $350m^3/s$ 外，其他月为 $150m^3/s$	90%
松花江干流	哈尔滨断面	航运、环境、生态	5～11 月为 $550m^3/s$；12 月至次年 4 月为 $350m^3/s$（90%）	80%

（3）工程规划目标

松花江流域涉及 30 多个大型规划水库，不同的规划工程建设方案将形成极为庞大的方案集，兴建工程的建设顺序也会构成不同的情景方案。此外，区域地下水开采规模、污水处理再利用程度、本地中小型工程供水能力等也可以通过参数设置反映未来不同的供水工程状况，从而形成方案集。考虑流域层面的工程规划重要性和不确定性，本研究中的工程规划直接采用《松花江流域水资源综合规划》推荐的供水方案设定的工程规划建设。

（4）跨流域调水工程的方案设置

跨流域调水工程包括调入和调出两类工程。方案设置主要是设计调水规模和建设时间。现状和规划的主要跨流域调水工程的水量调配规模见表6-4。

表6-4　松花江流域跨流域调水工程信息（单位：亿 m^3）

调水工程	性质	调入/调出流域	建设状况	调入调出水量 2020 年	2030 年
海兰河引水	调出	西流松花江	已建	0.3	0.3
引松入挠	调出	松花江干流	已建/扩建	2.85	4
引浑入通	调入	西流松花江	规划	1.2	1.2
红旗河引水	调入	西流松花江	规划	0	0.15
吉林中部城市群引水	调出	西流松花江	规划	3	4
绰尔河引水	调出	嫩江	规划	4	4
引呼济嫩	调入	嫩江	规划	0	18
调入合计				1.2	19.35
调出合计				10.15	12.3

注：吉林中部城市群调出水量为供入辽河流域部分水量

根据上述方案设置原则，以水量基本方案和强化节水方案为基础，提出水量调控各方案的设置条件（表6-5）。

表6-5　水量调控方案情景设置

方案	编号	分类调控措施 水量调度 尼尔基水库	丰满水库	重点支流水库	引水工程	节水	调水
水量基本方案	B	现状调水	现状调水	供水优先，无最小下泄量	供水优先	现状节水需水预测	规划方案
强化节水方案	W	调水优先	调水优先	供水优先，无最小下泄量	供水优先	强化节水	规划方案
水量优化方案	R	调水优先	调水优先	枯季最低控泄	枯季限制引水	强化节水、提高循环用水	2030 年考虑"引呼济嫩"

注：引水工程限制引水后，缺口水量由地下水补充供给

6.2.3 污染负荷调控方案设置

本研究以冰封期水质水量联合调控为重点，考虑松花江流域非点源污染主要集中在汛期，因此，污染控制模拟主要考虑点源污染的控制。点源污染主要有两大来源：一是污水处理厂；二是企业废污水排放。通过分析不同类别的污染控制技术的效果和特点，设置不同污水处理水平的排放方案。

（1）污水处理厂排水

松花江流域污水集中处理面临着如下突出问题：一是区域污水收集管网仍不完善；二是污水处理厂的服务范围较小。考虑到松花江流域污染源众多，环境容量有限，应根据水功能区的纳污能力和水质要求，加大城镇污水处理厂及配套管网基础能力建设，减少生活污水及污染物的入河量；应积极探索城镇污水处理厂的工艺改进，提高污水处理厂的尾水排放标准，逐步实现一级 A 标准排放，提高城镇废污水综合治理水平。

（2）企业废污水排放

工业污染源的分散治理有利于回用设施的建设，加强对企业超标排污的监管力度，结合企业清洁生产、工艺改造，强化工业废水处理，削减工业废水及污染物排放量，实现废水达标排放与零排放。

根据点源排污口（包括污水处理厂、生产型企业）性质与排放方式（如排入水体、排入下水道）的不同，所采用的污染物排放标准体系也有所差异（表6-6）。

表6-6 松花江流域污染物排放标准及其水质浓度

标准名称	标准内容	COD 浓度（mg/L）	氨氮浓度（mg/L）	备注
《污水排入城市下水道水质标准》（CJ 3082—1999）		150	25	
《污水综合排放标准》（GB 8978—1996）	医药原料药、染料、石油化工工业	—	15	一级标准[①]
	黄磷工业	—	10	
	其他（除医药原料、染料、石油化工工业及黄磷工业）	—	15	
	城镇二级污水处理厂	60	—	
	其他（除城镇二级污水处理厂）	100	—	
《污水综合排放标准》（GB 8978—1996）	医药原料药、染料、石油化工工业	—	50	二级标准[②]
	黄磷工业	—	20	
	其他（除医药原料、染料、石油化工工业及黄磷工业）	—	25	
	城镇二级污水处理厂	120	—	
	其他（除城镇二级污水处理厂）	150	—	

续表

标准名称	标准内容	COD 浓度（mg/L）	氨氮浓度（mg/L）	备注
《污水综合排放标准》（GB 8978—1996）	医药原料药、染料、石油化工工业	—	—	三级标准③
	黄磷工业	—	20	
	其他（除医药原料、染料、石油化工工业及黄磷工业）	—	—	
	城镇二级污水处理厂	—	—	
	其他（除城镇二级污水处理厂）	500		
《城镇污水处理厂污染物排放标准》（GB 18918—2002）		50	5（8）⑧	一级A标准④
		60	8（15）	一级B标准⑤
		100	25（30）	二级标准⑥
		120	—	三级标准⑦

注：①《地表水环境质量标准》（GB 3838—2002）Ⅲ类功能水域（划定的保护区和游泳区除外）和《海水水质标准》（GB 3097—1997）中Ⅱ类功能海域的污水执行一级标准。

②《地表水环境质量标准》（GB 3838—2002）中Ⅳ类、Ⅴ类功能水域和《海水水质标准》（GB 3097—1997）中Ⅲ类功能海域的污水执行二级标准。

③未设置城镇二级污水处理厂的城镇排水系统的污水执行三级标准。

④一级A标准是城镇污水处理厂出水作为回用水的基本要求。当城镇污水处理厂出水引入稀释能力较小的河湖作为城镇景观用水和一般回用水等用途时，执行一级A标准。

⑤城镇污水处理厂出水排入《地表水环境质量标准》（GB 3838—2002）地表水Ⅲ类功能水域（划定的饮用水水源保护区和游泳区除外）、《海水水质标准》（GB 3097—1997）海水Ⅱ类功能海域和湖、库等封闭或半封闭水域时，执行一级B标准。

⑥城镇污水处理厂出水排入《地表水环境质量标准》（GB 3838—2002）地表水Ⅳ类、Ⅴ类功能水域或《海水水质标准》（GB 3097—1997）海水Ⅲ类、Ⅳ类功能海域，执行二级标准。

⑦非重点控制流域和非水源保护区的建制镇的城镇污水处理厂，根据当地经济条件和水污染控制要求，采用一级强化处理工艺时，执行三级标准。但必须预留二级处理设施的位置，分期达到二级标准。按去除率指标执行，当进水COD浓度大于350mg/L时，去除率应大于60%。

⑧括号外数值为水温>12℃时的控制指标，括号内数值为水温≤12℃时的控制指标

考虑不同强度的污染控制措施后，松花江流域污染控制方案见表6-7。其中，治污基本方案（E1）废污水排放浓度参照现状值；一般强化方案（E2）对污水处理厂排放浓度大于二级标准的，按二级标准进行控制，现状排放浓度符合二级标准要求的，按现状浓度进行控制，对企业废水类似按三级标准进行控制；中等强化方案（E3）对污水处理厂排水按一级B标准进行控制，企业废水排放按二级标准进行控制；深度强化方案（E4）对污水处理厂排水按一级A标准控制，企业废水排放按一级标准控制。

表6-7　松花江流域污染控制方案

方案	编号	水质调控措施	
		污水处理厂	企业废水
治污基本方案	E1	现状浓度	现状浓度
一般强化方案	E2	二级标准	三级标准
中等强化方案	E3	一级B标准	二级标准
深度强化方案	E4	一级A标准	一级标准

根据对水量调控和污染控制的不同方案组合，得到松花江流域水质水量联合调控组合方案（表6-8）。其中每个方案包括2020和2030两个规划水平年。

表 6-8　松花江流域水质水量联合调控组合方案

方案		水量基本方案	强化节水方案	水量优化方案
		B	W	R
治污基本方案	E1	BE1	WE1	RE1
一般强化方案	E2	BE2	WE2	RE2
中等强化方案	E3	BE3	WE3	RE3
深度强化方案	E4	BE4	WE4	RE4

6.3　水量基本方案与强化节水方案模拟结果

6.3.1　水量供需平衡结果

考虑系统运行的情景设置，对水量基本方案和强化节水方案采用水资源优化配置模型进行计算（表6-9）。计算大中型水利工程均参照其原有供水方式进行调度计算，不受松花江干流河道内需水要求影响。

表 6-9　水量供需平衡结果（单位：亿 m³）

方案	分区	总需水量	总供水量							缺水量	
			合计	城镇生活	农村生活	工业	农业	城镇生态	农村生态	总计	其中农业
B15	嫩江	173.47	161.70	4.94	2.18	29.47	120.95	0.70	3.46	11.77	7.34
	西流松花江	83.11	79.20	5.68	1.49	23.75	47.14	0.73	0.41	3.91	3.68
	松花江干流	160.56	160.35	8.71	3.05	31.38	116.35	0.86	0.00	0.21	0.07
	合计	417.15	401.26	19.33	6.72	84.60	284.44	2.29	3.87	15.89	11.10
B20	嫩江	199.11	189.24	6.10	2.19	33.30	141.92	0.87	4.86	9.87	2.56
	西流松花江	90.21	88.92	7.02	1.47	26.50	52.59	0.90	0.44	1.29	1.22
	松花江干流	170.54	169.88	10.43	2.91	34.71	120.77	1.06	0.00	0.66	0.58
	合计	459.86	448.04	23.55	6.57	94.51	315.28	2.83	5.30	11.82	4.36
W15	嫩江	158.31	155.60	4.51	1.99	28.14	116.90	0.64	3.42	2.71	0.18
	西流松花江	74.89	74.51	5.17	1.35	21.51	45.52	0.65	0.31	0.38	0.27
	松花江干流	143.60	143.60	7.79	2.72	28.19	104.13	0.77	0.00	0.00	0.00
	合计	376.80	373.72	17.48	6.06	77.84	266.55	2.06	3.73	3.08	0.46
W20	嫩江	181.71	175.85	5.58	2.00	30.70	131.69	0.79	5.08	5.86	0.15
	西流松花江	81.29	81.05	6.33	1.32	23.94	48.25	0.81	0.40	0.24	0.23
	松花江干流	152.53	152.53	9.34	2.60	31.10	108.54	0.95	0.00	0.00	0.00
	合计	415.52	409.43	21.25	5.92	85.74	288.48	2.55	5.48	6.09	0.38

根据供需平衡结果可以看出，在水量基本方案需水条件下，未来的供需平衡基本能够满足，缺水量在 11 亿 ~ 16 亿 m^3，缺水率在 3% 左右。采用强化节水方案后，未来缺水量降低至 3 亿 ~ 7 亿 m^3，缺水率在 1% 左右。

6.3.2 主要断面水量过程

将水量基本方案和强化节水方案用水条件下的供用水量，代入寒区分布式水文模型，可以得出各个主要控制断面的水量过程（表 6-10）。

表 6-10 水量基本方案与强化节水方案主要控制断面流量对比（单位：m^3/s）

控制断面	方案	2020 年			2030 年		
		年均流量	最小年均流量	90% 年均流量	年均流量	最小年均流量	90% 年均流量
尼尔基	B	317	113	159	316	112	160
	W	320	114	239	317	113	159
中部引嫩	B	400	132	179	386	129	174
	W	413	133	226	398	130	174
江桥	B	551	127	215	524	118	198
	W	564	132	248	536	122	203
大赉	B	567	129	214	538	120	201
	W	584	135	224	551	122	204
丰满	B	346	158	210	358	160	228
	W	355	161	264	362	163	230
扶余	B	352	111	177	319	95	155
	W	369	115	203	342	101	170
三岔河	B	919	282	437	857	248	394
	W	955	310	467	893	272	422
哈尔滨	B	966	258	441	900	225	402
	W	1005	291	491	941	255	439
通河	B	1447	410	665	1390	391	636
	W	1499	452	573	1439	428	663
长江屯	B	260	84	104	260	83	102
	W	263	86	110	262	85	104
依兰	B	1467	408	670	1409	388	641
	W	1518	450	744	1458	425	666
佳木斯	B	1676	462	751	1619	440	720
	W	1731	502	797	1671	477	745
松花江出口	B	1711	471	765	1651	447	729
	W	1765	510	800	1702	482	756

从水量基本方案与强化节水方案河道主要断面过流状况对比可以看出，在采用强化节水方案之后，主要河道断面年均流量、最小年均流量和90%年均流量过程均有所提升。并且，最小年均流量提升幅度大于年均流量提升幅度，说明在节水减排条件下，问题比较严重的枯季纳污能力和河道水质可以得到较大改善。

6.3.3 水功能区纳污能力

按照上述水量配置方案，经过寒区分布式水文模拟模型的计算，按照第 5 章关于水功能区设计流量和纳污能力的计算方法，得出各功能区冰封期纳污能力，按照三级区进行汇总后得出各三级区水功能区纳污能力（表6-11）。

表 6-11 松花江流域水资源三级区纳污能力计算结果（单位：t）

二级区	COD				氨氮			
	水量基本方案		强化节水方案		水量基本方案		强化节水方案	
	B15	B20	W15	W20	B15	B20	W15	W20
尼尔基以上	118	145	75	139	8	11	4	10
尼尔基至江桥	12 003	12 083	12 611	13 620	1 053	1 062	1 104	1 193
江桥以下	2 776	2 802	2 803	2 895	178	181	178	179
丰满以上	694	629	769	660	39	35	44	37
丰满以下	17 875	17 373	17 849	18 551	1 447	1 407	1 444	1 478
三岔河至哈尔滨	22 837	21 474	23 260	22 321	1 835	1 729	1 865	1 793
哈尔滨至通河	12 376	11 657	12 597	11 740	643	607	653	606
牡丹江	974	1 022	949	910	46	48	43	43
佳木斯以下	8 548	7 936	8 622	8 132	616	574	621	588
通河至佳木斯干流区间	26 620	24 859	26 936	25 592	2 191	2 052	2 215	2 104
全流域	104 821	99 980	106 471	104 560	8 056	7 706	8 171	8 031

6.3.4 污染负荷入河量

考虑水量基本方案和强化节水方案各行业用水状况，按照污染物排放控制方案，得到各水功能区污染负荷入河量。2020 年、2030 年不同方案组合条件下各地区冰封期污染负荷入河量计算结果见表6-12 ~ 表6-15。

从表6-12 可以看出，2020 年水量基本方案下，各排污口按现状浓度进行排放的情况下，冰封期 COD 入河量将达到 130 254t。通过采取不同的污染负荷控制方案，从 E2 到 E4，冰封期 COD 入河量分别降为 115 533t、91 568t 和 66 690t，分别比现状浓度排放的 E1 方案降低 11.3%、29.7%、48.8%。不同污染负荷控制方案下，2030 年冰封期 COD 入河量、2020 年氨氮入河量、2030 年氨氮入河量变化趋势类似。

　　而强化节水方案较之水量基本方案，由于采取节水措施后废污水排放量减少，主要污染物入河量也有所减少。2020 年，在现状排放浓度方案 E1 下，松花江流域冰封期 COD 和氨氮入河量分别为 117 555t 和 7880.5t；2030 年分别为 132 676t 和 8894.4t。采取强化节水方案后，2020 年和 2030 年冰封期主要污染物入河量分别下降了 9.7%、9.7%。

表 6-12　不同方案组合下各地区冰封期 COD 入河量（2020 年）（单位：t）

地区	B15				W15			
	E1	E2	E3	E4	E1	E2	E3	E4
长春市	4 646	4 121	3 266	2 379	4 193	3 753	2 881	2 117
吉林市	13 223	11 729	9 296	6 770	11 934	10 681	8 199	6 027
松原市	837	742	588	429	755	676	519	381
哈尔滨市	4 386	3 890	3 083	2 246	3 959	3 543	2 720	1 999
伊春市	1 157	1 026	813	592	1 045	935	718	528
呼伦贝尔市	938	832	659	480	847	758	582	428
黑河市	406	360	285	208	367	328	252	185
齐齐哈尔市	3 695	3 277	2 598	1 892	3 335	2 985	2 291	1 684
大庆市	15 883	14 088	11 166	8 132	14 334	12 829	9 847	7 239
绥化市	1 505	1 335	1 058	771	1 358	1 215	933	686
白城市	538	477	378	275	486	435	334	245
兴安盟	536	475	377	274	484	433	333	244
牡丹江市	16 343	14 496	11 489	8 368	14 749	13 200	10 133	7 448
延边朝鲜族自治州	3 611	3 203	2 539	1 849	3 259	2 917	2 239	1 646
鹤岗市	4 448	3 945	3 127	2 277	4 014	3 593	2 758	2 027
佳木斯市	21 330	18 920	14 995	10 921	19 250	17 229	13 225	9 721
七台河市	26 453	23 464	18 596	13 544	23 874	21 367	16 401	12 056
双鸭山市	6 992	6 202	4 915	3 580	6 310	5 647	4 335	3 187
白山市	550	488	387	282	496	444	341	250
辽源市	153	136	108	78	138	124	95	70
四平市	1 159	1 028	815	593	1 046	936	719	528
通化市	1 465	1 299	1 030	750	1 322	1 183	908	668
合计	130 254	115 533	91 568	66 690	117 555	105 211	80 763	59 364

表 6-13 不同方案组合下各地区冰封期 COD 入河量（2030 年）（单位：t）

地区	B20				W20			
	E1	E2	E3	E4	E1	E2	E3	E4
长春市	5 244	4 735	3 613	2 612	4 733	4 274	3 261	2 357
吉林市	14 924	13 476	10 283	7 432	13 469	12 163	9 280	6 708
松原市	945	853	651	471	852	769	587	424
哈尔滨市	4 950	4 470	3 411	2 465	4 468	4 035	3 078	2 225
伊春市	1 306	1 179	900	650	1 179	1 065	812	587
呼伦贝尔市	1 059	956	730	527	955	862	658	476
黑河市	459	414	316	229	414	374	285	206
齐齐哈尔市	4 170	3 766	2 873	2 077	3 764	3 399	2 593	1 874
大庆市	17 926	16 187	12 351	8 927	16 178	14 609	11 147	8 057
绥化市	1 698	1 533	1 170	846	1 533	1 384	1 056	763
白城市	608	549	419	303	548	495	378	273
兴安盟	605	546	417	301	546	493	376	272
牡丹江市	18 445	16 656	12 709	9 186	16 647	15 032	11 470	8 290
延边朝鲜族自治州	4 075	3 680	2 808	2 029	3 678	3 321	2 534	1 832
鹤岗市	5 020	4 533	3 459	2 500	4 531	4 091	3 122	2 256
佳木斯市	24 073	21 738	16 586	11 988	21 727	19 619	14 970	10 820
七台河市	29 855	26 959	20 570	14 868	26 945	24 331	18 565	13 419
双鸭山市	7 891	7 126	5 437	3 930	7 122	6 431	4 907	3 547
白山市	621	561	428	309	560	506	386	279
辽源市	172	155	119	86	155	140	107	77
四平市	1 308	1 181	901	651	1 180	1 066	813	588
通化市	1 653	1 493	1 139	823	1 492	1 347	1 028	743
合计	147 007	132 746	101 290	73 210	132 676	119 806	91 413	66 073

表 6-14 不同方案组合下各地区冰封期氨氮入河量（2020 年）（单位：t）

地区	B15				W15			
	E1	E2	E3	E4	E1	E2	E3	E4
长春市	295.6	266.9	203.7	147.2	266.7	240.8	183.8	132.8
吉林市	1320.3	1192.2	909.7	657.5	1191.6	1076.0	821.0	593.4
松原市	40.1	36.2	27.6	20.0	36.2	32.7	24.9	18.0
哈尔滨市	839.6	758.2	578.5	418.1	757.7	684.2	522.1	377.3
伊春市	327.5	295.7	225.6	163.1	295.5	266.8	203.6	147.2
呼伦贝尔市	41.4	37.4	28.5	20.6	37.3	33.7	25.7	18.6
黑河市	78.5	70.9	54.1	39.1	70.8	63.9	48.8	35.3

地区	B15				W15			
	E1	E2	E3	E4	E1	E2	E3	E4
齐齐哈尔市	449.7	406.1	309.8	224.0	405.9	366.5	279.7	202.1
大庆市	1704.8	1539.4	1174.6	849.0	1538.6	1389.4	1060.1	766.2
绥化市	392.9	354.8	270.7	195.7	354.6	320.2	244.3	176.6
白城市	34.0	30.7	23.4	16.9	30.7	27.7	21.2	15.3
兴安盟	301.9	272.6	208.0	150.3	272.5	246.1	187.8	135.7
牡丹江市	1234.8	1115.0	850.8	614.9	1114.4	1006.3	767.8	555.0
延边朝鲜族自治州	130.2	117.6	89.7	64.8	117.5	106.1	81.0	58.5
鹤岗市	115.8	104.6	79.8	57.7	104.5	94.4	72.0	52.0
佳木斯市	645.8	583.2	445.0	321.6	582.8	526.3	401.5	290.2
七台河市	574.3	518.6	395.7	286.0	518.3	468.0	357.1	258.1
双鸭山市	88.6	80.0	61.0	44.1	80.0	72.2	55.1	39.8
白山市	82.3	74.3	56.7	41.0	74.2	67.0	51.1	37.0
辽源市	5.1	4.6	3.5	2.5	4.6	4.2	3.2	2.3
四平市	7.5	6.8	5.2	3.7	6.8	6.1	4.7	3.4
通化市	21.4	19.3	14.7	10.7	19.3	17.4	13.3	9.6
合计	8732.1	7885.1	6016.3	4348.5	7880.5	7116.0	5429.8	3924.4

表 6-15　不同方案组合下各地区冰封期氨氮入河量（2030 年）（单位：t）

地区	B20				W20			
	E1	E2	E3	E4	E1	E2	E3	E4
长春市	333.6	301.2	229.9	166.1	301.1	271.9	207.5	149.9
吉林市	1490.2	1345.7	1026.7	742.1	1344.9	1214.4	926.6	669.8
松原市	45.3	40.9	31.2	22.6	40.8	36.8	28.1	20.3
哈尔滨市	947.5	855.6	652.8	471.9	855.2	772.2	589.2	425.9
伊春市	369.6	333.7	254.7	184.1	333.6	301.2	229.9	166.1
呼伦贝尔市	46.7	42.2	32.2	23.3	42.1	38.0	29.0	21.0
黑河市	88.5	79.9	61.0	44.1	79.9	72.1	55.1	39.8
齐齐哈尔市	507.5	458.3	349.7	252.7	458.1	413.7	315.6	228.1
大庆市	1924	1737.4	1325.6	958.2	1736.5	1568.1	1196.4	864.8
绥化市	443.4	400.4	305.5	220.8	400.2	361.4	275.7	199.3
白城市	38.3	34.6	26.4	19.1	34.6	31.2	23.8	17.2
兴安盟	340.8	307.7	234.8	169.7	307.5	277.7	211.9	153.1
牡丹江市	1393.7	1258.5	960.3	694.1	1257.8	1135.8	866.6	626.4
延边朝鲜族自治州	147	132.7	101.3	73.2	132.6	119.7	91.4	66.0

地区	B20				W20			
	E1	E2	E3	E4	E1	E2	E3	E4
鹤岗市	130.7	118.0	90.1	65.1	117.9	106.5	81.2	58.7
佳木斯市	728.8	658.1	502.1	362.9	657.8	594.0	453.2	327.6
七台河市	648.1	585.2	446.5	322.8	585	528.3	403.1	291.3
双鸭山市	100	90.3	68.9	49.8	90.3	81.5	62.2	45.0
白山市	92.9	83.9	64.0	46.3	83.8	75.7	57.7	41.7
辽源市	5.7	5.1	3.9	2.8	5.2	4.7	3.6	2.6
四平市	8.5	7.7	5.9	4.2	7.7	7.0	5.3	3.8
通化市	24.1	21.8	16.6	12.0	21.8	19.7	15.0	10.9
合计	9 854.9	8 898.9	6 790.1	4 907.9	8 894.4	8 031.6	6 128.1	4 429.3

6.3.5 水功能区限制纳污控制率

按照《国务院关于实行最严格水资源管理制度的意见》，2020 年全国重要江河湖泊水功能区水质达标率需达到 60% 以上，2030 年达到 80% 以上。根据 5.3.3 节关于水功能区水质达标率与限制纳污控制率的关系分析，水功能区限制纳污控制率一般不低于水质达标率目标 10 个百分点方能保证水质目标的实现，基于此，本研究将松花江流域 2020 年冰封期水功能区限制纳污控制率目标设置为 70%，2030 年设置为 90%。

将不同水质水量联合调控方案下各水功能区入河量与纳污能力进行对比，统计不同方案下流域水功能区限制纳污控制率，各二级区汇总结果见表 6-16。从表 6-16 可知，为达到松花江流域 2020 年冰封期水功能区限制纳污控制率 70% 的目标，需采取污染负荷控制的 E3 方案，即污水处理厂执行一级 B 标准，企业废水执行二级标准。从表 6-17 可知，为达到松花江流域 2030 年冰封期水功能区限制纳污控制率 90% 的目标，需采取污染负荷控制的 E4 方案，即污水处理厂执行一级 A 标准，企业废水执行一级标准。

表 6-16 不同水质水量联合调控方案下松花江流域 2020 年冰封期水功能区限制纳污控制率

（单位:%）

分区	水量基本方案 B15				强化节水方案 W15			
	E1	E2	**E3**	E4	E1	E2	**E3**	E4
嫩江	50.8	58.3	**77.5**	93.3	52.5	60.0	**79.2**	95.8
西流松花江	57.1	67.1	**82.9**	97.1	60.0	70.0	**85.7**	98.6
松花江干流	45.5	51.8	**75.9**	93.8	46.4	53.6	**80.4**	96.4
合计	50.3	57.9	**78.1**	94.4	52.0	59.9	**81.1**	96.7

表 6-17　不同水质水量联合调控方案下松花江流域 2030 年冰封期水功能区限制纳污控制率

（单位：%）

分区	水量基本方案 B20				强化节水方案 W20			
	E1	E2	E3	**E4**	E1	E2	E3	**E4**
嫩江	48.3	55.8	75.0	**91.7**	50.0	57.5	78.3	**95.0**
西流松花江	52.9	64.3	78.6	**97.1**	58.6	68.6	82.9	**97.1**
松花江干流	42.0	50.0	72.3	**92.0**	43.8	51.8	78.6	**93.8**
合计	47.0	55.6	74.8	**93.0**	49.7	57.9	79.5	**95.0**

6.4　水质水量优化调控方案

　　根据松花江流域排污口现状水质监测情况，污水处理厂达到一级 B 标准的个数比例仅为 28.6%，企业废水达到二级标准的个数比例仅为 35.4%，要在 2020 年全部达到一级 B 标准和二级标准，在 2030 年全部达到一级 A 标准和一级标准的难度很大。在此情形下，需进一步加强冰封期水量调控，增加流域冰封期径流量并增强纳污能力。本节在前面水量基本方案和强化节水方案的基础上，针对重点水功能区水量过程进行了针对性调控，形成了水量优化方案，进一步提升了水功能区纳污能力，实现水功能区限制纳污达标。

6.4.1　水量优化方案设置

　　根据强化节水方案断面过流量和对应的污染负荷入河排放结果，对水功能区超标的区域进行水量调控，对重点地市的城镇生活和生产用水进行削减，同时对所在水功能区上游存在的控制性工程枯季泄流进行调控，形成水量优化方案。

　　水量优化方案与强化节水方案最大的区别在于增加了水量调控手段。对上游存在大型水库的水功能区，通过加大枯季下泄流量提高枯季河道纳污能力。加大枯季下泄流量的标准根据水库库容调节系数、供水量、来水量和水功能区污染负荷超标状况，参照 5.1.3 节对最优下泄量的计算方法综合分析后确定。对强化节水方案下不达标水功能区进行水量调控的工程见表 6-18。

表 6-18　调控工程控泄流量要求及其对应水功能区（单位：m³/s）

水库	所在水资源分区	对应功能区	控泄流量
库漠屯	固固河水库至尼尔基水库区间	嫩江黑蒙缓冲区 1	5.2
柳家屯	甘河	嫩江尼尔基水库调水水源保护区	4.3
尼尔基水库	甘河	嫩江黑蒙缓冲区 2	26.5
神指峡	诺敏河	毕拉河鄂伦春自治旗农业用水区	2.5
毕拉河口	诺敏河	毕拉河鄂伦春自治旗源头保护区	3.2
晓奇	诺敏河	格尼河阿荣旗农业用水区	0.6

续表

水库	所在水资源分区	对应功能区	控泄流量
太平湖	尼尔基至塔江区间	嫩江富裕县农业用水区	0.5
新北	音河	音河阿荣旗农业用水区	0.8
音河水库	音河	音河甘南县农业用水、饮用水源区	0.4
扬旗山	雅鲁河	雅鲁河扎兰屯市农业用水区	0.6
阿木牛	雅鲁河	雅鲁河扎兰屯市农业用水区	0.5
萨马街	雅鲁河	雅鲁河齐齐哈尔市保留区	0.7
南引水库	白沙滩至三岔河区间	嫩江泰来县保留区	0.2
白云花	霍林河	霍林河霍林郭勒市工业用水区	0.8
四湖沟	丰满以上	辉发河清原满族自治县源头水保护区	5.5
大迫子	辉发河	三统河辉南县饮用水源、工业用水、农业用水、渔业用水区	1.0
海龙	辉发河	莲河东丰县饮用水源区	0.8
石头口门	饮马河	饮马河长春市饮用水源、渔业用水区	1.0
北安	乌裕尔河、双阳河	乌裕尔河北安市农业用水区	0.8
亮甲山	拉林河	细鳞河舒兰市农业用水、过渡区	0.4
西泉眼	阿什河	阿什河阿城市保留区	1.0
东方红	呼兰河	通肯河望奎县保留区	0.6
七峰	莲花水库以上	海浪河海林市保留区	2.2
林海	莲花水库以上	海浪河海林市保留区	2.5
二道沟	莲花水库以下	牡丹江依兰县保留区	9.8
长江屯	莲花水库以下	牡丹江依兰县保留区	11.2
小鹤立河	梧桐河	梧桐河鹤岗市农业用水、渔业用水区	0.3
关门嘴子	梧桐河	梧桐河鹤岗市农业用水、渔业用水区	4.5
寒葱沟	佳木斯以下区间	安邦河双鸭山市饮用水源、工业用水区	0.4

根据各区域污染调控要求，在强化节水方案基础上调整得出水量优化方案需水量，需水量调整主要针对强化节水方案中排污超标比较严重的区域设置。需水量调整后各方案需水总量对比见表 6-19。

表 6-19　各方案需水总量对比（单位：m³/s）

方案名称	方案编号	水平年	嫩江	西流松花江	松花江干流	合计
水量基本方案	B15	2020	173.47	83.11	160.56	417.15
	B20	2030	199.11	90.21	170.54	459.86
强化节水方案	W15	2020	158.31	74.89	143.6	376.80
	W20	2030	181.71	81.29	152.53	415.52

方案名称	方案编号	水平年	嫩江	西流松花江	松花江干流	合计
水量优化方案	R15	2020	156.57	74.89	139.83	371.29
	R20	2030	181.15	81.29	149.53	411.97

6.4.2 水量优化方案设计流量与纳污能力计算

根据水量优化方案需水，采用水资源配置模型计算后，水量平衡结果见表6-20。根据供需平衡结果可以看出，采用水量优化方案，增强河道内水量调控，加大枯季控制性工程下泄流量，未来缺水量降低至5亿~8亿 m³，缺水率降至2%以下，缺水量进一步减少，缺水主要集中在农村生态用水。

表6-20 水量优化方案供需平衡结果（单位：亿 m³）

水平年	分区	总需水量	总供水量							缺水量	
			合计	城镇生活	农村生活	工业	农业	城镇生态	农村生态	总计	其中农业
2020	嫩江	156.6	152.1	4.4	2.0	26.6	115.1	0.6	3.4	4.4	1.4
	西流松花江	74.9	74.3	5.2	1.3	21.5	45.2	0.7	0.4	0.6	0.6
	松花江干流	139.8	139.5	7.7	2.7	25.3	103.0	0.8	0.0	0.3	0.1
	合计	371.3	365.9	17.3	6.0	73.4	263.3	2.1	3.8	5.4	2.1
2030	嫩江	181.2	174.5	5.6	2.0	30.5	130.5	0.8	5.1	6.7	0.9
	西流松花江	81.3	80.5	6.3	1.3	23.9	47.8	0.8	0.4	0.8	0.7
	松花江干流	149.5	149.2	9.3	2.6	28.8	107.6	0.9	0.0	0.3	0.1
	合计	412.0	404.2	21.2	5.9	83.2	285.9	2.5	5.5	7.8	1.7

将水量优化方案的水量配置代入寒区分布式二元水循环模型中，可以得到各水功能区所在断面的长系列流量过程，从而计算各功能区设计流量和纳污能力。各主要控制断面在不同水量调控方案下，枯水期（12月至次年3月）75%的流量对比见表6-21，可以看出，水量优化方案下河道内枯季径流过程相对于水量基本方案和强化节水方案有明显增加。

表6-21 各水量调控方案枯水期75%流量对比（单位：m³/s）

断面	B		W		R	
	2020年	2030年	2020年	2030年	2020年	2030年
尼尔基	47	52	58	64	57	72
中部引嫩	37	43	53	47	64	74
江桥	46	54	54	62	72	85
大赉	58	59	72	84	109	111
丰满	216	219	218	223	232	232

断面	B		W		R	
	2020 年	2030 年	2020 年	2030 年	2020 年	2030 年
扶余	193	182	193	190	208	205
三岔河	259	240	259	249	264	256
哈尔滨	242	216	274	300	299	288
通河	296	268	303	282	309	292
长江屯	11	10	11	10	15	20
依兰	295	267	301	279	308	289
佳木斯	326	292	328	306	339	315
松花江出口	330	296	331	310	340	317

由于水量优化方案河道内枯季径流过程增加，纳污能力相对于水量基本方案和强化节水方案增大，COD 和氨氮的纳污能力计算结果见表 6-22。其中 COD 的纳污能力在 2030 年分别比水量基本方案和强化节水方案增加 11 002.5t 和 6422.5t；氨氮的纳污能力在 2030 年分别比水量基本方案和强化节水方案增加 1283.8t 和 958.8t。

表 6-22　水量优化方案 COD 和氨氮纳污能力值（单位：t）

三级区	COD		氨氮	
	2020 年	2030 年	2020 年	2030 年
尼尔基以上	914.5	860.4	59.2	55.6
尼尔基至江桥	19 565.6	19 193.3	1 676.1	1 629.3
江桥以下	12 961.9	12 208.8	708.9	661.3
丰满以上	9 257.4	8 730.5	705.5	662.7
丰满以下	3 044.1	3 063.2	205.5	202.3
三岔口至哈尔滨	1 003.9	1 539.7	49.1	74.1
哈尔滨至通河	81.5	138.2	4.5	10.4
牡丹江	14 050.3	15 067.8	1 314.6	1 402.5
通河至佳木斯干流区间	24 496.2	23 283.5	2 079.2	1 959.7
佳木斯以下	28 349.9	26 897.0	2 479.8	2 331.9
全流域	113 725.3	110 982.5	9 282.4	8 989.8

6.4.3　水功能区限制纳污控制率

根据水量优化方案下的地表径流过程和各水功能区纳污能力计算结果，与各污染控制方案下的水功能区纳污量相对比，分析各水功能区限制纳污控制情况。不同方案下松花江流域水功能区限制纳污控制率见表 6-23。

表6-23　不同方案下松花江流域水功能区限制纳污控制率（单位:%）

流域	水量优化方案 R15				水量优化方案 R20			
	E1	**E2**	E3	E4	E1	E2	**E3**	E4
嫩江	58.3	**66.7**	88.3	98.3	56.7	65.0	**85.8**	98.3
西流松花江	71.4	**81.4**	95.7	100.0	64.3	77.1	**90.0**	98.6
松花江干流	58.0	**69.6**	90.2	97.3	54.5	67.9	**87.5**	96.4
合计	61.3	**71.2**	90.7	98.3	57.6	68.9	**87.4**	97.7

从表中可以看出，采取水量优化方案后，松花江流域2020年在采取污染控制一般强化方案E2的情况下，可实现水功能区限制纳污控制率70%的目标；2030年在采取污染控制中度强化方案E3的情况下，尚不足以完全实现水功能区限制纳污控制率90%的目标，在有条件的情况下应进一步加强污水处理水平，提高冰封期水质安全保障率。

6.5　本 章 小 结

1）基于本研究构建的寒区分布式二元水循环模型及水功能区冰封期纳污能力计算模型，结合规划水平年水资源合理配置和冰封期污染负荷预测，提出了冰封期水质水量联合调控技术方法体系，形成了以水量基本方案和强化节水方案为基础，以不同污染控制方案模拟结果为反馈，并综合考虑调控措施可行性的水质水量联合优化调控方案设置方法。

2）结果显示，在强化节水方案下，松花江流域2020年冰封期COD、氨氮纳污能力分别为104 560t、8171t，为实现水功能区限制纳污控制率70%的目标，需采取污染负荷控制的中等强化方案，即污水处理厂执行一级B标准，企业废水执行二级标准；2030年为实现水功能区限制纳污控制率90%的目标，需采取污染负荷控制的深度强化方案，即污水处理厂执行一级A标准，企业废水执行一级标准。

3）针对松花江流域污水处理水平现状，确定了2020年采取污水处理一般强化方案，2030年采取污水处理中等强化方案的污染控制方案。分别对强化节水方案下采取相应污染控制方案时的限制排污未达标水功能区进行分析，采取工程调控和进一步节水措施进行优化调节，形成了水量优化方案，2020年采取污水处理一般强化方案时松花江流域冰封期水功能区限制纳污控制率达到71.2%，2030年采取污水处理中等强化方案时松花江流域冰封期水功能区限制纳污控制率达到87.4%，保障了松花江流域冰封期水功能区水质达标率目标的实现和冰封期水质安全。

第7章 松花江流域生态基流研究

本章根据松花江流域河川基流特征，确定了松花江流域生态基流按照冰封期与非汛期分别制定的原则。首先根据基于天然径流过程的还原，利用水文学方法提出生态基流的初始建议值，冰封期根据鱼类越冬需求进行修正，然后将初始建议值与相应河段的水功能区设计流量、现状水利工程建设运行情况及现状实际流量过程进行对比分析，综合确定57个重点断面的生态基流标准。

7.1 自然水文过程的生态作用

7.1.1 具有生态效应的关键水文要素

自然水文情势形成并维持了河道内和洪泛平原的动态状态及栖息地，对维持河流生物多样性及生态系统完整性发挥了至关重要的作用。水文情势的五个关键因子，包括流量、频率、出现时间、持续时间、变化率，直接对生态系统完整性造成影响，或者通过水质、能量来源、栖息地、生物相互作用等环节，间接影响生态系统完整性（图7-1）。

对多数河流水生生物来说，在一个生命周期内需要多种不同特征的栖息地，而这些栖息地特征又取决于水文情势的变化特征。人类改变了自然的水文情势，进而随之改变了栖息地特征的动态变化，新的栖息地被造就，而本地的水生生物群落却可能很难适应这种栖息地变化。

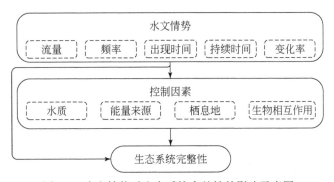

图 7-1 水文情势对生态系统完整性的影响示意图

流量就是单位时间流经某固定地点的水量，频率指在一定时间内，高于某一流量的水文事件通常发生的时间间隔。一般越大的流量，发生的频率就越小，流量的大小和频率控制着很多生态过程。适度的高流量事件通过河道输送泥沙、夹带碎石和附带海藻等有机资源，使生物界重现生机，让很多生命周期循环快、繁殖能力强的生物再生。不同周期的低流量，会给洪泛平原经常淹没地区的河滨植物繁衍提供机会。

出现时间，或称可预见性，指特定流量事件发生的规律性。它具有至关重要的生态意义，因为很多水生、河滨生物生命周期的选择，是为了躲避或利用不同的流量。例如，高或低流量的自然时机使鱼类开始生命周期的过渡，如产卵、孵卵、喂养、游到洪泛平原喂食或繁殖、向上游或下游洄游。由于洄游和繁殖活动与洪泛平原上栖息地的可利用状况相一致，对一些鱼类来说，洪泛平原淹没的时机非常重要。

持续时间指某一流量事件持续的时间段。某个流量事件的持续时间往往具有重要的生态意义。例如，河滨植物对持久洪水的耐受程度不同，水生无脊椎动物和鱼类对持久低流量的耐受程度也不同，这使它们能够在某个地方长期存活，否则，它们就可能被占统治地位但耐受程度更低的物种取代。

变化率，或称变化速度，指流量大小从某一个值变为另一个值的快慢。水文情势的变化率对物种的生命活动构成影响。在很多溪流和河流中，尤其在干旱地区，大暴雨使流量在数小时之内剧变，非本地的鱼类一般缺乏行为适应能力，会被突如其来的洪水冲至下游。流速迅速增长通常给当地的鲤科小鱼提供了产卵的信号，这些小鱼在短时间内迅速产卵，卵漂浮在水流里，在洪水退去时卵沉在水底。水流的季节变化率以一种缓慢渐进的方式，控制很多水生和河滨生物的生存。

7.1.2 特征流量的生态作用

根据流量的大小和发生的频率，划分为四种特征流量：低流量、高流量脉冲、小洪水、大洪水，各流量指标的含义和生态作用如下。

1）低流量相当于基流。它能维持洪泛平原地下水位，保证植物和陆生动物生长所需土壤水分，为微生物在淤泥中的生长提供支持，为水生生物提供足够的栖息地，使鱼类能够迁移到摄食区和产卵区，保持鱼类和两栖动物卵漂浮在水面。低流量以下的流量可能导致被捕物种的聚集、水温升高、水化学的变化、溶解氧降低、洪泛平原低地的干涸等现象。流量过程长期在低流量以下，会阻碍河流纵向连通与横向连通，并且抑制部分水生生物的生命活动。

2）高流量脉冲一般发生在暴雨期和融雪期，此时流量涨至低流量以上，但不高于平滩流量。高流量脉冲能塑造深潭和浅滩等河道自然形态，决定泥沙、砾石和卵石等粒径大小。对许多生物来说，高流量脉冲可以缓解低流量条件下所造成的水环境压力，如水温升高和可用溶解氧降低，并使某些洪泛平原的植物重新得到水分和营养物质补充。这些高流量脉冲可以防止河滨植物侵占河道，有助于将有机物移动到上游或下游区域，冲走河道废物以恢复正常水质，并且使藏在砂石之间的动物卵悬浮在水面上，以免其被泥沙掩埋。

3）小洪水发生频率高，一般重现期为 2~10 年，流量超过主河槽河岸。小洪水帮助鱼类及其他生物进入洪泛平原或其他栖息地场所，这些场所也可以作为鱼类的避难所，或者作为其产卵及孵卵的场所，同时为鱼类生长提供充足的营养物质和食物资源。小洪水还可以补充洪泛平原的地下水位，为洪泛平原输送营养物质。

4）大洪水发生频率低，重现期一般高于 10 年，但是它在河流生态系统中发挥了不可或缺的作用。大洪水延长洪泛平原淹没时间，维持动植物种类的多样性，还可以有效冲刷产卵场，将大量有机物质冲入下游，并且使主河道和洪泛平原水体的水质更好。大洪水能够移动大量沉积物、大块木质残留物，甚至移除沙滩、岛屿及河滨植被，形成新的栖息地，这对某些物种来说可能是好事，但对另外某些物种来说可能是坏事。

7.1.3 河流分区生态需水计算框架

基于水生态区划成果，河流分区生态需水研究主要根据不同生态保护功能、生态敏感期及河段所在区域的自然条件，确定各四级水生态分区的计算方法。在此基础上，对流域内重要河段和具有特殊生态保护功能河段的生态需水过程进行核算。水生态分区的河流生态需水标准的确定原则有以下两点。

1）对保护区、保留区、饮用水源区（有生态扩展功能）、农业用水区（有生态扩展功能）、渔业用水区，统称重要生态功能的水功能区，河流生态需水过程包括枯水期生态基流、鱼类产卵期的流量脉冲、汛期维护河道稳定的流量，即全过程的生态需水。

2）饮用水源区（无生态扩展功能）、工业用水区、农业用水区（无生态扩展功能）、景观娱乐用水区、过渡区、排污控制区与缓冲区，统称一般生态功能的水功能区，并不需要保证鱼类产卵的流量脉冲，河流生态需水仅包括枯水期生态基流和汛期维护河道稳定的流量。

指示物种。关于指示物种的选取，一般选择具有代表性和较强敏感性的关键物种，在河流水生生态系统中有着众多生物因子，鱼类群体对河流的水文条件如流速、水温和河床侵蚀等变化十分敏感，而且一般情况下鱼类作为水生态系统中的顶级群落，可以反映水生态系统的总体健康状况，与其他水生生物的监测数据相比，容易获得、便于管理，因此河流生态需水以鱼类为保护目标进行研究。

时间节点。松花江流域地理位置特殊，四季气候变化悬殊，冬季寒冷漫长，枯水期历时四个月，12 月至次年 3 月为枯水期，枯水期径流量极小。汛期分为春、夏两次汛期，春汛（或称"桃花汛"）是由冰雪融化引起的河道流量激增，一般出现在每年 4~5 月，汛期短流量小，径流量仅占年径流量的 10% 左右；夏汛降水集中，雨量充足，一般汛期6~9 月径流量占年径流量的 60%~80%，而汛期径流量又集中在 7~8 月，7~8 月径流量一般占年径流量的 50%~60%。松花江流域主要生态敏感期包括鱼类产卵期和越冬期，产卵期主要集中在每年 4~7 月，其中 4 月至 5 月上旬为冷水鱼集中产卵时间。个别洄游性鱼类产卵时间分布较为分散，如大马哈鱼产卵期为 10 月，本研究暂不考虑。因此，松花江流域生态水文研究主要分为三个时段：12 月至次年 3 月为枯水期，7~9 月为汛期，其余月份为非汛期，其中 4~7 月为产卵期。

枯水期的河流生态需水量要求维持河流的纵向连通性，能为湿地提供营养物质，保持河流鱼类栖息地的适宜水面宽度，保证可供鱼类利用的最小生存水域，根据特征流量的定义，枯水期生态基流即低流量。鱼类在产卵期的生命活动需要流量脉冲过程来保证，产卵期的河流生态需水过程即高流量的脉冲过程。因此在保证自然流量过程的基础上，产卵期要尤其注重保证脉冲过程，使得鱼类在适当的时间受到产卵所需的流量刺激。另外，鱼卵也可在脉冲的刺激下从河道被带到湿地产卵场中，或幼鱼被带到河道中。同时也有些鱼类利用流量脉冲涨水这种触发因素完成洄游。根据特征流量的定义，产卵期流量应界定为高流量脉冲。汛期的河流生态需水量主要是冲刷河床泥沙，防止深潭淤积，为成鱼提供洄游的通道，为需要进入河漫滩产卵和育幼的鱼类提供条件，同时也从河漫滩冲刷有机质，为鱼类提供食物。根据特征流量的定义，汛期生态流量应大于高流量脉冲，并且达到平滩流量，因此小洪水和大洪水满足汛期生态流量的要求。

结合松花江流域的自然地理特征和鱼类生存繁殖习性，分别针对枯水期、非汛期和汛期进行生态基流研究，针对产卵期进行生态需水过程研究。主要时间节点及研究内容见表 7-1。

表 7-1　主要时间节点及研究内容

时间节点	冰封期	产卵期	汛期	汛后期
月份	12 月至次年 3 月	4～7 月	7～9 月	10～11 月
研究内容	基流	基流、脉冲流量	基流、洪水过程	基流

空间节点。松花江流域由三部分组成：松花江上游区（三岔口以上）、嫩江区和松花江干流区。干流以三岔口为分界点，分为西流松花江、嫩江和松花江干流。结合水功能区划和土壤类型分区，将三大干流及主要支流的重要河段划分为 210 个控制性河段。选取三大干流及 39 条主要支流的 57 个控制断面作为研究的重点河段。对河段内有国家级种质资源保护区、渔业用水区和重要水文站的，优先用具有重要生态功能河段或者水文站对应模型子流域作为计算子流域；其余河段选取最下游断面或者水库下游断面所在子流域作为计算子流域。

7.2　松花江流域河川基流特点与计算思路

7.2.1　松花江流域基流特征

松花江流域的河川径流主要由降水补给，流域内降水量空间分布不均，年平均降水量在 500mm 左右，东南山区达到 700～900mm，而西北部嫩江区仅为 400mm。降水量等值线大体上呈西北-东南走向，而受季风气候的影响，降水的季节性变化更为剧烈，汛期 6～9月降水量占全年的比例高达 80% 左右。松花江流域基流的时空分布与年降水量的分布基本相同，但分布的不均匀性比年降水量更加显著。流域的东南部山区径流深远高于中部广大的松嫩平原，松嫩平原天然平均径流深常常不到 10mm。此外，流域内河川径流丰枯的年际分布极不平均，尤其是干旱、半干旱的西部地区，径流极值比一般在 10～20 倍。流域内基流的季节变化主要取决于河流补给来源的变化。松花江流域河流的补给以雨水为主，兼有融雪、地下水的补充。根据补给条件、流域的调蓄能力等可将河流分为雨水补给和间歇性河流两个类型，松花江流域绝大部分河流都属于雨水补给型，平原地区的中小河流，绝大部分属于间歇性河流，雨期产水，非汛期干涸，全年水量几乎全部集中在汛期。松花江流域各河段多年平均径流量及冰封期多年平均径流量见表7-2。

表7-2 松花江流域各河段多年平均径流量及冰封期多年平均径流量

河段	多年平均径流量（m³/s）	冰封期平均径流量（m³/s）	冰封期平均径流量比例（%）	河段	多年平均径流量（m³/s）	冰封期平均径流量（m³/s）	冰封期平均径流量比例（%）
嫩江干流嫩江县段	95	1.30	1.4	西流松花江上游	395	53.84	13.6
甘河	113	5.88	5.2	西流松花江中游	425	55.27	13.0
嫩江干流尼尔基段	327	14.86	4.5	西流松花江下游	494	64.06	13.0
讷谟尔河	35.04	1.65	4.7	沐石河	1.26	0.32	25.4
诺敏河	110	6.43	5.8	拉林河	96	9.13	9.5
嫩江干流齐齐哈尔段	586	37.71	6.4	牤牛河	28.24	2.89	10.2
阿伦河	19.14	0.58	3.0	松花江干流三岔口	1349	160	11.9
音河	3.92	0.09	2.3	松花江哈尔滨段	1462	181.34	12.4
雅鲁河	55.27	2.49	4.5	阿什河	14.84	1.33	9.0
绰尔河	64.65	4.47	6.9	呼兰河	115	14.56	12.7
乌裕尔河	22.53	1.70	7.5	通肯河	32.79	5.05	15.4
洮儿河科右前旗段	3.31	1.00	30.2	蚂蜒河	60.04	5.96	9.9
洮儿河白城段	41.95	8.06	19.2	松花江干流木兰段	1602	208.53	13.0
霍林河科右前旗	9.00	1.73	19.2	牡丹江上游	62.25	6.71	10.8
霍林河前郭段	34.83	13.38	38.4	牡丹江牡丹江市段	160	13.82	8.6
嫩江干流大赉段	808	74.38	9.2	牡丹江依兰段	247	15.87	6.4
安肇新河	0.86	0.22	25.6	海浪河	16.80	1.72	10.2
辉发河	83.87	15.93	19.0	倭肯河	15.58	2.43	15.6
一统河	15.72	3.41	21.7	汤旺河	141	9.51	6.7
三统河	15.45	3.28	21.2	伊春河	17.88	1.22	6.8
莲河	1.65	0.33	20.0	松花江佳木斯段	2225	303.93	13.7
二道松花江	76.40	8.82	11.5	梧桐河	24.89	2.10	8.4
头道松花江上游	15.96	1.60	10.0	安邦河	2.69	0.28	10.4
头道松花江下游	56.76	6.99	12.3	珠尔多河	6.97	1.12	16.1
蛟河	11.71	2.22	19.0	卧都河	3.76	0.05	1.3
伊通河上游	6.43	0.71	11.0	小石河	1.72	0.28	16.3
饮马河上游	8.67	0.89	10.3	饮马河下游	25.98	2.51	9.7
岔路河	3.08	0.34	11.0	伊通河下游	12.62	1.76	13.9
雾开河	0.73	0.05	6.8				

从表7-2可以看出，松花江流域冰封期平均径流量总体上仅为流域多年平均径流量的

13.7% （佳木斯断面），57 个代表性断面中，冰封期流量比例在 10% 以下（不含 10%）的有 23 个，占比达到 40%，极端低值仅为 14%。特别是北部嫩江流域、松花江干流各支流，冰封期平均径流量相较于多年平均径流量差了一个数量级，需要在河流生态基流计算中予以单独考虑。

7.2.2　生态基流计算思路

研究和确定河流生态基流量的目的在于防止河道萎缩甚至断流，维持河流生态系统的基本稳定，因此生态基流的确定与水生生物的生活特性密切相关，而水生生物的生长又受水量、水温等因素的制约，故在不同的时期，生态基流并非固定值。一般对河流生态基流按照汛期与非汛期分别制定，本研究结合松花江流域冰封期流量及封冻期和汛期状况，分别从冰封期、非汛期研究制定松花江流域生态基流。

松花江流域河床径流季节性变化显著，且受人类活动影响较大，因此对流域河道生态基流的计算原则以还原天然径流过程为主。而松花江流域冰封期，同时也是鱼类生物的越冬期，因此冰封期生态基流的确定尚需考虑鱼类越冬的适宜栖息地需求。而根据天然径流过程和鱼类越冬需求计算的生态基流初值还需要与水环境流量需求（水功能区设计流量）、水利工程运行调度和现状实际流量过程进行对比分析，综合确定科学合理、具备较强操作性的流域整体河流生态基流。

基于天然径流过程的计算首先需要利用建立的流域分布式水文模型 WEPSR，对松花江流域长系列（1956 ~ 2013 年）天然径流过程进行准确模拟，特别是要实现对冰封期径流量的准确模拟。在此基础上利用基于生态流量的水文学方法（Tennant 法、7Q10 法等）计算各河段不同水文季节生态基流初值，其中冰封期生态基流采用改进后的 7Q10 法，非汛期生态基流采用 Tennant 法。

7Q10 法又叫最小流量法，通常选取 90% 保证率下最枯连续 7 天的平均水量作为为河流的生态基流。针对松花江流域冰封期基流特点，本研究在 7Q10 法的基础上加以改进，即按照还原后的冰封期天然径流量 75% 保证率条件下最枯连续 7 天的平均值进行计算。

Tennant 法是非现场测定的标准设定法，采用河流年平均流量百分比，统筹考虑保护鱼类及有关环境资源的流量状况下的推荐生态流量值，该方法依据历时观测资料建立流量和栖息地质量之间的经验关系。依据该方法，本研究分别采取多年天然平均径流量的 10% 作为非汛期的生态基流量。

对重点生态保护河段的冰封期生态基流，需要综合考虑鱼类越冬对适宜水文要素的需求（主要是冰下水深要求），建立起鱼类越冬场栖息地适宜度曲线，在干流和主要支流利用物理栖息地模拟模型 PHABSIM 模拟不同冰封期流量条件下鱼类适宜越冬场面积，提出基于鱼类越冬场保护的冰封期生态基流最优值，以及 50% 适宜越冬场面积对应的越冬流量下限值，作为相关河段冰封期生态基流确定的重要参考依据。在其他一般支流，由于缺少详尽的河道地形资料，以河段内水文实测断面为基础，提出相关站点满足鱼类越冬水深要求的最小流量。

在分别得到基于天然径流过程和鱼类越冬需求的生态基流建议值后，分别与河段所在水功能区设计流量、流域水资源保护规划制定的生态流量、近 10 年现状实际流量过程进行对比分析，综合确定各河段建议的生态基流。冰封期生态基流确定原则包括：对冬季天然连底冻的河段，不设置冰封期生态基流要求；其他河段，采用基于天然径流过程核算的生态基流建议值、50% 适宜鱼类越冬场面积对应的越冬流量下限值、水功能区设计流量、流域水资源保护规划制定的生态流量中的最大值作为生态基流的建议值。将该建议值与近 10 年冰封期 75% 保证率日均流量进行比较，对该建议值近 10 年冰封期实际达标情况进行分析，如果近 10 年达标率过低，需对其原因进行分析，如果是由水利工程调蓄或人工取用水较大导致低达标率，则维持该建议值作为断面冰封期生态基流标准；如果是由于越冬流量、设计流量或保护规划制定流量不合理，超过了该断面天然和实际流量水平，则以维持现状冰封期流量不降低为原则，取近 10 年冰封期 75% 保证率日均流量与上述 4 个流量中舍去不合理值后的最大流量作为该断面冰封期生态基流标准。

非汛期生态基流确定原则包括：采用基于天然径流过程核算的生态基流建议值、水功能区设计流量、流域水资源保护规划制定的生态流量中的最大值作为生态基流的建议值。将该建议值与近 10 年非汛期 75% 保证率日均流量进行比较，对该建议值近 10 年非汛期实际达标情况进行分析，如果近 10 年达标率过低，需对其原因进行分析，如果是由水利工程调蓄或人工取用水较大导致低达标率，则维持该建议值作为断面非汛期生态基流标准；如果是由于设计流量或保护规划制定流量不合理，超过了该断面天然和实际流量水平，则以维持现状非汛期流量不降低为原则，取近 10 年非汛期 75% 保证率日均流量与上述 3 个流量中舍去不合理值后的最大流量作为该断面非汛期生态基流标准。

7.3 冰封期生态基流计算

7.3.1 基于天然径流过程的生态基流计算

依据分布式水文模型 WEP 模型对流域 1956~2013 年的长系列天然日径流过程的模拟结果，对 57 个主要控制河段进行生态基流计算。首先利用改进后的 7Q10 法，即 75% 保证率下最枯连续 7 天平均径流，计算冰封期生态基流。结合冰封期 75% 保证率下日还原径流量，对 7Q10 法的计算结果加以修正（表 7-3）。

表 7-3 基于天然径流过程的冰封期生态基流计算结果（单位：m³/s）

河段	10% 多年平均还原径流量	河段	10% 多年平均还原径流量
嫩江干流嫩江县段	9.51	西流松花江上游	40
甘河	11.27	西流松花江中游	43
嫩江干流尼尔基段	32.64	西流松花江下游	50
讷谟尔河	3.50	沐石河	0.13
诺敏河	11.00	拉林河	9.80
嫩江干流齐齐哈尔段	58	牤牛河	2.86

河段	10%多年平均还原径流量	河段	10%多年平均还原径流量
阿伦河	1.91	松花江干流三岔口段	135
音河	0.39	松花江哈尔滨段	147
雅鲁河	5.53	阿什河	1.50
绰尔河	6.46	呼兰河	11.61
乌裕尔河	2.23	通肯河	3.26
洮儿河科右前旗段	0.33	蚂蜒河	6.06
洮儿河白城段	4.18	松花江木兰段	161
霍林河科右前旗段	0.89	牡丹江上游	6.32
霍林河前郭段	3.47	牡丹江牡丹江市段	16.13
嫩江大赉段	81	牡丹江依兰段	25.01
安肇新河	0.09	海浪河	1.70
辉发河	8.43	倭肯河	1.57
一统河	1.57	汤旺河	14.23
三统河	1.55	伊春河	1.80
莲河	0.16	松花江佳木斯段	223
二道松花江	7.69	梧桐河	2.51
头道松花江上游	1.60	安邦河	0.27
头道松花江下游	5.69	珠尔多河	0.71
蛟河	1.19	卧都河	0.38
伊通河	0.65	小石河	0.18
饮马河上游	0.88	饮马河下游	2.63
岔路河	0.31	伊通河下游	1.27
雾开河	0.07		

分析表 7-3 中两种方法的计算结果，通过 75% 保证率下最枯连续 7 天平均径流得出的生态基流结果全部可以满足冰封期 75% 保证率下日还原径流量，即在无人类活动干扰的状态下，该计算结果确定的生态基流参考值可以保证冰封期流域内各河段达到径流要求。

7.3.2 基于鱼类越冬需求的生态基流计算

松花江流域冰封期河流冰封，低水温和封冻后 DO 补充不足是鱼类越冬的最大限制因素，而这两个因素又直接受冰下水深的影响。根据调查结果，冰下水深超过 1m 处的水温一般均高于 3℃，是比较适宜于鱼类越冬的；而水深太深时，底泥及底栖动物、浮游动物的生长造成氧债加大，不利于水体 DO 的恢复和保持，一般认为 1~1.8m 的水深是流水区适宜越冬水深，0.6m 是极限最低水深，3m 是极限最大水深，建立鱼类越冬期水深适宜度曲线。同时，水体的流动也对增加 DO 供给有较大作用，但流速不宜过大，以减小鱼类越冬期的能量消耗，将 0.01~0.05m/s 作为鱼类越冬期适宜流速，0.1m/s 作为极限最大流速，建立鱼类越冬期流速适宜度曲线，并利用栖息地模拟模型开展越冬适宜流量的模拟计算，考虑到冰封期流量较小的实际情况，取最大越冬栖息地面积 50% 对应的流量作为该河段鱼类越冬流量需求。对没有详细地形资料的支流，则以实测断面平均水深达到 0.6m 作为控制条件，此时约 50% 的断面宽度能达到鱼类越冬的适宜水深，根据流量–水位曲线推求鱼类越冬流量需求。根据上述思路，对松花江流域 21 个鱼类重点保护河段的冰封期越冬流量需求进行了核算（表 7-4）。

表 7-4　冰封期鱼类越冬流量需求计算结果

河段	计算结果 (m³/s)	设计流量 (m³/s)	现状达标率(%)	河段	计算结果 (m³/s)	设计流量 (m³/s)	现状达标率(%)
嫩江干流嫩江县段	9.51		90.6	西流松花江上游	40	150.00	100.0
甘河	11.27	5.50	97.0	西流松花江中游	43	150.00	100.0
嫩江干流尼尔基段	32.64	1.88	99.6	西流松花江下游	50	100.00	100.0
讷谟尔河	3.50	3.09	74.2	沐石河	0.13	0.05	98.2
诺敏河	11.00	6.75	93.5	拉林河	9.80	2.17	94.5
嫩江干流齐齐哈尔段	58	56.00	99.0	牤牛河	2.86		99.0
阿伦河	1.91	0.17	90.7	松花江干流三岔口段	135		100.0
音河	0.39	0.09	39.1	松花江哈尔滨段	147	316.83	100.0
雅鲁河	5.53		86.0	阿什河	1.50	1.65	99.8
绰尔河	6.46	8.40	77.0	呼兰河	11.61	4.33	90.2
乌裕尔河	2.23	0.03	66.3	通肯河	3.26	0.07	65.5
洮儿河科右前旗段	0.33	0.44	44.7	蚂蜒河	6.06	3.67	89.3
洮儿河白城段	4.18	1.88	35.0	松花江木兰段	161	319.70	
霍林河科右前旗段	0.89	1.16	47.1	牡丹江上游	6.32	4.95	100.0
霍林河前郭段	3.47	0.12		牡丹江牡丹江市段	16.13	6.47	99.1
嫩江大赉段	81		94.1	牡丹江依兰段	25.01		
安肇新河	0.09	3.60		海浪河	1.70		100.0
辉发河	8.43	6.89	97.6	倭肯河	1.57	1.20	68.9
一统河	1.57	0.76		汤旺河	14.23	1.63	98.1
三统河	1.55	1.19	98.1	伊春河	1.80	0.32	95.3
莲河	0.16	0.07	96.8	松花江佳木斯段	223	396.10	99.0
二道松花江	7.69	18.10	99.9	梧桐河	2.51	0.54	98.0
头道松花江上游	1.60	5.65	99.7	安邦河	0.27		100.0
头道松花江下游	5.69	16.27	96.2	珠尔多河	0.71		100.0
蛟河	1.19	0.28	99.8	卧都河	0.38		
伊通河	0.65	0.03	17.1	小石河	0.18		
饮马河上游	0.88	0.25	96.7	饮马河下游	2.63	0.43	78.7
岔路河	0.31	0.13	47.5	伊通河下游	1.27	0.49	99.3
雾开河	0.07	0.07					

7.3.3 与水功能区设计流量和现状情况的对比分析

为确保生态基流的计算结果能够达到环境流量，力求满足河段冰封期排污需求，本研究基于天然径流过程的生态基流计算结果，利用对应各河段的主要水功能区设计流量对比分析。统筹考虑经济社会用水等多目标用水配置，同时综合考虑验证基于天然径流计算结果与水功能区设计流量的科学可达性，本研究利用各河段所对应水文站近 10 年（2006 ~ 2015 年）松花江流域的实测径流资料，分别计算基于天然径流过程的生态基流计算结果和对应水功能区设计流量现状达标率，以 75% 满足率作为达标标准（表 7-5）。

表 7-5　生态基流计算结果与水功能区设计流量对比

编号	河段	生态基流计算结果（m³/s）	现状达标率计算结果（%）	水功能区设计流量（m³/s）	设计流量现状达标率（%）	计算结果与设计流量之比（%）
1	霍林河前郭段	5.11	—	0.12	—	4258.3
2	乌裕尔河	0.62	2	0.03	11.3	2066.7
3	通肯河	1.16	3	0.07	7.6	1657.1
4	伊通河	0.21	12	0.03	11.8	700.0
5	嫩江干流尼尔基段	4.82	99	1.88	98.5	256.4
6	洮儿河白城段	3.16	4	1.88	4.0	168.1
7	饮马河下游	0.63	93	0.43	100.0	146.5
8	伊通河下游	0.68	100	0.49	100.0	138.8
9	拉林河	2.83	86	2.17	94.1	130.4
10	沐石河	0.06	24	0.05	24.6	120.0
11	汤旺河	1.95	95	1.63	97.9	119.6
12	莲河	0.08	91	0.07	100.0	114.3
13	一统河	0.89	—	0.76	—	117.1
14	梧桐河	0.49	100	0.54	100.0	90.7
15	呼兰河	3.67	73	4.33	63.3	84.8
16	阿伦河	0.14	68	0.17	64.0	82.4
17	三统河	0.74	95	1.19	75.2	62.2
18	倭肯河	0.75	2	1.20	0.0	62.5
19	伊春河	0.19	100	0.32	90.9	59.4
20	辉发河	3.88	87	6.89	57.2	56.3
21	蛟河	0.15	97	0.28	89.8	53.6
22	蚂蜒河	1.81	86	3.67	48.0	49.3
23	饮马河上游	0.12	81	0.25	52.8	48.0
24	霍林河科右前旗段	0.35	13	1.16	10.0	30.2
25	松花江佳木斯段	117.81	100	396.10	80.0	29.7

编号	河段	生态基流计算结果（m³/s）	现状达标率计算结果（%）	水功能区设计流量（m³/s）	设计流量现状达标率（%）	计算结果与设计流量之比（%）
26	岔路河	0.03	14	0.13	14.2	23.1
27	洮儿河科右前旗段	0.11	4	0.44	4.3	25.0
28	松花江木兰段	80.45	—	319.70	—	25.2
29	松花江哈尔滨段	75.10	100	316.83	78.8	23.7
30	音河	0.02	0	0.09	0.0	22.2
31	嫩江干流齐齐哈尔段	12.67	100	56.00	76.7	22.6
32	甘河	1.22	100	5.50	36.5	22.2
33	西流松花江下游	20.93	100	100.00	96.8	20.9
34	阿什河	0.32	100	1.65	73.9	19.4
35	诺敏河	1.23	96	6.75	17.8	18.2
36	雾开河	0.01	—	0.07	—	14.3
37	牡丹江牡丹江市段	1.07	100	6.47	100.0	16.5
38	牡丹江上游	0.57	100	4.95	68.0	11.5
39	绰尔河	0.84	32	8.40	2.5	10.0
40	讷谟尔河	0.30	11	3.09	6.1	9.7
41	二道松花江	1.55	100	18.10	15.9	8.6
42	西流松花江中游	12.43	100	150.00	98.4	8.3
43	西流松花江上游	10.66	100	150.00	99.8	7.1
44	头道松花江下游	1.00	99	16.27	62.1	6.2
45	头道松花江上游	0.20	100	5.65	6.6	3.5
46	安肇新河	0.07	—	3.60	—	1.9
47	嫩江干流嫩江县段	0.26	45	—	—	—
48	雅鲁河	0.66	100	—	—	—
49	嫩江干流大赉段	32.48	91	—	—	—
50	牤牛河	0.72	93	—	—	—
51	松花江干流三岔口段	66.40	100	—	—	—
52	牡丹江依兰段	2.37	—	—	—	—
53	海浪河	0.06	100	—	—	—
54	安邦河	0.03	92	—	—	—
55	珠尔多河	0.11	92	—	—	—
56	卧都河	0.00	—	—	—	—
57	小石河	0.03	—	—	—	—

通过表7-5可以清晰地看出，57个重点河段中共有33个河段基于天然径流过程的计算结果未能达到设计流量，其中有部分河段的计算结果远低于设计流量指标值。需进一步分析其现状达标率，综合考虑水功能区设计流量确定的标准与实测冰封期径流资料，对生

态基流计算结果进行核定。

通过与现状满足情况的对比可以看出，嫩江区部分支流、松花江干流倭肯河、通肯河及饮马河流域的基于天然径流过程的生态基流现状达标率过低，部分河段设计流量远大于生态基流计算结果，且现状达标率远低于75%。因此需要综合考虑上下游水库、河道连底冻等情况核定最终结果。

7.3.4　冰封期生态流量的核定

冰封期生态流量的确定以基于天然径流过程的计算结果和鱼类重点保护河段越冬流量需求为主，对计算结果小于水功能区设计流量的河段及现状达标率过低的河段逐一核定。需核定的河段最终有如下情况：一是水功能区设计流量大于基于天然径流过程和越冬流量的计算结果，且设计流量现状达标率达到75%，该情况下以水功能区设计流量作为冰封期生态基流推荐值；二是对于计算结果现状达标率过低，或者与水功能区设计流量差距过大且设计流量现状达标率过低，该情况下参考75%保证率下实测冰封期日径流过程核定计算结果；三是结合地形资料、气象资料和水文监测资料，确定讷谟尔河、音河、乌裕尔河、通肯河、倭肯河冰封期为全部或者大部分连底冻河流，本研究不设冰封期生态基流指标。核定后的冰封期生态基流最终结果见表7-6。

表 7-6　冰封期生态基流结果及确定依据汇总（单位：m³/s）

编号	河段	冰封期生态基流结果	对应水文站	确定依据
1	嫩江干流嫩江县段	0.26	石灰窑	最枯连续7天
2	甘河	3.33	柳家屯	近10年75%保证率现状
3	嫩江干流尼尔基段	42.5	尼尔基（坝下）	水资源保护规划
4	讷谟尔河	0.00	德都	连底冻
5	诺敏河	2.55	小二沟	近10年75%保证率现状
6	嫩江干流齐齐哈尔段	56.00	富拉尔基	按设计流量
7	阿伦河	0.14	那吉	最枯连续7天
8	音河	0.00	音河水库（坝下）	连底冻
9	雅鲁河	2.05	碾子山	近10年75%保证率现状
10	绰尔河	0.84	两家子	最枯连续7天
11	乌裕尔河	0.00	依安大桥	连底冻
12	洮儿河科右前旗段	0.11	察尔森水库	最枯连续7天
13	洮儿河白城段	1.88	洮南	按设计流量
14	霍林河科右前旗段	0.35	白云胡硕	最枯连续7天
15	霍林河前郭段	0.12		按设计流量
16	嫩江干流大赉段	45	大赉	鱼类越冬需求
17	安肇新河	3.60		按设计流量
18	辉发河	3.88	五道沟（三）站	最枯连续7天

续表

编号	河段	冰封期生态基流结果	对应水文站	确定依据
19	一统河	0.89		最枯连续 7 天
20	三统河	1.19	样子哨	按设计流量
21	莲河	0.08	东丰	最枯连续 7 天
22	二道松花江	6.01	汉阳屯	近 10 年 75% 保证率
23	头道松花江上游	2.22	漫江（三）站	近 10 年 75% 保证率
24	头道松花江下游	12.00	高丽城子	近 10 年 75% 保证率
25	蛟河	0.28	蛟河	按设计流量
26	伊通河	0.03	新立城水库（坝下）	按设计流量
27	饮马河上游	0.12	长岭	最枯连续 7 天
28	岔路河	0.03	星星哨水库（坝下）	最枯连续 7 天
29	雾开河	0.01		最枯连续 7 天
30	西流松花江上游	161	丰满水库（坝下）	水资源保护规划
31	西流松花江中游	150	松花江	按设计流量
32	西流松花江下游	140	扶余（三）	鱼类越冬需求
33	沐石河	0.05	浮家桥	按设计流量
34	拉林河	4.68	蔡家沟	近 10 年 75% 保证率
35	牤牛河	0.72	大碾子沟	最枯连续 7 天
36	松花江干流三岔口段	310	下岱吉	上下游汇流关系
37	松花江哈尔滨段	316.8	哈尔滨	按设计流量
38	阿什河	1.65	阿城	按设计流量
39	呼兰河	4.33	兰西	按设计流量
40	通肯河	0.00	青冈	连底冻
41	蚂蜒河	2.12	莲花	近 10 年 75% 保证率
42	松花江木兰段	319.7	通河	按设计流量
43	牡丹江上游	4.26	大山咀子	近 10 年 75% 保证率
44	牡丹江牡丹江市段	6.47	牡丹江	按设计流量
45	牡丹江依兰段	40.99		上游生态基流
46	海浪河	0.06	长汀子	最枯连续 7 天
47	倭肯河	0.00	倭肯	连底冻
48	汤旺河	3.86	晨明	近 10 年 75% 保证率
49	伊春河	0.32	伊春	按设计流量
50	松花江佳木斯段	396.1	佳木斯	按设计流量
51	梧桐河	0.54	宝泉岭	按设计流量
52	安邦河	0.03	福利屯	最枯连续 7 天
53	珠尔多河	0.11	额穆	最枯连续 7 天

编号	河段	冰封期生态基流结果	对应水文站	确定依据
54	卧都河	0.00		连底冻
55	小石河	0.03		最枯连续 7 天
56	饮马河下游	0.94	德惠	近 10 年 75% 保证率
57	伊通河下游	1.14	农安	最枯连续 7 天

7.4　非汛期生态基流计算

7.4.1　基于天然径流过程的生态基流计算

依据 WEPSR 模型计算所得 1956～2013 年还原后天然日径流过程，对 57 个主要控制河段进行非汛期生态基流计算。10% 多年平均还原径流量计算结果见表 7-7。

表 7-7　基于天然径流过程的非汛期生态基流计算结果（单位：m^3/s）

河段	10% 多年平均还原径流量	河段	10% 多年平均还原径流量
嫩江干流嫩江县段	9.51	西流松花江上游	40
甘河	11.27	西流松花江中游	43
嫩江干流尼尔基段	32.64	西流松花江下游	50
讷谟尔河	3.50	沐石河	0.13
诺敏河	11.00	拉林河	9.80
嫩江干流齐齐哈尔段	58	忙牛河	2.86
阿伦河	1.91	松花江干流三岔口段	135
音河	0.39	松花江哈尔滨段	147
雅鲁河	5.53	阿什河	1.50
绰尔河	6.46	呼兰河	11.61
乌裕尔河	2.23	通肯河	3.26
洮儿河科右前旗段	0.33	蚂蜒河	6.06
洮儿河白城段	4.18	松花江木兰段	161
霍林河科右前旗段	0.89	牡丹江上游	6.32
霍林河前郭段	3.47	牡丹江牡丹江市段	16.13
嫩江干流大赉段	81	牡丹江依兰段	25.01
安肇新河	0.09	海浪河	1.70
辉发河	8.43	倭肯河	1.57
一统河	1.57	汤旺河	14.23
三统河	1.55	伊春河	1.80

河段	10%多年平均还原径流量	河段	10%多年平均还原径流量
莲河	0.16	松花江佳木斯段	223
二道松花江	7.69	梧桐河	2.51
头道松花江上游	1.60	安邦河	0.27
头道松花江下游	5.69	珠尔多河	0.71
蛟河	1.19	卧都河	0.38
伊通河	0.65	小石河	0.18
饮马河上游	0.88	饮马河下游	2.63
岔路河	0.31	伊通河下游	1.27
雾开河	0.07		

7.4.2 与水功能区设计流量和现状情况的对比分析

为确保生态基流的计算结果能够达到环境流量，力求满足河段汛期和非汛期排污需求，本研究基于天然径流过程的生态基流计算结果，利用对应各河段的主要水功能区设计流量对比分析。

统筹考虑经济社会用水等多目标用水配置，同时综合考虑验证基于天然径流过程的生态基流计算结果与水功能区设计流量的科学可达性，本研究利用各河段所对应水文站近10年松花江流域的实测径流资料，分别计算基于天然径流过程的生态基流计算结果和对应水功能区设计流量现状达标率，初步拟定以75%满足率作为达标标准。非汛期生态基流计算结果与设计流量对比及现状达标率汇总见表7-8。

表 7-8 非汛期生态基流计算结果与设计流量对比及现状达标率汇总

河段	计算结果 (m^3/s)	设计流量 (m^3/s)	现状达标率（%）	河段	计算结果 (m^3/s)	设计流量 (m^3/s)	现状达标率（%）
嫩江干流嫩江县段	9.51		90.6	西流松花江上游	40	150.00	100.0
甘河	11.27	5.50	97.0	西流松花江中游	43	150.00	100.0
嫩江干流尼尔基段	32.64	1.88	99.6	西流松花江下游	50	100.00	100.0
讷谟尔河	3.50	3.09	74.2	沐石河	0.13	0.05	98.2
诺敏河	11.00	6.75	93.5	拉林河	9.80	2.17	94.5
嫩江干流齐齐哈尔段	58	56.00	99.0	牤牛河	2.86		99.0
阿伦河	1.91	0.17	90.7	松花江干流三岔口段	135		100.0
音河	0.39	0.09	39.1	松花江哈尔滨段	147	316.83	100.0
雅鲁河	5.53		86.0	阿什河	1.50	1.65	99.8
绰尔河	6.46	8.40	77.0	呼兰河	11.61	4.33	90.2
乌裕尔河	2.23	0.03	66.3	通肯河	3.26	0.07	65.5

河段	计算结果 (m³/s)	设计流量 (m³/s)	现状达标率 (%)	河段	计算结果 (m³/s)	设计流量 (m³/s)	现状达标率 (%)
洮儿河科右前旗段	0.33	0.44	44.7	蚂蜒河	6.06	3.67	89.3
洮儿河白城段	4.18	1.88	35.0	松花江木兰段	161	319.70	
霍林河科右前旗段	0.89	1.16	47.1	牡丹江上游	6.32	4.95	100.0
霍林河前郭段	3.47	0.12		牡丹江牡丹江市段	16.13	6.47	99.1
嫩江干流大赉段	81		94.1	牡丹江依兰段	25.01		
安肇新河	0.09	3.60		海浪河	1.70		100.0
辉发河	8.43	6.89	97.6	倭肯河	1.57	1.20	68.9
一统河	1.57	0.76		汤旺河	14.23	1.63	98.1
三统河	1.55	1.19	98.1	伊春河	1.80	0.32	95.3
莲河	0.16	0.07	96.8	松花江佳木斯段	223	396.10	99.0
二道松花江	7.69	18.10	99.9	梧桐河	2.51	0.54	98.0
头道松花江上游	1.60	5.65	99.7	安邦河	0.27		100.0
头道松花江下游	5.69	16.27	96.2	珠尔多河	0.71		100.0
蛟河	1.19	0.28	99.8	卧都河	0.38		
伊通河	0.65	0.03	17.1	小石河	0.18		
饮马河上游	0.88	0.25	96.7	饮马河下游	2.63	0.43	78.7
岔路河	0.31	0.13	47.5	伊通河下游	1.27	0.49	99.3
雾开河	0.07	0.07					

7.4.3　非汛期生态基流的核定

通过 7.3.2 节可知, 汛期和非汛期基于天然径流过程的生态基流计算结果, 绝大部分河段能够满足设计流量的要求, 同时结合《松花江流域水资源保护规划》针对主要干支流断面生态流量的要求, 最终确定核定后的汛期和非汛期的生态流量结果。核定后的非汛期生态基流结果见表 7-9。

表 7-9　非汛期生态基流结果及确定依据 (单位: m³/s)

编号	河段	非汛期生态基流结果	对应水文站	确定依据
1	嫩江干流嫩江县段	9.51	石灰窑	10%多年平均径流量
2	甘河	11.27	柳家屯	10%多年平均径流量
3	嫩江干流尼尔基段	42.5	尼尔基 (坝下)	水资源保护规划
4	讷谟尔河	3.50	德都	10%多年平均径流量
5	诺敏河	18.63	小二沟	松花江流域水资源保护规划
6	嫩江干流齐齐哈尔段	58	富拉尔基	10%多年平均径流量

续表

编号	河段	非汛期生态基流结果	对应水文站	确定依据
7	阿伦河	1.91	那吉	10%多年平均径流量
8	音河	0.39	音河水库（坝下）	10%多年平均径流量
9	雅鲁河	7.67	碾子山	水资源保护规划
10	绰尔河	8.40	两家子	按设计流量
11	乌裕尔河	2.23	依安大桥	10%多年平均径流量
12	洮儿河科右前旗段	2.53	察尔森水库	水资源保护规划
13	洮儿河白城段	4.18	洮南	10%多年平均径流量
14	霍林河科右前旗段	1.16	白云胡硕	按设计流量
15	霍林河前郭段	3.47		10%多年平均径流量
16	嫩江干流大赉段	81	大赉	10%多年平均径流量
17	安肇新河	3.60		按设计流量
18	辉发河	8.43	五道沟（三）站	10%多年平均径流量
19	一统河	1.57		10%多年平均径流量
20	三统河	1.55	样子哨	10%多年平均径流量
21	莲河	0.16	东丰	10%多年平均径流量
22	二道松花江	18.10	汉阳屯	按设计流量
23	头道松花江上游	5.65	漫江（三）站	按设计流量
24	头道松化江下游	16.27	高丽城子	按设计流量
25	蛟河	1.19	蛟河	10%多年平均径流量
26	伊通河	0.65	新立城水库（坝下）	10%多年平均径流量
27	饮马河上游	0.88	长岭	10%多年平均径流量
28	岔路河	0.31	星星哨水库（坝下）	10%多年平均径流量
29	雾开河	0.07		10%多年平均径流量
30	西流松花江上游	161	丰满水库（坝下）	水资源保护规划
31	西流松花江中游	150	松花江	按设计流量
32	西流松花江下游	100	扶余（三）	水资源保护规划
33	沐石河	0.13	浮家桥	10%多年平均径流量
34	拉林河	17.28	蔡家沟	水资源保护规划
35	牤牛河	2.86	大碾子沟	10%多年平均径流量
36	松花江干流三岔口段	310	下岱吉	水资源保护规划
37	松花江哈尔滨段	316.83	哈尔滨	按设计流量
38	阿什河	1.65	阿城	按设计流量
39	呼兰河	12.7	兰西	水资源保护规划
40	通肯河	3.26	青冈	10%多年平均径流量
41	蚂蜒河	6.06	莲花	10%多年平均径流量

编号	河段	非汛期生态基流结果	对应水文站	确定依据
42	松花江木兰段	319.7	通河	按设计流量
43	牡丹江上游	6.32	大山咀子	10%多年平均径流量
44	牡丹江牡丹江市段	16.13	牡丹江	10%多年平均径流量
45	牡丹江依兰段	40.99		水资源保护规划
46	海浪河	1.70	长汀子	10%多年平均径流量
47	倭肯河	1.57	倭肯	10%多年平均径流量
48	汤旺河	17.79	晨明	水资源保护规划
49	伊春河	1.80	伊春	10%多年平均径流量
50	松花江佳木斯段	396.10	佳木斯	按设计流量
51	梧桐河	2.51	宝泉岭	10%多年平均径流量
52	安邦河	0.27	福利屯	10%多年平均径流量
53	珠尔多河	0.71	额穆	10%多年平均径流量
54	卧都河	0.38		10%多年平均径流量
55	小石河	0.18		10%多年平均径流量
56	饮马河下游	2.63	德惠	10%多年平均径流量
57	伊通河下游	1.27	农安	10%多年平均径流量

7.5　生态基流现状达标情况

7.5.1　冰封期生态基流达标情况

根据 7.2 节所得核定后的冰封期生态基流结果，结合各河段对应水文站近 10 年实测日径流数据，分析冰封期生态基流达标情况。以现状满足程度 75%（即冰封期实测日径流有 75% 以上的天数达到或超过生态基流计算结果）为达标标准，各河段冰封期生态基流现状达标率及达标情况见表 7-10。

表 7-10　冰封期生态基流现状达标率及达标情况

编号	河段	冰封期生态基流结果（m³/s）	现状达标率（%）	达标情况
1	音河	0.00	100	达标
2	牡丹江牡丹江市段	6.47	100	达标
3	海浪河	0.06	100	达标
4	梧桐河	0.54	100	达标
5	农安	1.14	100	达标
6	西流松花江上游	161	99	达标

编号	河段	冰封期生态基流结果（m³/s）	现状达标率（%）	达标情况
7	西流松花江中游	150	98	达标
8	西流松花江下游	140	94	达标
9	松花江干流三岔口段	310	94	达标
10	牤牛河	0.72	92	达标
11	安邦河	0.03	92	达标
12	伊春河	0.32	91	达标
13	珠尔多河	0.11	91	达标
14	莲河	0.08	90	达标
15	蛟河	0.28	90	达标
16	嫩江干流大赍段	45	86	达标
17	嫩江干流尼尔基段	42.5	87	达标
18	辉发河	3.88	84	达标
19	松花江佳木斯段	396	80	达标
20	松花江木兰段	320	80	达标
21	松花江哈尔滨段	317	79	达标
22	嫩江干流齐齐哈尔段	56.00	77	达标
23	饮马河上游	0.12	76	达标
24	甘河	3.33	75	达标
25	诺敏河	2.55	75	达标
26	雅鲁河	2.05	75	达标
27	三统河	1.19	75	达标
28	二道松花江	6.01	75	达标
29	头道松花江上游	2.22	75	达标
30	头道松花江下游	12	75	达标
31	拉林河	4.68	75	达标
32	蚂蚁河	2.12	75	达标
33	牡丹江上游	4.26	75	达标
34	汤旺河	3.86	75	达标
35	德惠	0.94	75	达标
36	阿什河	1.65	74	未达标
37	阿伦河	0.14	68	未达标
38	呼兰河	4.33	63	未达标
39	嫩江干流嫩江县段	0.26	45	未达标
40	绰尔河	0.84	32	未达标
41	沐石河	0.05	25	未达标

编号	河段	冰封期生态基流结果（m³/s）	现状达标率（%）	达标情况
42	岔路河	0.03	14	未达标
43	霍林河科右前旗段	0.35	13	未达标
44	伊通河	0.03	12	未达标
45	洮儿河科右前旗段	0.11	4	未达标
46	洮儿河白城段	1.88	4	未达标
47	牡丹江依兰段	41	—	—
48	安肇新河	3.60	—	—
49	一统河	0.89	—	—
50	霍林河前郭段	0.12	—	—
51	小石河	0.03	—	—
52	雾开河	0.01	—	—
53	讷谟尔河	0	—	—
54	乌裕尔河	0	—	—
55	通肯河	0	—	—
56	倭肯河	0	—	—
57	卧都河	0	—	—

7.5.2 非汛期生态基流达标情况

根据 7.3 节所得核定后的非汛期生态基流结果，结合各河段对应水文站近 10 年实测日径流数据，分析非汛期生态基流达标情况。以现状达标率 75% 及以上为达标、75% 以下为不达标。各河段非汛期生态基流现状达标率及达标情况见表 7-11。

表 7-11　非汛期生态基流现状达标率及达标情况

编号	河段	非汛期生态基流结果（m³/s）	现状达标率（%）	达标情况
1	松花江干流三岔口段	310	100.0	达标
2	西流松花江上游	161	100.0	达标
3	西流松花江中游	150	100.0	达标
4	牡丹江上游	6.32	100.0	达标
5	海浪河	1.70	100.0	达标
6	珠尔多河	0.71	100.0	达标
7	安邦河	0.27	100.0	达标
8	西流松花江下游	100	99.8	达标
9	蛟河	1.19	99.8	达标
10	嫩江干流尼尔基段	42.5	99.6	达标

续表

编号	河段	非汛期生态基流结果（m³/s）	现状达标率（%）	达标情况
11	松花江木兰段	319.7	99.5	达标
12	阿什河	1.65	99.5	达标
13	农安	1.27	99.3	达标
14	松花江哈尔滨段	316.83	99.2	达标
15	牡丹江牡丹江市段	16.13	99.1	达标
16	嫩江干流齐齐哈尔段	58	99.0	达标
17	牤牛河	2.86	99.0	达标
18	松花江佳木斯段	396.10	98.4	达标
19	沐石河	0.13	98.2	达标
20	三统河	1.55	98.1	达标
21	梧桐河	2.51	98.0	达标
22	辉发河	8.43	97.6	达标
23	汤旺河	17.79	97.2	达标
24	甘河	11.27	97.0	达标
25	莲河	0.16	96.8	达标
26	饮马河上游	0.88	96.7	达标
27	伊春河	1.80	95.3	达标
28	嫩江干流大赉段	81	94.1	达标
29	二道松花江	18.10	93.4	达标
30	阿伦河	1.91	90.7	达标
31	嫩江干流嫩江县段	9.51	90.6	达标
32	头道松花江下游	16.27	90.1	达标
33	呼兰河	12.7	89.7	达标
34	蚂蜒河	6.06	89.3	达标
35	诺敏河	18.63	85.5	达标
36	拉林河	17.28	85.0	达标
37	头道松花江上游	5.65	80.7	达标
38	雅鲁河	7.67	79.9	达标
39	德惠	2.63	78.7	达标
40	讷谟尔河	3.50	74.2	未达标
41	绰尔河	8.40	73.9	未达标
42	倭肯河	1.57	68.9	未达标
43	乌裕尔河	2.23	66.3	未达标
44	通肯河	3.26	65.5	未达标
45	岔路河	0.31	47.5	未达标

编号	河段	非汛期生态基流结果（m³/s）	现状达标率（%）	达标情况
46	霍林河科右前旗段	1.16	45.6	未达标
47	洮儿河科右前旗段	2.53	44.5	未达标
48	音河	0.39	39.1	未达标
49	洮儿河白城段	4.18	35.0	未达标
50	伊通河	0.65	17.1	未达标
51	牡丹江依兰段	40.99	—	—
52	安肇新河	3.60	—	—
53	霍林河前郭段	3.47	—	—
54	一统河	1.57	—	—
55	卧都河	0.38	—	—
56	小石河	0.18	—	—
57	雾开河	0.07	—	—

第8章　松花江流域鱼类产卵期生态需水研究

本章基于对松花江 95 种鱼类产卵习性的综合分析，确定了 4 月、5 月、6~7 月 3 个不同种类鱼类主要产卵期，提出了各产卵期脉冲流量的发生时机、持续时间和频次要求，然后综合天然径流过程、栖息地模拟模型和湿周法，确定了 26 个鱼类重点保护河段的产卵期脉冲流量需求，并对各月现状达标情况进行了分析。

8.1　产卵期脉冲流量的生态意义

径流的脉冲式变化过程是河流和湿地的植物、微生物、无脊椎动物和鱼类生命循环的主要驱动力。水位和流量过程的变化使生物物质和非生物物质的输送特征不断发生变化，不断地改变河道、岔道、支流和三角洲、浅滩、激流、深潭及净水区域等多元化生态环境的水流条件和物质条件，物种的分布、丰度，以及水生动植物群落的组成和多样性。同时，主河槽与滩地横向连通性的丧失会导致种群的隔离及鱼类和其他生物的局部灭绝。例如，鱼类的洄游产卵与流量的涨落过程及流量的大小有直接的关系，而滩地植被的生长和丰度与洪水频率及洪水水位的变化密切相关。

河流水文过程控制着河流系统之间及同陆地、湖泊、海洋等相邻系统之间的物质交换、能量交换及生物交换过程。在枯水季节，水流仅存在于有限的主河槽范围内，河流系统和洪泛区是相互独立的，水生生物活动在较小的水域范围内。而在丰水季节，水位上涨、流速增加，此时水生生物生长迅速，部分鱼类受水流刺激开始在河道中洄游。当流量脉冲持续增加，水域面积进一步扩大，流速到达一定程度时，部分鱼类在适宜的栖息地条件下开始产卵。当水位越过平滩水位，水流不断地由河流涌向洪泛区，河流与滩区连为一体成为统一的动水区域。主槽水体向滩区漫溢的过程中也为洪泛区提供能量及有机营养物质输入，同时滩区受淹土壤中的营养物质也得到释放，逐渐形成完整的河流生态系统。当主槽流量达到峰值时，水域范围达到最大值，水生生物和陆生生物的生存环境都遭受剧烈干扰，迫使生物迁徙或对洪水产生适应性改变。水位上涨期是鱼类繁衍的高峰期，而浮游生物繁衍的高峰期则是涨水期结束前。由此可见，河流径流的脉冲式变化是河流生物群落变化最主要的控制因子，河流的横向水力联系及营养物质循环，为生物栖息地和食物网结构提供了更丰富的选择，对水生生物的繁殖和生长具有关键性的作用。

结合流量脉冲过程对鱼类洄游及产卵的影响，根据流量的大小和发生的频率，将流量划分为低流量、高脉冲流量、小洪水、大洪水四种特征流量。其中，低流量作为河道基流量，维持河道水流条件，在冰封期为生物提供生存空间，流量过程长期在低流量以下，会阻碍河流纵向连通与横向连通，并且会抑制部分水生生物的生命活动。高脉冲流量一般指流量涨至低流量以上，但不高于平滩流量。高脉冲流量是鱼类洄游和产卵的主要刺激因素，也是塑造河床形态及底质条件的关键因素。同时，高脉冲流量可以缓解低流量条件所造成的水环境压力。小洪水指水位超过主河槽河岸，即流量超过平滩流量，一般重现期为2~10年，能够加强河流横向间的水力联系，为水生生物提供更丰富的栖息地条件。大洪水发生频率较低，重现期一般高于10年，但是它在河流生态系统中发挥了不可或缺的作用。大洪水延长洪泛平原淹没时间，维持动植物种类的多样性，还可以有效冲刷产卵场，将大量有机物质冲入下游，并且使主河道和洪泛平原水体的水质更好。不同流量组分对鱼类的生态作用见表8-1。

表 8-1 不同流量组分对鱼类的生态作用

流量分类		生态作用
低流量	（11月至次年3月）	保持河道持续的水流条件 为鱼类提供足够的栖息地 维持适当的水温、溶解氧和水化学成分
	（4~7月）	保持鱼卵漂浮在水面 为鱼类洄游提供通道
高脉冲流量		塑造河床形态（包括深潭和浅滩） 决定河床质（泥沙、砾石和卵石）的粒径大小 刺激鱼类洄游和产卵 促使生命周期进入一个新阶段
小洪水		使鱼类能够在洪泛滩区产卵，为鱼苗提供成长区域 刺激部分鱼类洄游产卵 将鱼卵和幼鱼冲入河道
大洪水		丰富鱼类食物网结构 在产卵区域储存砾石和卵石 维持栖息地稳定

基于洪水脉冲理论中各流量要素的生物学意义，在所有生态流量组成要素中，高脉冲流量过程是刺激鱼类洄游和产卵、维持栖息地稳定和提供鱼类食物来源的关键要素，本章将结合天然径流过程，重点分析各河段产卵期脉冲流量的指标值。

8.2 脉冲流量持续时间与发生频率

脉冲流量对鱼类产卵有两方面的显著作用：一是结合水温的变化，给鱼类提供产卵的刺激信号，并提供鱼类洄游的方向指引；二是通过高流量过程对漫滩的淹没，为鱼类产卵提供适宜的栖息地，以及产卵后黏性卵孵化期间的持续水流条件、漂浮性卵孵化期间的持续流速保障。第一种作用的持续时间受鱼类洄游距离、洄游速度的影响较大，不同的区域不同的鱼类需要的持续时间有很大差别，但是产卵刺激和方向指引作用的发挥对流量的大小无特别严格的要求，考虑到产卵期的基流要求相较于冰封期已经有明显的提升，因此在确定脉冲流量持续时间时主要考虑第二种作用，也就是产卵场维持及鱼卵孵化的时间要求。

不同鱼类鱼卵孵化时间有较大差异，但主要受水温影响，在4月水温较低时产的鱼卵，相应的孵化时间较长，5 月次之，在 6～7 月时水温升高到 20℃ 左右后，孵化时间也会大幅缩短。表 8-2～表 8-5 列出了松花江流域不同季节产卵鱼类的鱼卵孵化时间。

从表 8-2 可以看出，7 种 4 月产卵鱼类收集到 6 种鱼类的鱼卵孵化时间数据，由于细鳞鲑的鱼卵为沉性卵，对产卵地点（漫滩）和水动力学条件的要求相对没那么高，将其排除在外后，剩余 5 种鱼类的鱼卵平均孵化时间为 15 天，且 15 天的脉冲流量持续时间对该时段 60% 以上的产卵鱼类已经足够，因此将 4 月脉冲流量的持续时间定为 15 天，起始时间可定为江河解冻之后，水温约 4℃。

表8-2 4月产卵鱼类鱼卵孵化时间

鱼类名称	分布情况			产卵类型	产卵温度	鱼卵孵化时间（天）
	嫩江	松花江	牡丹江			
瓦氏雅罗鱼	+	+	+	黏性	6～16℃	11
亚洲公鱼	+			黏性	4～15℃	14
池沼公鱼	+			黏性		20
细鳞鲑	+	+		沉性	5～10.5℃	25
黑龙江茴鱼	+		+	黏性		20
黑斑狗鱼	+	+	+	黏性	4～7℃	10
杂色杜父鱼		+				

注：+代表自然分布

从表 8-3 可以看出，15 种 5 月产卵鱼类收集到 11 种鱼类的鱼卵孵化时间数据，其中除日本七鳃鳗和虹鳟（人工引进物种）外，其他鱼类的鱼卵孵化时间均在 7 天之内（含 7 天），占比达到 80%。因此将 5 月脉冲流量持续时间定为 7 天，考虑到 5 月产卵鱼类对产卵水温的不同要求，建议 5 月至少发生 2 次脉冲流量过程，起始时间分别定为水温达到 10℃ 和 15℃ 时。

表8-3 5月产卵鱼类鱼卵孵化时间

鱼类名称	分布情况			产卵类型	产卵温度	鱼卵孵化时间（天）
	嫩江	松花江	牡丹江			
日本七鳃鳗	+	+		半黏性		12
中华细鲫	+	+		黏性		3
湖鱵	+	+		黏性	14～18℃	5
尖头鱥		+		黏性	13℃左右	
黑龙江鳑鲏		+		蚌体内	12℃开始产卵	4
辽宁棒花		+				
银鲫	+	+	+	黏性	水温15℃开始产卵	5
北方须鳅	+	+	+	黏性		7
长吻鮠		(+)		黏性		5

鱼类名称	分布情况			产卵类型	产卵温度	鱼卵孵化时间（天）
	嫩江	松花江	牡丹江			
纵带鮈		+				
虹鳟			⊕		10～15℃	28
九棘刺鱼	+			黏性		7
黑龙江中杜父鱼	+	+				
葛氏鲈塘鳢	+	+		黏性	15～20℃	5
波氏吻鰕虎鱼	+			黏性		4

注：+代表自然分布；⊕代表人工引进；（+）代表文献有记载，未见标本。下同

从表 8-4 可以看出，68 种 6～7 月产卵鱼类收集到 38 种鱼类的鱼卵孵化时间数据。其中 95% 的鱼类鱼卵孵化时间不超过 6 天，89% 的鱼类鱼卵孵化时间不超过 5 天，79% 的鱼类鱼卵孵化时间不超过 4 天。以满足 80% 以上鱼类鱼卵孵化时间要求为标准，确定 6～7 月单次脉冲流量持续时间为 5 天。考虑到 6～7 月产卵鱼类种类和数量较多，建议每月至少发生 2 次脉冲流量过程，首次脉冲流量发生时间可定为水温达到 18℃ 时，而当水温上升到 23℃ 时，至少保证发生一次脉冲流量过程。

表 8-4　6～7 月产卵鱼类鱼卵孵化时间（节选）

鱼类名称	分布情况			产卵类型	产卵温度	鱼卵孵化时间（天）
	嫩江	松花江	牡丹江			
马口鱼	+	+	+	黏性		2
真鱇	+	+	+	黏性		6
拉氏鱇	+	+	+	黏性		5
青鱼		+	+	漂流性	21～28℃	2
草鱼	+	+		漂流性		2
鳡鱼						2
餐条	+	+		漂流性		1
红鳍原鲌	+	+		黏性		3
达氏鲌				黏性	18～23℃	2
蒙古鲌	+	+	+	半黏性	22～24℃	2
翘嘴鲌	+	+		半黏性		2
鳊	+	+	+	漂流性	21～25℃	2
鲂	+	+		半黏性		2
细鳞鲴	+	+		半黏性	19～22℃	3
似鳊	+	+		漂流性	24～26℃	1
大鳍鳎	+	+		河蚌内		3
唇鱛	+	+	+	黏性		3
花鱛	+	+		黏性		4

续表

鱼类名称	分布情况			产卵类型	产卵温度	鱼卵孵化时间（天）
	嫩江	松花江	牡丹江			
条纹似白鮈	+	+	+	浮性		3
麦穗鱼	+	+	+	黏性		12
东北鳡	+	+	+	漂流性	24℃	4
兴凯银鮈	+	+		黏性		5
棒花鱼	+	+	+	黏性		6
突吻鮈	+	+		漂流性	20℃以上	2
蛇鮈	+	+	+	浮性	12～20℃	3
鲤鱼	+	+	+	黏性	17～18℃	5
鳙鱼	⊕	⊕		漂流性	20～23℃	2
鲢鱼	+	+		漂流性	20～24℃	2
潘氏鳅鮀	+	+		漂流性	11～26℃	4
北鳅	+			黏性		2
黑龙江花鳅	+	+	+	黏性		3
黄颡鱼	+	+	+	黏性	23～30.5℃	3
光泽黄颡鱼	+	+		黏性		3
太湖新银鱼		⊕		沉性	7～24℃	5
中华青鳉	+	+		浮性	21～26℃	10
鳜鱼	+	+	+	漂流性	22～24℃	3
褐吻鰕虎鱼		+		黏性		4
乌鳢	+	+	+	浮性		2

从表 8-5 可以看出，5 种秋冬产卵鱼类收集到 4 种鱼类的鱼卵孵化时间数据，秋冬时期水温低，鱼卵孵化时间普遍较长，需要 50～100 天才能孵化。4 种秋冬产卵鱼类均产沉性卵，对漫滩和流速条件要求不高，因此在本研究中不单独考虑秋冬产卵鱼类的产卵脉冲流量需求，即认为在其产卵季保持河道相应的基流量即可。

表 8-5　秋冬产卵鱼类鱼卵孵化时间

鱼类名称	分布情况			产卵类型	产卵温度	鱼卵孵化时间（天）
	嫩江	松花江	牡丹江			
大银鱼		⊕		沉性	冰下1.5～3℃，明水区5～8℃	50
大麻哈鱼		+	+	沉性	4～14℃	100
白斑红点鲑			+	沉性		65
乌苏里白鲑	+	+	+	沉性		100
江鳕	+	+	+	黏性	冰下水温0.1～0.2℃	

8.3 基于天然径流过程的脉冲流量核算

基于天然流量过程的脉冲流量峰值核算，主要是采用水文学方法，力图使人工影响后的径流过程在刺激鱼类产卵、提供鱼类产卵场所与鱼卵孵化条件等方面所起的作用，尽量与天然径流过程保持一致。因此，在实现对产卵期天然径流过程准确模拟的基础上，分别选取各个时间段一定保证率（75%）下的还原径流最大连续 N 日径流量中的平均值，作为当月脉冲流量的下限值。对 4 月，N 取值为 15；5 月取值为 7；6~7 月（按 6 月计算）取值为 5。对 75% 的保证率选取，主要考虑生态流量的保证率，本研究将生态流量的保证率定为 75%，即每 4 年中需至少有 3 年达到生态流量过程的要求。

以甘河为例，其 5 月最大连续 7 日平均径流量见表 8-6，得到其 75% 保证率对应的流量是 52m³/s，作为甘河 5 月脉冲流量的下限值，同理得到其 4 月、6~7 月脉冲流量下限值分别为 39.2m³/s、76.7m³/s。

表 8-6 甘河（柳家屯站）5 月最大连续 7 日平均径流量（单位：m³/s）

河段	年份	对应流量	河段	年份	对应流量	河段	年份	对应流量
1	1973	436.2	20	1958	87.9	39	1959	54.5
2	2000	430.6	21	1966	84.7	40	2012	53.5
3	2004	404.3	22	1957	82.8	41	1967	53.4
4	1960	384.2	23	2005	82.0	42	1970	52.8
5	1983	284.7	24	1992	78.4	43	1978	52.3
6	2013	262.6	25	1995	78.1	44	1993	51.6
7	1997	159.0	26	1964	78.0	45	1969	51.6
8	1985	147.0	27	1986	75.6	46	1982	51.6
9	2009	146.2	28	1999	73.2	47	1976	51.3
10	1994	140.1	29	1998	72.2	48	1974	50.1
11	1996	139.5	30	2011	68.7	49	1991	47.4
12	1980	122.3	31	1989	68.2	50	1972	47.3
13	1971	117.6	32	1961	67.9	51	1977	46.2
14	2010	117.0	33	1988	67.6	52	1968	46.0
15	1984	103.4	34	1987	63.2	53	1990	44.4
16	2002	102.3	35	1979	61.4	54	1965	43.6
17	2007	99.4	36	1975	60.7	55	2003	39.7
18	1963	97.4	37	1962	60.4	56	2006	36.6
19	2001	93.6	38	1981	57.6	57	2008	29.1

57 个重点河段中，包含种质资源保护区、渔业用水区等具有重要鱼类资源保护功能的河段有 26 个，对脉冲流量的计算只针对这 26 个河段，其他河段只考虑基流要求。依照

上述方法，各河段 4 ~ 7 月脉冲流量计算结果见表 8-7。

表 8-7 重点生态河段脉冲流量（单位：m³/s）

重点生态河段	种质资源保护区/渔业用水区	脉冲流量		
		4 月	5 月	6 ~ 7 月
甘河	甘河哲罗鲑细鳞鱼国家级水产种质资源保护区	39.2	52	76.7
洮儿河白城段	洮儿河镇赉县、大安市农业、渔业用水区	4.2	6.1	14.8
霍林河科右前旗段	霍林河黄颡鱼国家级种质资源保护区	1.3	1.6	3.8
霍林河前郭段	霍林河前郭县渔业用水区	12.2	18.6	30.4
嫩江干流大赉段	嫩江大安段乌苏里拟鲿国家级水产种质资源保护区，嫩江镇赉段国家级水产种质资源保护区，嫩江泰来县农业、渔业用水区	246	385	483
一统河	一统河柳河县、梅河口市、辉南县农业、渔业用水区	7.6	4.4	4.4
三统河	三统河柳河县农业、渔业用水区	11.6	5.4	5.6
莲河	莲河东丰县农业、渔业用水区	0.5	0.4	0.5
头道松花江上游	松花江头道江特有鱼类国家级水产种质资源保护区	12.5	17.8	43.2
伊通河	伊通河长春市农业、渔业用水区	1.1	1.7	7.2
饮马河上游	饮马河磐石市、双阳区、永吉县农业、渔业用水区	1.4	1.4	2.2
岔路河	岔路河磐石市、永吉县农业、渔业用水区	0.8	0.5	1.1
雾开河	雾开河长春市、九台市景观娱乐、渔业用水区	0.1	0.1	0.5
西流松花江下游	松原松花江银鲴鱼国家级水产种质资源保护区	314	251	612
沐石河	沐石河九台市、德惠市农业、渔业用水区	0.4	0.4	0.6
松花江干流三岔口段	松花江宁江段国家级水产种质资源保护区，松花江肇源段花鱼骨国家级水产种质资源保护区	534	750	1045
松花江哈尔滨段	松花江双城段鳜银鲴国家级水产种质资源保护区，松花江肇东段国家级水产种质资源保护区，松花江肇东市、双城市农业、渔业用水区	578	750	1063
呼兰河	呼兰河兰西县、呼兰区农业、渔业用水区	46.8	51.5	90.8
松花江木兰段	松花江木兰段国家级水产种质资源保护区	626	768	1161
牡丹江上游	牡丹江上游黑斑狗鱼国家级水产种质资源保护区	70.7	33	135
海浪河	海浪河特有鱼类国家级水产种质资源保护区	32.8	5.6	21.1
松花江佳木斯段	松花江乌苏里拟鲿细鳞斜颌鲴国家级水产种质资源保护区	886	1240	1692
梧桐河	梧桐河鹤岗市农业、渔业用水区	16.2	9.7	16.2

续表

重点生态河段	种质资源保护区/渔业用水区	脉冲流量		
		4月	5月	6~7月
珠尔多河	珠尔多河洛氏鱥国家级水产种质资源保护区	15.2	2.2	13.6
卧都河	嫩江卧都河茴鱼哲罗鲑国家级水产种质资源保护区	5.5	0.8	2.7
小石河	小石河冷水鱼国家级水产种质资源保护区	1.8	1.0	4.1

8.4 基于栖息地模拟的干流脉冲流量核算

8.4.1 4~5月适宜脉冲流量核算

8.4.1.1 栖息地适宜度曲线

首先，在松花江流域，洄游性冷水鱼类是特征物种，由于干流若干大型水利和航电枢纽建设，最具代表性的大马哈鱼、哲罗鲑等物种已经绝迹，现存鱼类中难以找到公认的区域水生态系统指示物种。其次，松花江流域鱼类产卵有明确的季节性差异，不同鱼类产卵时间有很大差别，若单单考虑某一种或几种鱼类的产卵需求，对非该时段产卵的鱼类将造成极大影响，从而也影响整个松花江流域水生态系统结构的稳定性。最后，同一产卵类型的鱼类对适宜产卵栖息地的选择，以及产卵后的水动力条件需求是基本一致的，如黏性卵鱼类需要在浅水缓流区产卵，使得鱼卵能黏附在近岸水草、卵石上，漂流性卵鱼类则更适宜在急流中产卵，同时产卵后亦需要维持一定的流速，保障鱼卵的漂浮。因此，考虑上述因素，本研究并不是针对某一种或几种鱼类，而是通过对松花江流域全部鱼类产卵时间的分类，在各个产卵时期根据鱼类产卵类型，分别建立产黏性卵鱼类、漂流性卵鱼类的栖息地适宜度曲线，曲线相关参数以最大限度地满足该类别鱼类的综合需求为原则。由于产沉性卵鱼类栖息地适宜度关键因素是河道底质情况，而产浮性卵鱼类对产卵场水动力学条件要求相对较低，不单独进行研究。

由表8-2、表8-3可以看出，松花江流域4~5月产卵的鱼类绝大部分是黏性卵，黏性卵产卵后附着于水草、卵石上，一般均产在浅水缓流区，且需要大面积的漫滩。根据松花江流域31种产黏性卵鱼类的综合分析，其最大产卵适宜水深不超过1m，因此将1m作为黏性卵鱼类水深适宜度曲线的最大值，0.1m作为满足鱼类产卵的最小水深，0.4~0.8m为适宜水深，得到松花江流域产黏性卵鱼类产卵期水深适宜度曲线如图8-1所示。而黏性卵产出后需要附着在水草、卵石上孵化，需要一定的水流保持水质和营养物输送，但流速不宜过大，因此将0.1~0.2m/s作为黏性卵鱼类产卵期栖息地的适宜流速，0.5m/s为极限流速，得到松花江流域产黏性卵鱼类产卵期流速适宜度曲线如图8-2所示。

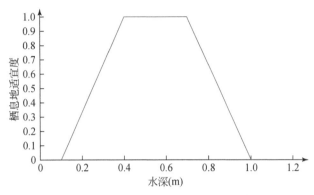

图 8-1　黏性卵鱼类水深适宜度曲线

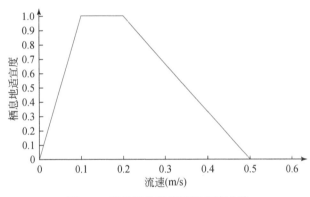

图 8-2　黏性卵鱼类流速适宜度曲线

8.4.1.2　产卵期适宜流量

在 26 个具有重要生态意义的河段中，共有 6 个河段，共 9 个种质资源保护区分布在松花江三大干流上，其分布位置如图 8-3 所示。其中嫩江干流 2 个种质资源保护区均分布在江桥至大赉河段，以嫩江出口断面大赉站作为该河段脉冲流量核算的基准断面；西流松花江 1 个种质资源保护区分布在松花江下游松原段，以西流松花江出口断面扶余站作为该河段脉冲流量核算的基准断面；松花江干流 6 个种质资源保护区中有 4 个分布在三岔口至哈尔滨段，故松花江干流以哈尔滨站作为该河段脉冲流量核算的基准断面。考虑到水利工程的实际调度中，哈尔滨站的流量过程已经基本决定了松花江干流下游木兰、佳木斯断面的流量过程，因此对松花江干流下游木兰段、佳木斯段的重点生态河段，不再单独开展脉冲流量的核算。

将 8.4.1.1 节建立的栖息地适宜度曲线导入 PHABSIM 模型，以 50m³/s 的流量间隔分别模拟西流松花江干流松原段、嫩江干流大赉段和松花江干流下岱吉—哈尔滨段在流量递增条件下鱼类产卵期有效栖息地面积（WUA）变化，得到 3 个河段有效栖息地面积与流量的变化关系曲线，结果如图 8-3～图 8-5 所示。

对西流松花江，当扶余站流量为550m³/s时，松原松花江银鲴国家级水产种质资源保护区所在河段黏性卵鱼类的有效栖息地面积最大，接近50hm²/km，以达到最大可用栖息地面积的80%作为脉冲流量取值范围，则西流松花江下游在4～5月的脉冲流量下限值应不低于460m³/s，且峰值最好不高于680m³/s。

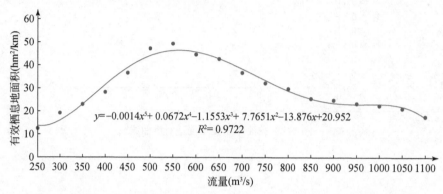

图8-3 西流松花江干流松原段产黏性卵鱼类有效栖息地面积–流量变化曲线

对嫩江干流，当大赉站流量为450m³/s时，吉林省嫩江大安段乌苏里拟鲿、嫩江镇赉段2个国家级水产种质资源保护区所在河段黏性卵鱼类的有效栖息地面积最大，为42hm²/km，以达到最大可用栖息地面积的80%作为脉冲流量取值范围，则嫩江下游在4～5月的脉冲流量下限值应不低于340m³/s，且峰值最好不高于500 m³/s。

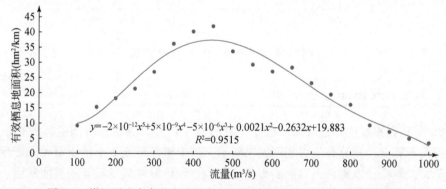

图8-4 嫩江干流大赉段产黏性卵鱼类有效栖息地面积–流量变化曲线

对松花江干流，当哈尔滨站流量为950m³/s时，松花江宁江段、松花江肇源段花鱼骨、松花江双城段鳜银鲴、松花江肇东段4个国家级水产种质资源保护区所在河段黏性卵鱼类的有效栖息地面积最大，为51hm²/km，以达到最大可用栖息地面积的80%作为脉冲流量取值范围，则松花江干流哈尔滨段在4～5月的脉冲流量下限值应不低于810m³/s，且峰值最好不高于1070 m³/s。

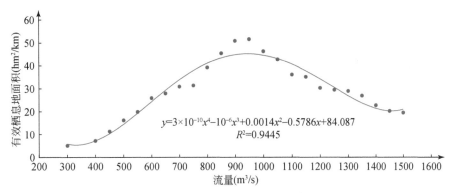

图 8-5　松花江干流岔吉−哈尔滨段产黏性卵鱼类有效栖息地面积−流量变化曲线

8.4.2　6~7 月适宜脉冲流量核算

8.4.2.1　栖息地适宜度曲线

松花江流域 6~7 月产卵的 68 种鱼类中，共收集到 56 种鱼类的产卵类型，其中 28 种鱼类产黏性卵，15 种鱼类产漂流性卵，5 种产浮性卵，4 种产沉性卵，4 种产卵于蚌鳃内。可见在 6~7 月的产卵期，除了要考虑黏性卵鱼类的适宜产卵条件外，也要重点考虑产漂流性卵的适宜产卵场和鱼卵漂流所需水动力条件。

产漂流性鱼卵的鱼类一般均具有趋流产卵的特性，对水深的适应范围较广，而对流速有较高的要求。例如，银鲴在产卵期分布的水深范围为 20~230cm，流速一般在 0.6~1.1m/s；似鳊在产卵期分布的水深范围为 60~230cm、流速一般在 0.3m/s 以上。通过对产漂流性卵鱼类的综合考量，将 6~7 月产漂流性卵鱼类的适宜水深确定为 1~2m，最小临界水深为 0.2m，最大临界水深为 3m；适宜流速确定为 0.6~1.2m/s，保障鱼卵漂浮不沉底的最小临界流速为 0.2m/s，考虑鱼类上溯能力，将最大临界流速定为 2m/s。松花江流域产漂流性卵鱼类的水深、流速适宜度曲线如图 8-6 和图 8-7 所示。

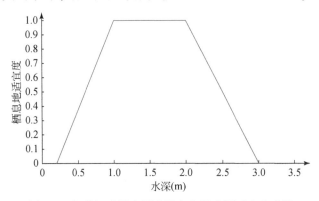

图 8-6　松花江流域产漂流性卵鱼类水深适宜度曲线

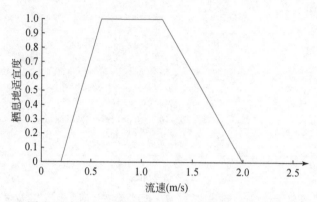

图 8-7　松花江流域产漂流性卵鱼类流速适宜度曲线

8.4.2.2　产卵期适宜流量

将 8.4.2.1 节建立的栖息地适宜度曲线导入 PHABSIM 模型，同样以 $50\text{m}^3/\text{s}$ 的流量间隔分别模拟西流松花江干流松原段、嫩江干流大赉段和松花江干流下岱吉—哈尔滨段在流量递增条件下鱼类产卵期有效栖息地面积变化，得到 3 个河段在 6~7 月产漂流性卵鱼类有效栖息地面积与流量的变化关系曲线，结果如图 8-8~图 8-10 所示。

从图 8-8 可以看出，随着西流松花江流量的增加，产漂流性卵鱼类的适宜产卵场也不断增加，但当扶余站流量超过 $700\text{m}^3/\text{s}$ 后，产卵场面积的增加速率显著变小，对应的漂流性卵鱼类有效栖息地面积约为 $44\text{hm}^2/\text{km}$。考虑到 6~7 月除了产漂流性卵鱼类，还有大量的产黏性卵鱼类的栖息地同样需要保护，根据 8.4.1.2 节的成果，要使得产黏性卵鱼类的有效栖息地面积达到 $40\text{hm}^2/\text{km}$（最佳水平的 80%），扶余站流量范围应为 $460~680\text{m}^3/\text{s}$，在此流量区间内，产漂流性卵鱼类有效栖息地面积随流量上升而显著增加。因此，综合考虑该河段产黏性卵和漂流性卵鱼类的综合需求，将其 6~7 月产卵期脉冲流量适宜值确定为 $680\text{m}^3/\text{s}$，此时产漂流性卵鱼类的适宜栖息地面积约为 $41\text{hm}^2/\text{km}$，与黏性卵鱼类的栖息地面积基本相当。

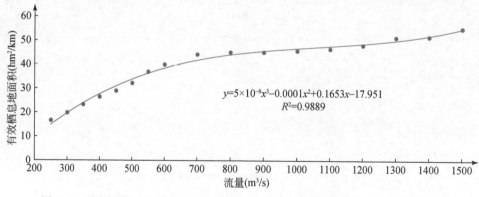

$$y=5\times10^{-8}x^3-0.0001x^2+0.1653x-17.951$$
$$R^2=0.9889$$

图 8-8　西流松花江干流松原段产漂流性卵鱼类有效栖息地面积-流量变化曲线

从图 8-9 可以看出，随着嫩江流量的增加，由于产漂流性卵鱼类对水深的适应范围较广，而且对流速有较高的要求，其适宜产卵场面积随着流量的增加也在不断增加，且无明显的拐点。但考虑到同一时期产黏性卵鱼类的栖息地保护需求，根据 8.4.1.2 节的成果，要使得产黏性卵鱼类的有效栖息地面积达到 34hm²/km（最佳水平的 80%），大赉站流量范围应为 340～500m³/s，在此流量区间内，产漂流性卵鱼类有效栖息地面积随流量上升而显著增加。综合考虑该河段产黏性卵和漂流性卵鱼类的综合需求，将嫩江干流大赉段 6～7 月产卵期脉冲流量适宜值确定为 500m³/s，此时产漂流性卵鱼类的适宜栖息地面积约为 44hm²/km，已高于产黏性卵鱼类的栖息地面积，可认为满足了产漂流性卵鱼类的产卵需求。

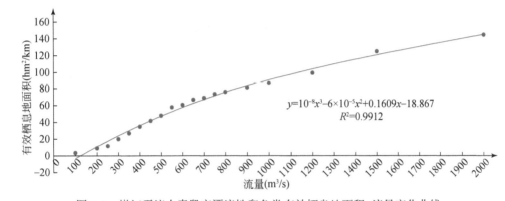

图 8-9 嫩江干流大赉段产漂流性卵鱼类有效栖息地面积–流量变化曲线

从图 8-10 可以看出，在松花江宁江段、松花江肇源段花鱼骨、松花江双城段鳜银鲴、松花江肇东段 4 个国家级水产种质资源保护区所在河段，随着松花江流量的增加，产漂流性卵鱼类适宜产卵场面积不断增加，在哈尔滨站流量在 1100m³/s 以内时，栖息地随流量增速较快，超过 1100m³/s 之后，增速明显变慢。考虑到同一时期产黏性卵鱼类的栖息地保护需求，根据 8.4.1.2 节的成果，要使得产黏性卵鱼类的有效栖息地面积达到 41hm²/km（最佳水平的 80%），哈尔滨站流量范围应为 810～1070m³/s。而在此流量区间内，产漂流

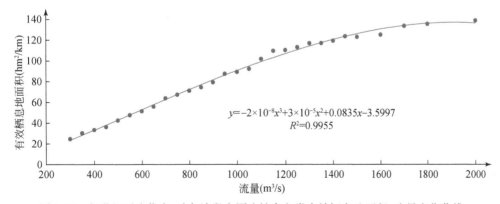

图 8-10 松花江干流岱吉–哈尔滨段产漂流性卵鱼类有效栖息地面积–流量变化曲线

性卵鱼类有效栖息地面积随流量上升而显著增加。综合考虑该河段产黏性卵和漂流性卵鱼类的综合需求,将松花江哈尔滨段 6 ~ 7 月产卵期脉冲流量适宜值确定为 $1070\text{m}^3/\text{s}$,此时产漂流性卵鱼类的适宜栖息地面积约为 $95\text{hm}^2/\text{km}$,远高于产黏性卵鱼类的栖息地面积,可认为已满足了产漂流性卵鱼类的产卵需求。

8.5 基于湿周法的支流脉冲流量核算

8.5.1 支流生态需水特点

松花江水系发育、支流众多,流域面积大于 1000km^2 的河流有 86 条,对其中 20 条具有渔业用水区和国家级水产种质资源保护区等重要水生态功能的河段进行分析。具有重要水生态功能区的主要支流及其对应水文站见表 8-8。

表 8-8 具有重要水生态功能区的主要支流及其对应水文站

河流	重要水生态功能区名称	对应水文站
洮儿河	洮儿河镇赉县、大安市渔业、农业用水区	洮南、黑帝庙
一统河	一统河柳河县、辉南县农业、渔业用水区	—
三统河	三统河柳河县农业、渔业用水区	孤山子、样子哨
莲河	莲河东丰县农业、渔业用水区	东丰
伊通河	伊通河长春市农业、渔业用水区	农安
饮马河	饮马河磐石市、长春市渔业用水区	德惠
岔路河	岔路河磐石市、永吉县农业、渔业用水区	—
沐石河	沐石河九台市、德惠市农业、渔业用水区	浮家桥
雾开河	雾开河长春市农业、渔业用水区	—
呼兰河	呼兰河兰西县、呼兰区农业、渔业用水区	兰西
梧桐河	梧桐河鹤岗市农业、渔业用水区	宝泉岭
甘河	甘河哲罗鲑细鳞鱼国家级水产种质资源保护区	柳家屯
霍林河科右前旗段	霍林河黄颡鱼国家级种质资源保护区	吐列毛都、白云胡硕
头道松花江上游	松花江头道江特有鱼类国家级水产种质资源保护区	漫江
牡丹江上游	牡丹江上游黑斑狗鱼国家级水产种质资源保护区	敦化、大山咀子
海浪河	海浪河特有鱼类国家级水产种质资源保护区	长汀子
绰尔河	绰尔河扎兰屯市段哲罗鲑细鳞鲑国家级水产种质资源保护区	文得根
珠尔多河	珠尔多河洛氏鱥国家级水产种质资源保护区	额穆
卧都河	嫩江卧都河鲴鱼哲罗鲑国家级水产种质资源保护区	—
小石河	小石河冷水鱼国家级水产种质资源保护区	—

通过表 8-8 可知, 在 20 条主要支流中有 15 条支流的重要水生态功能区河段具有对应水文站, 其中洮儿河、三统河、霍林河科右前旗段和牡丹江上游具有两个水文站。由于各支流海拔、地形、土壤、河床底质等环境条件差异较大, 水生生物地域分异突出, 如甘河、海浪河等河段敏感性鱼类为冷水性鱼, 重点保护期主要在 4~5 月; 伊通河、饮马河等河段以温水性鱼类为主, 重点保护期主要在 6~7 月; 而牡丹江上游、洮儿河等河段鱼类资源丰富、产卵期时间较长。因此不能笼统地将干流敏感期生态需水研究的思路用于支流。本研究根据各支流特点, 在鱼类调查结果和鱼类区划的基础上, 分别研究各支流重点保护鱼类, 并结合重点鱼类产卵特性和产卵时间进行分类, 确定每条支流的敏感期研究时间。

表 8-9 主要支流重点保护鱼类

支流	主要保护鱼类
洮儿河	细鳞鱼、黑龙江茴鱼、江鳕、怀头鲶、雷氏七鳃鳗、黑斑狗鱼、青鳉
一统河	细鳞鱼、黑龙江茴鱼、花杜父鱼、鳜
三统河	细鳞鱼、黑龙江茴鱼、花杜父鱼、鳜
莲河	细鳞鱼、黑龙江茴鱼、花杜父鱼、鳜
伊通河	花骨鱼、细鳞斜颌鲴、翘嘴红鲌、黄颡鱼、蒙古红鲌
饮马河	花骨鱼、细鳞斜颌鲴、翘嘴红鲌、黄颡鱼、蒙古红鲌
岔路河	花骨鱼、细鳞斜颌鲴、翘嘴红鲌、黄颡鱼、蒙古红鲌
沐石河	银鲴、红鳍鲌、翘嘴红鲌、蒙古红鲌、黄颡鱼、鳜
雾开河	花骨鱼、细鳞斜颌鲴、翘嘴红鲌、黄颡鱼、蒙古红鲌
呼兰河	鳜鱼、黑斑狗鱼、乌苏里白鲑、黄颡鱼、翘嘴红鲌
梧桐河	黄颡鱼
甘河	哲罗鲑、细鳞鲑
霍林河	黄颡鱼
头道松花江	哲罗鲑、东北蝲蛄、细鳞鱼、花羔红点鲑、雷氏七鳃鳗
牡丹江	黑斑狗鱼、江鳕、瓦氏雅罗鱼、东北雅罗鱼、翘嘴红鲌、细鳞斜颌鲴
海浪河	黑龙江茴鱼、细鳞鱼、雅罗鱼、哲罗鲑、江鳕、雷氏七鳃鳗
绰尔河	哲罗鲑、细鳞鲑、黑斑狗鱼、黑龙江茴鱼、瓦氏雅罗鱼
珠尔多河	洛氏鳜、黑龙江茴鱼
卧都河	黑龙江茴鱼、哲罗鲑、细鳞鱼、江鳕、瓦氏雅罗鱼、雷氏七鳃鳗
小石河	细鳞鱼、瓦氏雅罗鱼、江鳕

分析表 8-9 各支流重点保护鱼类生活习性, 一统河、三统河、莲河、甘河、头道松花江、海浪河、珠尔多河、卧都河、小石河以冷水性鱼类为主, 敏感期研究重点在 4~5 月; 伊通河、饮马河、岔路河、沐石河、雾开河、梧桐河、霍林河、绰尔河以温水性鱼类为主, 敏感期研究重点在 6~7 月; 洮儿河、牡丹江、呼兰河则需分别针对不同产卵类型鱼类, 研究整个产卵期 (即 4~7 月) 的生态需水过程。

在支流敏感期生态需水的研究中, 针对支流重点保护河段河长较短、河道横断面形态变化不大的特点, 以对应水文站所在断面作为控制性断面, 模拟其栖息地随流量变化情况。湿周作为栖息地质量指标, 临界湿周可用来评价满足鱼类栖息环境的最小生态水量的标准，因此本研究基于断面湿周分析各支流栖息地条件，从而确定生态需水量。

8.5.2　基于湿周法的生态需水计算

湿周法属于栖息地保持类型的标准设定方法，该法假设湿周与水生生物栖息地、生物量具有正相关关系，利用湿周作为栖息地质量指标，建立临界栖息地湿周与流量的关系曲线，根据湿周流量关系图中的拐点确定河流生态流量。从水力学可知，通常湿周随着河流流量的增大而增加，然而当湿周超过某临界值后，即使河流流量的巨幅增加也只能导致湿周的微小变化，这种状态在水位流量关系上是一个突变点，就是说，在突变点以下，每减少一个单位的流量，水面宽的损失将显著增加，河床特征将严重损失。因此，可将突变点处对应的流量作为保护水生物栖息地的临界流量，从一定意义上说，保护好临界区域水生生物栖息地的湿周，也就在一定程度上保护了非临界区域的栖息地，可将河流临界湿周作为水生生物栖息地保护的最低要求。为了保证河流的正常生态功能的实现，需要河流至少维持该临界点对应的流量值。

根据断面实测数据与断面流量之间的对应关系，绘制湿周–流量关系曲线，该曲线上的突变点（拐点）对应的流量值即产卵期适宜生态流量的下限值。分别绘制主要支流的湿周–流量关系曲线，如图 8-11 所示。结合湿周–流量关系曲线，分别确定曲线曲率最大点对应的流量作为产卵期相应支流脉冲流量的下限值。

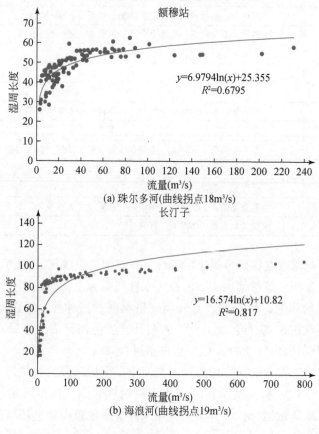

(a) 珠尔多河(曲线拐点18m³/s)

(b) 海浪河(曲线拐点19m³/s)

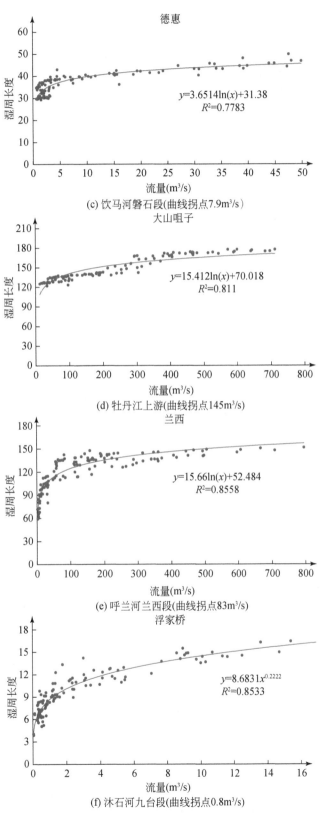

(c) 饮马河磐石段(曲线拐点7.9m³/s)

(d) 牡丹江上游(曲线拐点145m³/s)

(e) 呼兰河兰西段(曲线拐点83m³/s)

(f) 沐石河九台段(曲线拐点0.8m³/s)

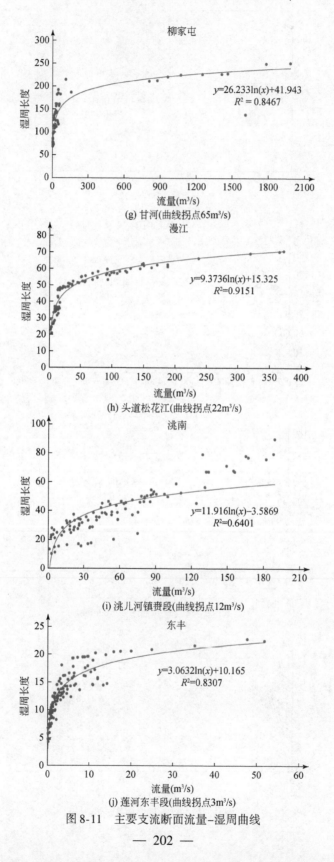

图 8-11　主要支流断面流量–湿周曲线

8.6 脉冲流量分级目标制定

综合基于天然径流过程、栖息地和湿周法的脉冲流量计算结果，对松花江流域主要河流（河段）产卵期生态流量进行综合确定。在脉冲流量的几种计算方法中，基于天然径流过程方法计算的值代表了产卵期脉冲流量的下限值，基于栖息地模型计算结果体现了产卵期最适流量，基于湿周法计算的结果是最"经济"的流量。因此，综合几种方法所得结果，将基于天然径流过程核算的值作为产卵期脉冲流量下限值，将基于栖息地模拟作为产卵期脉冲流量的适宜值，而湿周法计算结果大于基于天然径流过程计算的下限值时，湿周法结果作为适宜值，若小于基于天然径流过程计算的下限值，则"舍去"该值。考虑到调度的可行性，同一河流不同河段选择最重要的一段作为脉冲流量的目标段。基于以上规则，松花江流域重点生态保护河流断面产卵期脉冲流量指标值见表8-10。

表 8-10 松花江流域重点生态保护河流断面产卵期脉冲流量指标值（单位：m³/s）

河段	对应水文站	4 月		5 月		6~7 月	
		最小值	适宜值	最小值	适宜值	最小值	适宜值
西流松花江	扶余	314	550	251	550	471	680
嫩江	大赉	246	450	385	450	483	500
松花江干流	哈尔滨	826	950	750	950	1045	1070
甘河	柳家屯	56	65	52	65	59	65
洮儿河	洮南	6.00	12	6.11	12	11.42	12
三统河	样子哨	12.61	17	5.44	17	4.34	17
莲河	东丰	0.70	3	0.44	3	0.36	3.5
头道江	漫江	17.8	22	17.8	22	33.2	22
沐石河	浮家桥	0.63	0.8	0.41	0.8	0.49	0.8
呼兰河	兰西	66.83	83	51.53	83	69.84	83
牡丹江上游	大山咀子	101	72	72	72	104	72
海浪河	长汀子	46.82	19	5.64	19	16.24	19
梧桐河	宝泉岭	23.11		9.75	12	12.48	15
珠尔多河	额穆	12.68	18	2.20	18	10.44	18
饮马河	德惠	4.39	5.5	3.58	5.5	5.80	7.9
一统河		10.8		4.4		3.4	
卧都河		7.8		0.8		2.1	
小石河		2.5		1.0		3.1	

8.7　产卵期脉冲流量现状达标情况

8.7.1　4月脉冲流量达标情况

根据8.6节所得核定后的产卵期脉冲流量结果，结合各河段对应水文站近十年（2006～2015年）实测日径流数据，分析各月脉冲流量现状达标情况。以现状达标率75%（即75%的年份达到脉冲流量指标值）为达标判定标准。松花江流域重点河段4月脉冲流量现状达标率见表8-11。由表8-11可知，26个重点生态断面中，4月脉冲流量不达标的有11个。

表 8-11　松花江流域重点河段4月脉冲流量现状达标率

河段	4月脉冲流量 下限值（m³/s）	近10年达标率 （%）	近10年月均 满足天数（天）	达标情况
甘河	39.2	28.57	3.9	不达标
洮儿河白城段	4.2	14.29	2.7	不达标
霍林河科右前旗段	1.3	85.71	14	达标
霍林河前郭段	12.2			—
嫩江干流大赉段	246	28.57	4	不达标
一统河	7.6			—
三统河	11.6	75.00	16	达标
莲河	0.5	100.00	27	达标
头道松花江上游	12.5	62.50	9	不达标
伊通河上游	1.1	25.00	4	不达标
饮马河上游	1.4			—
岔路河	0.8	37.50	11	不达标
雾开河	0.1			—
西流松花江下游	314	87.50	18	达标
沐石河	0.4	75.00	22	达标
松花江干流三岔口段	534	50.00	14	不达标
松花江哈尔滨段	578	83.33	17.6	达标
呼兰河	46.8	83.33	13.6	达标
松花江木兰段	626			—
牡丹江上游	70.7	33.00	9	不达标
海浪河	32.8	33.00	5	不达标
松花江佳木斯段	886	83.33	14	达标
梧桐河	16.2	33.00	8	不达标
珠尔多河	15.2	33.00	11	不达标
卧都河	5.5			—
小石河	1.8			—

8.7.2 5 月脉冲流量达标情况

松花江流域重点河段 5 月脉冲流量现状达标率见表 8-12。由表 8-12 可知，24 个重点生态断面中，5 月脉冲流量不达标的有 8 个。

表 8-12 松花江流域重点河段 5 月脉冲流量现状达标率

河段	5 月脉冲流量（m³/s）	近 10 年达标率（%）	近 10 年月均满足天数（天）	达标情况
甘河	52.33	71.43	16	不达标
洮儿河白城段	6.11	14.29	6	不达标
霍林河科右前旗段	1.60	42.86	8.6	不达标
霍林河前郭段	18.61			
嫩江干流大赍段	384.81	42.86	10	不达标
一统河	4.42			
三统河	5.44	100.00	30	达标
莲河	0.44	87.50	21	达标
头道松花江上游	17.83	75.00	21	达标
伊通河上游	1.75	25.00	8	不达标
饮马河上游	1.44			
岔路河	0.53	100.00	28	达标
雾开河	0.13			
西流松花江下游	251.46	100.00	30.75	达标
沐石河	0.41	87.50	23.5	达标
松花江干流三岔口段	750.45	67	16	不达标
松花江哈尔滨段	750.00	67	16	不达标
呼兰河	51.53	67	15	不达标
松花江木兰段	768.13			
牡丹江上游	33.06	100.00	30.8	达标
海浪河	5.64	100.00	30.8	达标
松花江佳木斯段	1240.19	83.33	20.6	达标
梧桐河	9.75	83.33	25.6	达标
珠尔多河	2.20	100.00	31	达标

8.7.3 6 月脉冲流量达标情况

松花江流域重点河段 6 月脉冲流量现状达标率见表 8-13。由表 8-13 可知，24 个重点生态断面中, 6 月脉冲流量不达标的有 6 个。

表 8-13 松花江流域重点河段 6 月脉冲流量现状达标率

河段	6 月脉冲流量 (m³/s)	近 10 年达标率 (%)	近 10 年月均满足天数 (天)	达标情况
甘河	58.84	100.00	24.8	达标
洮儿河白城段	11.42	42.86	8	不达标
霍林河科右前旗段	2.89	42.86	9.4	不达标
霍林河前郭段	23.38			
嫩江干流大赉段	371.66	71.43	16	不达标
一统河	3.41			
三统河	4.34	100.00	27	达标
莲河	0.36	75.00	23	达标
头道松花江上游	33.25	25.00	3	不达标
伊通河上游	5.53	0.00	0	不达标
饮马河上游	1.72			
岔路河	0.82	100.00	28	达标
雾开河	0.39			
西流松花江下游	471.34	87.50	18	达标
沐石河	0.49	87.50	22	达标
松花江干流三岔口段	881.32	100.00	21	达标
松花江哈尔滨段	894.90	83.33	19	达标
呼兰河	69.84	83.33	14	达标
松花江木兰段	970.50			
牡丹江上游	104.34	50.00	12	不达标
海浪河	16.24	100.00	30	达标
松花江佳木斯段	1455.67	100.00	22.8	达标
梧桐河	12.48	100.00	27.8	达标
珠尔多河	10.44	83.33	20	达标

第9章 基于生态恢复的汛期洪水过程研究

本章在对汛期洪水过程的生态意义进行分析的基础上，主要基于天然径流过程提出了松花江流域重点生态断面 2 年一遇小洪水和 10 年一遇大洪水的洪峰流量要求，并对 2004~2013 年各断面洪水过程达标情况进行了分析，结果表明流域内水利工程建设和人工取用水对河流洪水过程特别是小洪水洪峰流量造成了一定影响。

9.1 洪水过程的生态意义

洪水脉冲是河流−洪泛滩区系统生物生存、生产力和交互作用的主要驱动力，其生态意义主要体现在水流向洪泛滩区侧向漫溢所产生的营养物质循环和能量传递的生态过程，以及水位涨落过程对生物的影响。洪水过程把河流主槽和滩区动态联结起来，提高了河流−滩区系统的动态连通性，在洪水脉冲的驱动下，河流−滩区系统依靠连通性特点，实现动水−静水系统的转换过程。洪水脉冲既是河流−滩区系统静水区与动水区相互转化的驱动力，同样也是生物因子与非生物因子交互作用的驱动力。洪水上涨期间，河流是水体、溶解物和悬移物的传递工具，初级生产过程和次级生产过程都发生在滩区。水位回落期间，河流成为水生生物的避难所和种子的散播通道。洪水期滩区动植物为鱼类提供了更为丰富的食物网结构，而鱼类亦可作为食鱼物种的食物，促进水生物种与陆生物种间的能量交换和物质循环，有利于生物量的提高。洪水脉冲系统以随机的方式改变连通性的时空格局，从而形成高度异质性的栖息地特征，而大量监测资料表明，横跨河流−滩区方向的栖息地结构多样性比沿河流主槽更为丰富，这样为维持生物群落多样性创造了一个良好的条件。洪水期间随着滩区初级和次级生产量及生物群落多样性的提高，洪水不但为滩区留下了丰富的营养物质，还引发了生物迁徙、鱼类洄游和种子传播等一系列生物响应。有相当数量的水生物种在生活史的不同阶段对洪水脉冲具有明显的依赖性。调查资料显示，长江的四大家鱼产卵规模与涨水过程的流量增量和洪水持续时间有关。例如，遇大洪水则产卵数量多，家鱼往往在涨水第一天开始产卵，如果江水不再继续上涨或涨幅很小，产卵活动即终止。另外，依据洪水信号，一些具有江湖洄游习性的鱼类或者在干流与支流洄游的鱼类，在洪水期进入湖泊或支流，随洪水消退回到干流。同时，洪水过程将附着在岸滩水草上的鱼卵冲入主河槽中，确保幼鱼正常发育。

结合 8.1 节分析结果，不同频率的洪水过程对生态恢复的作用也不尽相同，小洪水过程对鱼类洄游和产卵的直接刺激更为明显，而大洪水过程的生态意义主要体现在丰富食物网结构和维持栖息地动态稳定等方面。

9.2 不同生态意义的洪峰流量计算方法

在水文学中一般用洪峰流量、洪峰水位、洪水历时、洪水过程线、洪水总量和洪水频率等因子描述洪水，而在研究洪水对生态过程影响方面则更多关注洪峰水位、水位-时间过程线、洪水频率、洪水历时及洪水发生时机。其中，洪峰水位决定了洪水漫溢的范围；水位-时间过程线则决定了河流-滩区系统栖息地动水区与静水区互相转换的动态特征；洪水频率决定了洪水的规模和对生态系统的干扰程度并且可以判断是否属于极端情况；洪水历时则决定了河流与滩区营养物质交换的充分程度；洪水发生的时机关系洪水脉冲与温度的耦合问题。这些因子对河流-滩区系统中营养物质的循环和能量传递产生了重要的影响。根据洪水脉冲的生态意义，按照洪水频率和洪峰流量，本研究将洪水过程分为小洪水和大洪水进行研究。

根据多年天然径流资料，结合生态流组分的计算标准，分别研究小洪水过程和大洪水过程的频率、峰值流量、发生时机及洪水历时。依据不同洪水要素对鱼类自然繁殖的生态意义，以漫滩水位作为小洪水的下限水位，确定小洪水重现期为 2 年一遇，同时考虑到鱼类洄游和产卵刺激需求，单次小洪水过程历时以 3 天为宜，小洪水发生时机由各河段重点保护鱼类对温度的适宜度决定。类似地，确定大洪水重现期为 10 年一遇，单次大洪水持续期为 1 天。在确定了洪水频率、洪水历时等因子的基础上，重点研究洪水过程的峰值流量。基于漫滩水位的计算标准，将超过河道横断面漫滩水位所对应流量作为小洪水峰值流量的下限值，在实际计算过程中，将各断面 50% 保证率下每年最大连续 3 天径流的平均值，作为小洪水过程峰值流量的下限值；将各断面 10% 保证率下每年最大流量值，作为大洪水过程峰值流量的目标值。

9.3 松花江流域面向生态的洪峰流量需求

依据分布式水文模型计算所得松花江流域 1956~2013 年多年天然径流日过程数据，参考第 6 章所得各重点保护河段产卵期径流脉冲，结合不同洪水要素在鱼类产卵期的生态意义，分别计算各河段面向生态的小洪水和大洪水过程的洪峰流量。松花江流域各重点保护河段汛期面向生态的大洪水和小洪水的洪峰流量计算结果见表 9-1。

表 9-1 重点保护河段洪峰流量（单位：m^3/s）

河段	大洪水	小洪水	河段	大洪水	小洪水
洮儿河白城段	1 016	215	甘河鄂伦春段	1 910	870
霍林河白城段	281	67	霍林河科右前旗段	195	29
霍林河前郭段	305	106	嫩江黑吉缓冲区	8 130	4 616
嫩江泰来段	7 481	4 583	头道松花江抚松段	468	198
一统河	615	157	西流松花江松原段	6 983	2 913
三统河	549	164	松花江黑吉缓冲区	12 215	7 534
莲河	109	20	松花江哈尔滨段	13 018	7 962

续表

河段	大洪水	小洪水	河段	大洪水	小洪水
伊通河长春段	393	81	松花江木兰段	12 874	8 519
饮马河长春段	501	172	牡丹江	1 477	686
岔路河	222	67	海浪河	566	206
雾开河	58	17	松花江佳木斯段	16 837	10 279
沐石河	70	11	珠尔多河	259	98
呼兰河	2 661	1 118	卧都河	79	44
梧桐河	463	218	小石河	68	27

由表 9-1 计算结果可以看出，各河段不同生态意义的洪水过程，所需洪峰流量标准相差较大，这与其对应生态功能较为一致。为进一步验证计算结果的可行性，利用近 10 年（2004～2013 年）实测径流资料分析各河段对应洪峰流量指标值的满足程度。

9.4 生态洪峰流量现状达标情况分析

对各河段对应水文站近 10 年实测径流资料进行分析，小洪水过程以各年份汛期任意连续 3 天平均径流量达到峰值流量指标值，即该年份达到小洪水峰值流量要求，现状达标率超过 50% 即达标；大洪水过程以各年份汛期任意 1 天径流量达到峰值流量指标值，即该年份达到大洪水过程峰值流量要求，现状达标率超过 10% 即达标。分别统计各河段达标年份（表 9-2）。

表 9-2 各河段不同洪水过程现状达标率（单位:%）

河段	大洪水达标率	小洪水达标率	河段	大洪水达标率	小洪水达标率
洮儿河白城段	14.3	71.4	甘河鄂伦春段	14.3	42.9
霍林河白城段	14.3	57.1	霍林河科右前旗段		
霍林河前郭段			嫩江黑吉缓冲区	14.3	14.3
嫩江泰来段	14.3	14.3	头道松花江抚松段	0.0	25.0
一统河			西流松花江松原段	12.5	12.5
三统河	25.0	50.0	松花江黑吉缓冲区	0.0	16.7
莲河	25.0	75.0	松花江哈尔滨段	0.0	16.7
伊通河长春段	12.5	37.5	松花江木兰段	0.0	16.7
饮马河长春段			牡丹江	16.7	33.3
岔路河	25.0	62.5	海浪河	16.7	66.7
雾开河			松花江佳木斯段	0.0	16.7
沐石河	25.0	87.5	珠尔多河	0.0	33.3
呼兰河	16.7	50.0	卧都河		
梧桐河	33.3	66.7	小石河		

    分析表 9-2 计算结果，绝大部分河段大洪水现状达标率超过 10%，只有松花江干流下游河段未达标，表明流域整体的水利工程调控和取用水对洪水过程造成了一定影响。小洪水现状达标状况较差，重点河段中存在 12 个河段未能达到 50% 的标准，其中 1 个受大规模引调水工程影响，8 个在干流或支流建有水库进行调节。

第10章 生态需水过程可达标性分析

本章针对生态基流和脉冲流量不达标的河段，对其可行的调控途径进行了逐一分析，提出了各个规划水平年的达标方案和目标，并从水质、生境方面对水生态系统保护修复的制约因素进行了分析。

10.1 达标途径分析

对现状生态流量不达标的断面，有两种基本的调控途径：一是开展断面上游水利工程的生态调度，二是减小上游河道外取用水量。第一种方式更为直接，但在水资源整体短缺的背景下同样面临与社会经济用水竞争的问题，在实际调度管理实践中需要对二者进行平衡。

10.1.1 水利工程生态调度

10.1.1.1 冰封期生态基流调度

根据 7.5 节生态基流现状达标情况，57 条重点河流（或河段）中，冰封期生态基流不达标的有 11 条，其中霍林河科右前旗段、绰尔河、伊通河、洮儿河白城段、岔路河、阿什河 6 条河流在上游干流段建有水库可进行调节，呼兰河在支流建有水库，嫩江干流嫩江县段、阿伦河、洮儿河科右前旗段 3 条河流已规划开展水库调节，沐石河尚未建设或规划建设水库。相关水利工程及其分布位置见表 10-1。

表 10-1　冰封期生态基流未达标河段及其对应水利工程

河流	上游水库		支流水库	
嫩江干流嫩江县段	窝里河水库*			
阿伦河	哈尼噶水库*			
绰尔河	绰勒水库	文得根水库*		
洮儿河科右前旗段			乌布林水库（归流河）*	
洮儿河白城段	察尔森水库		向海水库	大石寨水库（归流河）*
霍林河科右前旗段	白云花水库	霍林河水库		
伊通河	太平池水库	新立城水库		
岔路河	星星哨水库	断头山水库*		
沐石河				
阿什河	西泉眼水库			
呼兰河	阁山水库*	北关水库*	泥河水库（泥河）	东方红水库（通肯河）

*为规划建设工程，其他为现状已建水利工程。下同

根据相关水利工程分布情况，考虑 2020 年之前通过对现有已建成水库的生态调度，推动霍林河科右前旗段、绰尔河、伊通河、洮儿河白城段、岔路河、阿什河、呼兰河 7 条河流的冰封期生态基流达标；2030 年之前通过规划水库的建设，推动嫩江干流嫩江县段、阿伦河、洮儿河科右前旗段 3 条河流冰封期生态基流达标。

10.1.1.2　非汛期生态基流生态调度

57 个重点河段中非汛期生态基流不达标的有 11 个，其中讷谟尔河、音河、绰尔河、洮儿河白城段、霍林河、伊通河、岔路河、倭肯河 8 个段已建有水库进行调节，乌裕尔河、通肯河尚未建设或规划建设水库。相关水利工程及其分布位置见表 10-2。

表 10-2　非汛期生态基流未达标河段及其对应水利工程

河流	上游水库			支流水库		
讷谟尔河	山口水库	峡口水库*				
音河	音河水库	新北水库*				
绰尔河	绰勒水库	文得根水库*	别罗汉水库*			
乌裕尔河						
洮儿河科尔沁右翼前旗段				乌布林水库（归流河）*		
洮儿河白城段	察尔森水库			向海水库	大石寨水库（归流河）*	
霍林河	白云花水库	霍林河水库				
伊通河	太平池水库	新立城水库				
岔路河	星星哨水库	断头山水库*				
通肯河						
倭肯河	桃山水库			寒虫沟水库*	向阳山水库（八虎力河）	

根据相关水利工程分布情况，考虑 2020 年之前通过对现有已建成水库的生态调度，推动讷谟尔河、音河、绰尔河、洮儿河白城段、霍林河、伊通河、岔路河、倭肯河 8 条河流的非汛期生态基流达标；2030 年之前通过规划水库的建设，推动洮儿河科尔沁右翼前旗段非汛期生态基流达标。

10.1.1.3　4 月脉冲流量生态调度

26 个重点生态河段中 4 月脉冲流量不达标的有 11 个，其中洮儿河白城段、头道松花江、伊通河、岔路河、松花江三岔口段 5 个河段已建有水利工程进行调节，嫩江大赉段主要受大赉提水和南部引嫩 2 个调水工程影响而未达标，梧桐河规划开展水库建设，甘河、牡丹江上游、海浪河、珠尔多河尚未建设或规划开展水库建设。相关水利工程及其分布位置见表 10-3。

表 10-3　4 月脉冲流量未达标河段及其对应水利工程

河流	上游水库			支流水库	
甘河					
洮儿河白城段	察尔森水库			向海水库	大石寨水库*
嫩江大赉段	大赉提水	南部引嫩		南引水库	
头道松花江	双沟水库	小山水库			
伊通河	太平池水库	新立城水库			
岔路河	星星哨水库	断头山水库*			
松花江三岔口段	哈达山	丰满	尼尔基		
牡丹江上游					
海浪河					
梧桐河	关门啃子水库*	细林河水库*		小鹤立河水库*	
珠尔多河					

根据相关水利工程分布情况，考虑 2020 年之前通过对现有已建成水库的生态调度，推动洮儿河白城段、头道松花江、伊通河、岔路河、松花江三岔口段 5 条河流的 4 月脉冲流量达标，2030 年之前通过规划水库的建设，推动梧桐河 4 月脉冲流量达标。

10.1.1.4　5 月脉冲流量生态调度

26 个重点生态河段中 5 月脉冲流量不达标的有 8 个，其中洮儿河白城段、霍林河、伊通河、松花江三岔口段、松花江哈尔滨段、呼兰河 6 个河段已建有水利工程进行调节，嫩江大赉段主要受大赉提水和南部引嫩 2 个调水工程影响而未达标，甘河尚未建设或规划建设水库。相关水利工程及其分布位置见表 10-4。

表 10-4　5 月脉冲流量未达标河段及其对应水利工程

河流	上游水库			支流水库		
甘河						
洮儿河白城段	察尔森水库			向海水库	大石寨水库*	
霍林河	白云花水库	霍林河水库				
嫩江大赉段	大赉提水	南部引嫩		南引水库		
伊通河	太平池水库	新立城水库				
松花江三岔口段	哈达山	丰满	尼尔基			
松花江哈尔滨段	哈达山	丰满	尼尔基			
呼兰河	阁山水库*	北关水库*		泥河水库	东方红水库	红星水库*

根据相关水利工程分布情况，考虑 2020 年之前通过对现有已建成水库的生态调度，推动洮儿河白城段、霍林河、伊通河、松花江三岔口段、松花江哈尔滨段、呼兰河 6 条河流的 5 月脉冲流量达标。

10.1.1.5　6月脉冲流量生态调度

26个重点生态河段中6月脉冲流量不达标的有6个，其中洮儿河白城段、霍林河科右前旗段、头道松花江、伊通河4个河段已建有水利工程进行调节，嫩江大赉段主要受大赉提水和南部引嫩2个调水工程影响而未达标，牡丹江上游尚未建设或规划开展水库建设。相关水利工程及其分布位置见表10-5。

表10-5　6月脉冲流量未达标河段及其对应水利工程

河流	上游水库		支流水库	
洮儿河白城段	察尔森水库		向海水库	大石寨水库*
霍林河科右前旗段	白云花水库	霍林河水库		
嫩江大赉段	大赉提水	南部引嫩	南引水库	
头道松花江	双沟水库	小山水库		
伊通河	太平池水库	新立城水库		
牡丹江上游				

根据相关水利工程分布情况，考虑2020年之前通过对现有已建成水库的生态调度，推动洮儿河白城段、霍林河科右前旗段、头道松花江、伊通河4条河流的6月脉冲流量达标。

10.1.1.6　汛期洪峰流量生态调度

结合9.4节生态洪峰流量现状达标情况，26个重点断面中，小洪水过程不达标的河段有11个，其中松花江干流、嫩江干流、西流松花江干流等8个河段在干流或支流建有水库进行调节，嫩江大赉段主要受大赉提水和南部引嫩2个调水工程影响而未达标，仅剩珠尔多河、甘河尚未建设或规划建设水库。考虑到生态洪峰调度的要求，考虑2030年之前通过水利工程人造洪峰满足9个河段的洪水过程需求。

10.1.2　节水与取水过程调整

考虑水利工程生态调度后，在所有现状生态需水过程（包括基流、脉冲流量和洪水过程）未达标的河段中，嫩江大赉段需要通过调水工程的合理调度，减少生态敏感期和关键期调水量，通过取水过程调整满足下游河道生态需水过程，除此之外，只有牡丹江上游段、海浪河、珠尔多河、甘河、沐石河、乌裕尔河、通肯河7条河流（或河段），尚未建设或规划建设水库，需要采取其他措施予以调整。分析各个断面上游用水情况，其中甘河、沐石河、乌裕尔河上游河道外取用水量和比例较大，存在一定的调整空间，可以通过综合节水和河道外取用水总量控制予以调整，剩余牡丹江上游、海浪河、珠尔多河、通肯河主要是部分产卵时段脉冲流量不达标，总体上对流域水生态系统保护恢复影响不大。

10.2　水质与生境制约性分析

10.2.1　水质制约性

根据相关研究，冷水性鱼类溶解氧量要高于 5mg/L，即达到Ⅲ类水质目标。在松花江流域 210 个水功能区中，现状Ⅲ类及以上水质比例为 68%。26 个重点生态断面中，未达到Ⅲ类水质目标的有 6 个，详见表 10-6。其中霍林河前郭县开发利用区和莲河东丰县开发利用区现状水质为劣Ⅴ类，对鱼类生存影响较大，需要加强所在流域的水污染防治，大幅度减小入河污染负荷，争取 2020 年达到Ⅳ类水标准，2030 年达到Ⅲ类水标准。而松花江佳木斯市开发利用区、梧桐河鹤岗市开发利用区水质目标和现状水质均是Ⅳ类，不符合该河段作为重点鱼类保护河段的水质定位，建议对其水质目标修订为满足地表水Ⅲ类标准。

表 10-6　松花江流域重点生态断面水质超标情况

水功能一级区名称	对应水文站	水质目标	汛期水质类别	非汛期水质类别	2014 年水质类别
洮儿河白城市开发利用区	洮南	Ⅲ	Ⅳ	Ⅳ	Ⅳ
霍林河前郭县开发利用区		Ⅲ	劣Ⅴ	劣Ⅴ	劣Ⅴ
莲河东丰县开发利用区	东丰	Ⅲ	劣Ⅴ	Ⅲ	劣Ⅴ
呼兰河绥化市、呼兰区开发利用区	兰西	Ⅲ~Ⅳ	Ⅲ	Ⅳ	Ⅳ
松花江佳木斯市开发利用区	佳木斯	Ⅳ	Ⅳ	Ⅳ	Ⅳ
梧桐河鹤岗市开发利用区	宝泉岭	Ⅳ	Ⅲ	Ⅴ	Ⅳ

10.2.2　断面形态和底质的分析

松花江流域河道开阔，水生植被生长良好，河汊纵横、江心岛发育，具有良好的本底条件。对 26 个重点生态断面的断面形态和河床底质进行分析，绝大部分断面形状呈 W 形分布，具备良好的漫滩条件；河床底质多为砂砾底质，满足鱼类产卵与附着条件。

10.3　分区生态需水达标目标

10.3.1　2020 年目标

通过对松花江流域河流生态需水过程不达标断面的达标途径分析，到 2020 年，通过水利工程生态调度和河道外取用水控制，预计可以使冰封期和非汛期生态基流达标率上升到90%以上，各月脉冲流量达标率上升到80%以上。

10.3.2　2030 年目标

到 2030 年，通过规划水库的建设和生态调度，进一步加强河道外取用水控制，预计可以使冰封期和非汛期生态基流达标率达到 100%，各月脉冲流量达标率上升到 90%以上。

第11章 结论与展望

11.1 主要结论

（1）一般分布式水文模型难以实现对寒区枯水期径流量的有效模拟

本研究收集整理了开展松花江流域分布式水文模拟所需的 DEM、土地利用、土壤类型、气象、水文、社会经济和供用水等资料，对相关信息进行了时空展布和系列插补处理，并利用地理信息系统工具，整合到统一的数据平台；开展了研究区数字河道的提取、河道断面的概化、子流域和等高带计算单元的划分，以及农业、工业、生活水循环系统的概化工作，将 56 万 km² 的松花江流域划分为 9829 个子流域及 30 102 个等高带计算单元；以 WEP-L 模型为基础建立了松花江流域二元水循环模拟模型，对研究区 1956~2010 年水循环历史过程进行了模拟。模拟结果显示，通过构建一般分布式水文模型，可以对研究区长系列逐月径流过程取得较好的模拟效果，但对枯水期径流量的模拟效果很差，难以支撑流域水功能区纳污能力的计算及水质水量联合调控研究，急需针对寒区水循环特点对模型进行相应的改进。

（2）冻土对土壤水分具有冻结时吸附、融化时释放的"涵养"作用，通过开展土壤层水热耦合模拟，能较好地对冻土消融过程及其水文效应进行模拟

利用 NaBr 作为示踪剂，在松花江流域选取典型区域，进行了整个冻融周期的冻土水文效应观测实验，实验结果显示：①研究区最大冻深为 1.5m 左右，冻融周期从 11 月下旬一直持续到次年 5 月。②在土壤冻结过程中，由于土壤水冻结后水势变小，土壤水存在向冻结锋面迁移的规律，表现为冻土对土壤水的吸附作用；在融化过程中，表层融化的水体向深层入渗受到下层冻土的顶托，在冻融锋面聚集，而在底层最大冻深位置，冻土融化后向下层入渗，表现为释放土壤水，整个冻融过程表现为冻土对土壤水分的"涵养"作用。③在冻土层温度降低到-8℃后，尽管在冻结过程中不断地有水分从未冻土向冻结锋附近移动，但冻土的液态含水率基本保持不变，稳定在 0.02cm³/cm³（0~15cm 深度）和 0.07cm³/cm³（15~28cm 和 28~100cm 深度）附近。

将 WEP-L 模型原有的 3 层土壤结构拓展成等厚度的 10 层土壤结构，并建立了各层土壤之间的水热连续方程，提出了系统上边界和重要参数的确定方法，实现了对土壤冻融过程的水热耦合模拟。分别利用实测地温资料和地表径流资料对模型的模拟效果进行验证，结果表明模型对各土壤层温度的模拟效果较好，绝对误差在 2℃ 以内；耦合冻土模块后，在不改变参数的情况下，模型对枯水期径流量的模拟效果明显好转，并能较好地模拟 4 月

下旬的春汛；按照寒区水循环特点对建立的寒区分布式水文模型重新进行参数调试后，对长系列逐月径流量的模拟效果无显著改变，但对枯水期径流量的模拟效果有极为明显的改善。松花江流域 36 个重要水文站中枯水期径流量模拟相对误差在 10% 以内的个数从 9 个上升到 28 个，为利用枯水期径流量进行寒区水功能区设计流量和纳污能力的计算奠定了基础。

(3) 通过对社会水循环各物理过程分别进行概化，并与分布式水文模型相结合，建立其定量描述方法，能有效改善传统二元水循环松散耦合方式的模拟效果

本研究基于社会水循环取用水过程对自然水循环的重要影响，分析了二元水循环的相互作用机制，形成了包括驱动力耦合、过程耦合和通量耦合的二元水循环耦合机制，并对二元水循环的耦合效应进行定性分析。以二元水循环的过程耦合为重点，分别对社会水循环的取水、用水、排水和输水过程进行了概化，其中取水过程分为集中取水和分散取水分别进行概化，用水过程按照用水行业属性分别对农业、工业和生活用水过程进行概化，排水则重点针对农业取水的弃水和工业生活用水的排水进行概化，并分别提出了相应的定量描述方法，形成了"自然–社会"二元水循环的紧密耦合模拟方法。

以松花江流域内人类活动影响最显著的西流松花江流域为例，应用二元水循环紧密耦合模拟方法，结合流域取水许可、入河排污口管理等相关资料，对包括 42 个地表地下集中取水口、169 个入河排污口及 23 座污水处理厂在内的西流松花江流域 2010 年"自然–社会"二元水循环过程进行了模拟。结果显示，相较于传统的松散耦合模拟方式，本研究提出的紧密耦合方法对代表性水文站地表径流量，特别是枯水期径流量，模拟效果有较为明显的改善。

(4) 利用寒区分布式二元水循环模型，结合冰封期河道汇流和污染物降解特征，能实现对流域水功能区设计流量和冰封期纳污能力的快捷、准确核算

基于寒区分布式水文模型对枯水期径流量的有效模拟，本研究建立了一种基于分布式水文模型的水功能区设计流量计算方法，方法快捷有效，可应用于水功能区设计流量的相关动态分析和规律研究。应用该方法对松花江流域 2020 年和 2030 年情景下 302 个水功能区设计流量进行了计算和分析，结果表明，未来情景下由于取用水增加、下垫面变化等人工因素的影响，流域内水功能区设计流量整体呈下降趋势。通过对 2020 年情景下扶余站和哈尔滨站径流量和设计流量的深入分析，提出了通过为丰满水库调度设置合理最小下泄流量的方法对干流径流过程进行调控，维持和提高干流水功能区设计流量，加大其纳污容量。

基于对水功能区设计流量的核算，根据寒区冰封期河道汇流和污染物迁移转化特点，提出了基于分布式水文模型的寒区冰封期水功能区纳污能力计算方法。相较于一般地区水功能区纳污能力的计算，其特点主要包括污染物综合衰减系数随温度的变化规律、设计流量核算中对河流冰封影响的模拟、河流冰封对河床糙率的影响等。利用冰封期水功能区纳污能力计算方法，对松花江流域现状及基于历史流量过程的纳污能力分别进行了计算。结果显示，在现状条件下，松花江流域冰封期纳污能力为 COD 114 402.8t、氨氮 9193.2t，分别比基于历史流量过程的计算结果提高了 7.9% 和 10.7%。

（5）为保障松花江流域2030年水功能区水质达标率目标的实现，在水量优化调控方案下污水处理厂需至少达到中等强化方案要求

基于本研究构建的寒区分布式二元水循环模型及水功能区冰封期纳污能力计算模型，结合规划水平年水资源合理配置和冰封期污染负荷预测，提出了冰封期水质水量联合调控技术方法体系，形成了以水量基本方案和强化节水方案为基础，以不同污染控制方案模拟结果为反馈，并综合考虑调控措施可行性的水质水量联合优化调控方案设置方法。结果显示，在强化节水方案下，松花江流域2020年冰封期COD、氨氮纳污能力分别为106 020.6t、8307.2t，为实现水功能区限制纳污控制率70%的目标，需采取污染负荷控制的中等强化方案，即污水处理厂执行一级B标准，企业废水执行二级标准；2030年为实现水功能区限制纳污控制率90%的目标，需采取污染负荷控制的深度强化方案，即污水处理厂执行一级A标准，企业废水执行一级标准。

针对松花江流域污水处理水平现状，确定了2020年采取污水处理一般强化方案，2030年采取污水处理中等强化方案的污染控制方案。分别对强化节水方案下采取相应污染控制方案时的限制排污未达标水功能区进行分析，采取工程调控和进一步节水措施进行优化调节，形成了水量优化方案，2020年采取污水处理一般强化方案时松花江流域冰封期水功能区限制纳污控制率达到71.2%，2030年采取污水处理中等强化方案时松花江流域冰封期水功能区限制纳污控制率达到87.4%，保障了松花江流域冰封期水功能区水质达标率目标的实现和冰封期水质安全。

（6）提出了寒区河流生态基流的核算思路与方法

突破以往生态基流按照汛期与非汛期分别制定的常规，结合寒区河流径流特征，提出重点针对冰封期和一般非汛期的生态基流核算思路；以分布式水文模型实现对流域天然径流过程的准确模拟，在此基础上利用相关水文学方法提出生态基流初始建议值，在冰封期生态基流核算中，综合考虑鱼类越冬对适宜水深、流速的需求；将初始建议值与水功能区设计流量、水利工程建设运行情况及现状实际流量过程进行综合对比分析，提出了耦合水环境、水工程、水管理需求，具有较强科学性及实践指导意义的河流生态基流确定技术方法。

（7）提出了基于鱼类综合需求的产卵期脉冲流量计算方法

突破以往河流栖息地模拟模型选用单一或少数鱼类作为指示物种的局限性，通过对研究区所有鱼类产卵习性的全面调查和分析，综合确定松花江重点生态断面的产卵期脉冲流量要求。首先将松花江流域鱼类产卵划分为4月、5月、6~7月3个主要时段，明晰了各时段产卵鱼类种类、鱼卵类型和孵化时间等重要信息，在此基础上提出了各时段以水温为控制条件的脉冲流量发生时机，以及持续时间、发生频次等要求；其次根据产黏性卵和漂流性卵鱼类对水动力学条件的不同要求，各自建立相应的栖息地适宜度曲线，模拟重点河段不同流量条件下2种鱼类的栖息地变化情况；最后综合确定产卵期适宜脉冲流量值和范围。

11.2 研究展望

本研究通过冻土水热耦合、二元水循环过程化紧密耦合模拟实现了对寒区枯水期径流量的有效模拟，并以此为基础建立了水功能区设计流量和冰封期纳污能力的计算方法，开展了松花江流域冰封期水质水量联合调控研究。研究中尚有不足之处，需要进一步深入研究，主要体现在以下几个方面。

(1) 在冻土水热耦合模拟中未设置下边界条件

本研究在建立冻土水热耦合模型时，将土壤层分成 10 层分别进行水热迁移模拟，并设置了与地表的能量水分传导，即系统的上边界。但系统的下边界则只考虑了水分的交换，即土壤层与过渡带、地下水之间发生水分迁移，但不进行能量传递，造成了在冻土消融阶段下层土壤的模拟温度较低，不能与表层土壤同时开始融解的误差。由于过渡带和地下水层厚度较大，难以进行分层模拟，如何对其能量和温度调节作用进行模拟值得进一步深入研究。在整个寒区自然水循环模拟中，拟进一步深入考虑遥感参数获取及与区域气候模式相结合。

(2) 在"自然–社会"二元水循环耦合模拟中未对社会水循环驱动力和驱动机制进行系统描述

本研究建立的"自然–社会"二元水循环过程化紧密耦合模拟方式，虽然改善了传统松散耦合模拟中直接对用水量进行时空展布再代入各计算单元的"失真"模拟方式，更加注重对社会水循环内部过程及其对自然水循环影响的模拟，但需要大量取水口、排污口等实测资料的支撑，未能对社会水循环内部驱动力和驱动机制进行系统描述。决定社会水循环通量大小和在各区域各行业间分配情况的主要是经济社会需水量、经济利益、政策措施等非物理性因素。在对社会水循环进行深入模拟时，宜建立具有机理性的计算方法，对包括生活、生产、生态用水需求在内的社会水循环本质驱动力及经济、政策影响因素进行定量模拟，实现对社会水循环驱动力和驱动机制的系统描述。

(3) 在冰封期水质水量联合调控中，采用水功能区限制纳污控制率指标作为调控目标，未能实现对水质的直接模拟和评价

松花江流域面积较大，影响河流水质的因素也众多，目前对大流域尺度的水质长系列模拟还鲜有精度较高的成果，因此本研究在冰封期水质水量联合调控方案评价和优化中，均用水功能区限制纳污控制率代替水功能区水质达标率作为调控目标。在二元水循环水质水量监测能力逐步加强的背景下，对径流过程相对稳定的冰封期，后续研究中可考虑建立流域水质模型直接对水功能区水质达标情况进行模拟和评价，进一步支撑流域水环境管理工作，确保冰封期水质安全。

(4) 对生态流量动态过程的研究需要进一步突破解决

研究使用的栖息地模拟模型虽然与二维水动力学模型 MIKE21 实现了结合，得到了更

为准确和精细的网格水深、流速计算结果，但总体的技术思路仍未突破 PHABSIM 模型对鱼类栖息地在特定河段特定流量条件下"静态"模拟的模式，与鱼类产卵前的上溯洄游、具体产卵场的选择、干支流的汇流等动态过程具有一定的差异，有待进一步突破解决，形成适宜于我国大江大河特征的鱼类栖息地物理模拟模型。

参 考 文 献

卞有生. 1986. 生态农业基础. 北京：中国环境科学出版社.

卜秋平, 陆少鸣, 曾科. 2002. 城市污水处理厂的建设与管理. 北京：化工出版社.

蔡玉鹏, 万力, 杨宇, 等. 2010. 基于栖息地模拟法的中华鲟自然繁殖适合生态流量分析. 水生态学杂志, 31 (3)：1-6.

曹相生, 孟雪征, 张杰. 2005. 循环型社会的基础——健康社会水循环. 中国环境科学学会. 中国环境保护优秀论文集. 北京：中国环境科学出版社.

岑国平, 沈晋, 范荣生. 1998. 城市设计暴雨雨型研究. 水科学进展, 9 (1)：42-47.

车伍, 李俊奇. 2006. 城市雨水利用技术与管理. 北京：中国建筑工业出版社.

陈博, 李建平. 2008. 近50年来中国季节性冻土与短时冻土的时空变化特征. 大气科学, 32 (3)：432-443.

陈家琦. 1994. 在变化环境中的中国水资源问题及21世纪初期供需展望. 水利规划与设计, (4)：13-19.

陈家琦, 王浩, 杨小柳. 2002. 水资源学. 北京：科学出版社.

陈敏建. 2007. 生态需水配置与生态调度. 中国水利, (11)：21-24.

陈敏建, 贺伟程. 1998. 中国水资源利用前景初探. 自然资源学报, (z1)：22-25.

陈默, 张林秀, 翟印礼, 等. 2007. 中国农村生活用水投资情况及区域分布. 农业现代化研究, 28 (3)：340-342.

陈启慧, 夏自强, 郝振纯, 等. 2005. 计算生态需水的 RVA 法及其应用. 水资源保护, 21 (3)：4-5, 11.

陈庆秋, 薛建枫, 周永章. 2004. 城市水系统环境可持续性评价框架. 中国水利, (3)：6-10.

陈庆秋, 陈晓宏. 2004. 基于社会水循环概念的水资源管理理论探讨. 地域研究与开发, 23 (3)：109-113.

陈仁升, 吕世华, 康尔泗, 等. 2006. 内陆河高寒山区流域分布式水热耦合模型（Ⅰ）：模型原理. 地球科学进展, 21 (8)：806-818.

陈仁升, 康尔泗, 吉喜斌, 等. 2007. 黑河源区高山草甸的冻土及水文过程初步研究. 冰川冻土, 29 (3)：387-396.

陈仁升, 康尔泗, 吴立宗, 等. 2005. 中国寒区分布探讨. 冰川冻土, 27 (4)：469-475.

陈仁仲, 卢文俊, 李士睢, 等. 2001. 工业用水效率与回收率的内涵探讨. 工业污染防治, (77)：122-159.

陈树勋. 1993. 90年代中国工业. 北京：经济管理出版社.

陈新加. 2002. 厦门城市用水系统的调查及评价与预测. 中国农村水利水电, (6)：38-41.

陈玉民, 郭国双, 王广兴, 等. 1995. 中国主要作物需水量与灌溉. 北京：中国水利电力出版社.

程国栋. 1996. 序言. 冰川冻土, 18 (增刊)：1-3.

程国栋. 1998. 中国冰川学和冻土学研究40年进展和展望. 冰川冻土, 20 (3)：21-34.

程国栋. 2003. 虚拟水——中国水资源安全战略的新思路. 中国科学院院刊, 18 (4)：260-265.

程国栋, 王根绪, 王学定. 1998. 江河源区生态环境变化与成因分析. 地球科学进展, 13 (增刊)：24-31.

程国栋, 赵文智. 2006. 绿水及其研究进展. 地球科学进展, 21 (3)：221-227.

褚俊英, 陈吉宁. 2009. 中国城市节水与污水再生利用的潜力评估与政策框架. 北京：科学出版社.

邓荣森, 李青, 陈德强. 2004. 污水回用改变水循环的环境经济分析. 重庆大学学报（自然科学版）, 27

（2）：125-127，139．

丁永健，秦大河．2009．冰冻圈变化与全球变暖：我国面临的影响与挑战．中国基础科学，11（3）：4-10．

杜浩，班璇，张辉，等．2010．天然河道中鱼类对水深、流速选择特性的初步观测——以长江江口至涴市段为例．长江科学院院报，27（10）：70-74．

杜会，魏冰，杨珺．2006．绿化植物对水循环的影响．中国农学通报，22（8）：453-457．

樊贵盛，郑秀清，贾宏骥等．2000．季节性冻融土壤的冻融特点和减渗特性的研究．土壤学报，30（1）：24-32．

丰华丽，陈敏建，王立群，等．2008．松花江适宜生态流量研究．水利水电技术，39（9）：8-11．

顾月红，葛朝霞，薛梅，等．2008．北京市生活用水年预报模型．河海大学学报（自然科学版），36（1）：19-22．

关志成，段元胜．2003．寒区流域水文模拟研究．冰川冻土，25（z2）：266-272．

关志成，朱元甡，段元胜，等．2001．水箱模型在北方寒冷湿润半湿润地区的应用探讨．水文，21（4）：25-29．

关志成，朱元甡，段元胜，等．2002．扩展的萨克拉门托模型在寒冷地区的应用．水文，22（2）：36-39．

郭占荣，荆恩春，聂振龙，等．2002．冻结期和冻融期土壤水分运移特征分析．水科学进展，13（3）：298-302．

国家环境保护总局．2002．全国地表水环境功能区划．北京：国家环境保护总局．

郝增超，尚松浩．2008．基于栖息地模拟的河道生态需水量多目标评价方法及其应用．水利学报，39（5）：557-561．

何英，彭亮，耿曙萍．2011．基于区域经济层次的城市需水预测模型研究．水资源与水工程学报，22（1）：83-86．

胡宏昌．2009．基于植被和冻土协同影响的江河源区水循环研究．兰州：兰州大学博士学位论文．

胡鹏，崔小红，周祖昊，等．2010．流域水文模型中河道断面概化的方法与实践．水文，30（5）：38-41，79．

胡鹏，周祖昊，贾仰文，等．2013基于分布式水文模型的水功能区设计流量研究．水利学报，44（1）：42-49．

胡珊珊，郑红星，刘昌明，等．2012．气候变化和人类活动对白洋淀上游水源区径流的影响．地理学报，67（1）：62-70．

黄晓霞，江源，熊兴，等．2012．水生态功能分区研究．水资源保护，28（3）：22-27．

黄艺，蔡佳亮，吕明姬，等．2009．流域水生态功能区划及其关键问题．生态环境学报，18（5）：1995-2000．

纪强，史晓新，朱党生，等．2002．中国水功能区划的方法与实践．水利规划与设计，（1）：44-47．

贾绍凤，张士锋，杨红，等．2004．工业用水与经济发展的关系——用水库兹涅茨曲线．自然资源学报，19（3）：279-284．

贾仰文，王浩，周祖昊，等．2010a．海河流域二元水循环模型开发及其应用Ⅰ：模型开发与验证．水科学进展，21（1）：1-8．

贾仰文，王浩，甘泓，等．2010b．海河流域二元水循环模型开发及其应用Ⅱ：水资源管理战略研究应用．水科学进展，21（1）：9-15．

贾仰文，王浩，倪广恒，等．2005．分布式流域水文模型原理与实践．北京：中国水利水电出版社．

姜乃昌，韩德宏．1990．配水管网的解析宏观模型．建筑技术通讯（给水排水），（1）：2-8．

荆继红，韩双平，王新忠，等．2007．冻结-冻融过程中水分运移机理．地球学报，28（1）：50-54．

来海亮, 汪党献, 吴涤非 . 2006. 水资源及其开发利用综合评价指标体系 . 水科学进展, 17 (1):
95-101.

雷志栋, 尚松浩, 杨诗秀, 等 . 1998. 地下水浅埋条件下越冬期土壤水热迁移的数值模拟 . 冰川冻土, 20
(1): 52-55.

雷志栋, 尚松浩, 杨诗秀, 等 . 1999. 土壤冻结过程中潜水蒸发规律的模拟研究 . 水利学报, (6):
8-12.

李碧清, 高洁, 白宇, 等 . 2004. 城市污水深度处理与流域健康水循环 . 低温建筑技术, (4): 67-68.

李建, 夏自强, 戴会超, 等 . 2013. 三峡初期蓄水对典型鱼类栖息地适宜性的影响 . 水利学报, 44 (8):
892-900.

李丽娟, 郑红星 . 2000. 海滦河流域河流系统生态需水量计算 . 地理学报, 55 (4): 495-500.

李瑞平, 史海滨, 赤江刚夫, 等 . 2009. 基于水热耦合的干旱寒冷地区冻融土壤水热盐运移规律研究 .
水利学报, 40 (4): 403-412.

李若男, 陈求稳, 吴世勇, 等 . 2010. 模糊数学方法模拟水库运行影响下鱼类栖息地的变化 . 生态学报,
30 (1): 128-137.

李述训, 程国栋 . 1996. 气候变暖条件下青藏高原高温冻土热状况变化趋势数值模拟 . 冰川冻土, (S1):
190-196.

李思忠 . 1981. 中国淡水鱼类的分布区划 . 北京: 科学出版社 .

李太兵 . 2009. 长江源典型多年冻土区小流域径流过程特征研究 . 兰州: 兰州大学硕士学位论文 .

李卫明, 陈求稳, 刘德富, 等 . 2014. 基于景观生态学指标的鱼类生境质量评价方法研究 . 长江科学院
院报, 31 (6): 7-11.

李艳梅, 曾文炉, 周启星 . 2009. 水生态功能分区的研究进展 . 应用生态学报, 20 (12): 3101-3108.

李文生, 许士国 . 2007. 流域水循环的人工影响因素及其作用 . 水电能源科学, 25 (4): 28-32.

林俊强, 彭期冬, 任杰, 等 . 2014. 赤水河与金沙江下游河段鱼类生境条件的相似性分析 . 淡水渔业 44
(6): 93-99.

刘昌明 . 1999. 中国 21 世纪水供需分析: 生态水利研究 . 中国水利, (10): 18-20.

刘昌明 . 2004. 黄河流域水循环演变若干问题的研究 . 水科学进展, 15 (5): 608-614.

刘昌明, 陈志恺 . 2002. 中国水资源现状评价和供需发展趋势分析 (中国可持续发展与水资源战略报告
集 第 2 卷) . 北京: 中国水利水电出版社 .

刘昌明, 何希吾 . 1996. 中国 21 世纪水问题方略 . 北京: 科学出版社 .

刘家宏, 秦大庸, 王浩, 等 . 2010. 海河流域二元水循环模式及其演化规律 . 科学通报, 55 (6):
512-521.

刘霞 . 1996. 土壤冻融过程中水、热、盐运移规律的实验研究 . 呼和浩特: 内蒙古农牧学院硕士学位
论文 .

刘星才, 徐宗学, 徐琛 . 2010. 水生态一、二级分区技术框架 . 生态学报, 30 (17): 4804-4814.

龙爱华, 王浩, 于福亮, 等 . 2011. 社会水循环理论基础探析 Ⅱ: 科学问题与学科前沿 . 水利学报, 42
(5): 505-513.

龙爱华 . 2008. 社会水循环理论方法与应用初步研究 . 北京: 中国水利水电科学研究院博士学位论文 .

卢红伟, 李嘉, 李永 . 2013. 中型山区河流水电站下游的鱼类生态需水量计算 . 水利学报, 44 (5):
505-514.

马丽, 顾显耀, 刘文泉, 等 . 1999. 长江三角洲气候的变化与社会经济管理系统 . 南京气象学院学报,
(S1): 558-564.

马溪平, 周世嘉, 张远, 等 . 2010. 流域水生态功能分区方法与指标体系探讨 . 环境科学与管理, 35

（12）：59-64，70.

马育军，李小雁，徐霖，等．2010．虚拟水战略中的蓝水和绿水细分研究．科技导报，28（4）：47-54.

孟伟，张远，郑丙辉．2007．水生态区划方法及其在中国的应用前景．水科学进展，18（2）：293-300.

牟丽琴．2008．冰川积雪区流域热力学水文模型研究．北京：清华大学博士学位论文.

裴源生，赵勇，张金萍，等．2008．广义水资源高效利用理论与核算．郑州：黄河水利出版社.

彭文启．2012．《全国重要江河湖泊水功能区划》的重大意义．中国水利，（7）：34-37.

钱春健．2008．从社会水循环概念看苏州水资源的开发利用现状．水利科技与经济，14（5）：377-378.

钱正英．2004．西北地区水资源配置生态环境建设和可持续发展战略研究．北京：科学出版社.

钱正英，张光斗．2001．中国可持续发展水资源战略研究．北京：中国水利水电出版社.

任静，李新．2011．水环境管理中现有水功能区划的研究进展．环境科技，24（6）：56-59.

桑连海，陈西庆，黄薇．2006．河流环境流量法研究进展．水科学进展，17（5）：754-760.

沈大军，杨小柳，王浩，等．1999．我国城镇居民家庭生活需水函数的推求及分析．水利学报，（12）：6-10.

沈永平，王根绪，吴青柏，等．2002．长江—黄河源区未来气候情景下的生态环境变化．冰川冻土，24（3）：308-314.

史晓燕，肖波，李建芬．2007．城市污水循环再生利用的环境效益及其应用状况．节水灌溉，（2）：28-31.

水利水电规划设计总院．2002．全国水资源综合规划技术大纲．北京：中华人民共和国水利部.

孙傅．2009．社会经济特征变化对城市给水管网的影响研究．北京：清华大学博士后出站报告.

孙嘉宁，张土乔，DavidZ. Zhu，等．2013．白鹤滩水库回水支流的鱼类栖息地模拟评估．水利水电技术，44（10）：17-22.

孙涛，杨志峰．2005．基于生态目标的河道生态环境需水量计算．环境科学，26（5）：43-48.

孙小银，周启星．2010．中国水生态分区初探．环境科学学报，30（2）：415-423.

唐涛，蔡庆华．2010．水生态功能分区研究中的基本问题．生态学报，30（22）：6255-6263.

田育红，任飞鹏，熊兴，等．2012．国内外水生态分区研究进展．安徽农业科学，40（1）：316-319.

汤奇成．1990．塔里木盆地水资源与绿洲建设．干旱区资源与环境，（3）：112-118.

王芳，王浩，陈敏建，等．2002．中国西北地区生态需水研究（2）——基于遥感和地理信息系统技术的区域生态需水计算及分析．自然资源学报，17（2）：129-137.

王根绪，程国栋，沈永平．2001．江河源区的生态环境变化及其综合保护研究．兰州：兰州大学出版社.

王根绪，李琪，程国栋，等．2001．40年来江河源区的气候变化特征及其生态环境效应．冰川冻土，23（4）：346-352.

王根绪，李元首，吴青柏，等．2006．青藏高原冻土区冻土与植被的关系及其对高寒生态系统的影响．中国科学D辑：地球科学，36（8）：743-754.

王浩．2007．中国可持续发展总纲（第4卷）：中国水资源与可持续发展．北京：科学出版社.

王浩，贾仰文，王建华，等．2004．黄河流域水资源演变规律与二元演化模型．北京：中国水利水电科学研究院.

王浩，龙爱华，于福亮，等．2011．社会水循环理论基础探析Ⅰ：定义内涵与动力机制．水利学报，42（4）：379-387.

王浩，王建华，秦大庸，等．2006．基于二元水循环模式的水资源评价理论方法．水利学报，37（12）：1496-1502.

王利民，程伍群，彭江鸿．2011．社会生产活动对流域水资源供需状况影响分析．南水北调与水利科技，9（3）：163-166.

王西琴，刘昌明，张远．2006．基于二元水循环的河流生态需水水量与水质综合评价方法——以辽河流域为例．地理学报，61（11）：1132-1140．

王晓巍，付强．2008．季节性冻土区流域水文模型研究初探//首届"寒区水资源及其可持续利用"学术研讨会论文集．黑龙江：黑龙江大学出版社．

王兴菊，许士国，李文义，等．2008．扎龙湿地季节性冻土冻融规律及其生态水文功能研究．大连理工大学学报，48（6）：897-903．

王哲，杨学军，柳林．2012．混合智能算法在需水预测模型中的应用．海河水利，（6）：48-50．

熊怡，张家祯．1995．中国水文区划．北京：科学出版社．

徐学祖，邓友生．1991．冻土中水分迁移的实验研究．北京：科学出版社．

徐学祖，王家澄，张立新．2001．冻土物理学．北京：科学出版社．

徐中民，龙爱华，张志强．2003．虚拟水的理论方法及在甘肃省的应用．地理学报，58（6）：861-869．

杨爱民，唐克旺，王浩，等．2008．中国生态水文分区．水利学报，39（3）：332-338．

杨战社，高照良．2007．城市生态住宅小区水资源循环利用研究．水土保持通报，27（3）：167-170．

杨针娘，刘新仁，曾群柱，等．2000．中国寒区水文．北京：科学出版社．

杨针娘，杨志怀，梁凤仙，等．1993．祁连山冰沟流域冻土水文过程．冰川冻土，15（2）：235-241．

杨志峰，于世伟，陈贺，等．2010．基于栖息地突变分析的春汛期生态需水阈值模型．水科学进展，21（4）：567-574．

杨志峰，张远．2003．河道生态环境需水研究方法比较．水动力学研究与进展（A辑），18（3）：294-301．

杨志怀，杨针娘，王强．1992．祁连山冰沟流域径流分析与估算．冰川冻土，14（3）：251-257．

姚治君，管彦平，高迎春．2003．潮白河径流分布规律及人类活动对径流的影响分析．地理科学进展，22（6）：599-606．

易雨君．2008．长江水沙环境变化对鱼类的影响及栖息地数值模拟．北京：清华大学博士学位论文．

尹民，杨志峰，崔保山．2005．中国河流生态水文分区初探．环境科学学报，25（4）：423-428．

袁弘任．2001．我国的水功能区划及其分级分类系统．中国水利，（7）：40-41，5．

袁一星，张杰，赵洪宾，等．2005．城市给水管网系统模型的校核．中国给排水，21（12）：44-46．

袁远．2004．北京市家庭生活用水规律与模拟模型研究．北京：北京化工大学硕士学位论文．

臧漫丹，诸大建．2006．基于循环经济理论的上海水资源治理模式研究．给水排水，32（3）：40-47．

曾祥琮．1990．中国内陆水域渔业区划．杭州：浙江科学技术出版社．

张光辉，刘少玉，张翠云，等．2004．黑河流域水循环演化与可持续利用对策．地理与地理信息科学，20（1）：63-66．

张建锋，祁水炳，王晓昌．2007．城镇供水价格调整对用水特征的影响．水资源保护，23（S1）：74-86．

张杰，熊必永，李捷．2006．水健康循环原理与应用．北京：中国建筑工业出版社．

张进旗．2011．海河流域水循环特征及人类活动的影响．河北工程技术高等专科学校学报，73（2）：8-11．

张日俊，董增川，郭慧芳．2010．基于支持向量机的鄱阳湖环湖区需水预测模型．水电能源科学，28（4）：22-23，35．

张世强，丁永建，卢健，等．2004．青藏高原土壤水热过程模拟研究（Ⅰ）：土壤湿度．冰川冻土，26（4）：384-388．

张世强，丁永建，卢健，等．2005．青藏高原土壤水热过程模拟研究（Ⅱ）：土壤温度．冰川冻土，27（1）：95-99．

张世强，丁永建，卢健，等．2005．青藏高原土壤水热过程模拟研究（Ⅲ）：蒸发量、短波辐射与净辐射通量. 冰川冻土, 27 (5): 645-648.

张炜, 李思敏, 孙广垠, 等. 2010. 雨水回用对城市水循环和下游生态环境的影响. 水利水电科技进展, 30 (3): 50-52.

张文鸽, 黄强, 蒋晓辉. 2008. 基于物理栖息地模拟的河道内生态流量研究. 水科学进展, 19 (2): 192-197.

张学真. 2005. 城市化对城市水文生态系统的影响及对策研究——以西安市为例. 西安: 长安大学博士学位论文.

张学成, 可素娟, 潘启民, 等. 2002. 黄河冰盖厚度演变数学模型. 冰川冻土, 24 (2): 203-205.

张雅君, 冯萃敏, 刘全胜. 2003. 北京城市用水系统流图的研究. 北京建筑工程学院学报, 19 (1): 28-32.

张银平, 谭海鸥, 陈奇, 等. 2012. 济宁市系统动力学需水预测模型研究. 中国农村水利水电, (5): 21-24.

赵松乔. 1983. 中国综合自然地理区划的一个新方案. 地理学报, 38 (1): 1-10.

郑丙辉, 邓义祥. 2010. 旧瓶装新酒: 水环境功能区如何修订? 环境保护, (17): 32-34.

郑作新. 1960. 中国动物地理区划和主要经济动物的分布. 动物学杂志, (4): 176 177, 154.

中国科学院自然区划工作委员会. 1959. 中国综合自然区划. 北京: 科学出版社.

中华人民共和国水利部. 2002. 中国水功能区划 (试行). 北京: 中华人民共和国水利部.

周剑, 李新, 王根绪, 等. 2008. 一种基于 MMS 的改进降水径流模型在中国西北地区黑河上游流域的应用. 自然资源学报, 23 (4): 724-736.

周启友. 2003. 从高密度电阻率成像法到三维空间上的包气带水文学. 水文地质工程地质, (6): 97-104.

周幼吾, 郭东信. 1982. 我国多年冻土的主要特征. 冰川冻土, 4 (1): 1-19, 95-96.

周祖昊, 王浩, 贾仰文, 等. 2011. 基于二元水循环理论的用水评价方法探析. 水文, 31 (1): 8-12, 25.

朱远生, 翁士创, 杨昆. 2011. 西江干流敏感生态需水量研究. 人民珠江, 32 (3): 1-2, 49.

诸葛亦斯, 刘德富, 谭红武. 2013. 鱼类栖息地流速适宜性曲线实验方法. 水利学报, 44 (S1): 1-7.

Falkenmark M. 2006. 人与自然和谐的水需求: 生态水文学新途径. 任立良, 束龙仓, 等译. 北京: 中国水利水电出版社.

Abell R, Thieme M L, Revenga C, et al. 2008. Freshwater ecoregions of the world: a new map of biogeographic units for freshwater biodiversity conservation. BioScience, 58 (5): 403-414.

Achleitner S, Möderl M, Rauch W. 2007. CITY DRAIN © - An open source approach for simulation of integrated urban drainage systems. Environmental Modelling & Software, 22 (8): 1184-1195.

Albert D A, Denton S R, Barnes B V. 1986. Regional landscape ecosystems of Michigan. School of Natural Resources, University of Michigan. Ann Arbor, 32.

Allan J A. 1993. Fortunately there are substitutes for water otherwise our hydro- political futures would be impossible. Priorities for water resources allocation and management. London: ODA.

Allan T. 1999. Productive efficiency and allocative efficiency: why better water management may not solve the problem. Agricultural Water Management, 40 (1): 71-75.

Armstrong D S, Parker G W, Richards T A. 2003. Evaluation of streamflow requirements for habitat protection by comparison to streamflow characteristics at index streamflow- gaging stations in southern New England. US Geological Survey.

Arunachalam M. 2000. Assemblage structure of stream fishes in the Western Ghats (India). Hydrobiologia, 430

（1-3）：1-31.

Austrian Standards Institute. 1997. Guidelines for the Ecological Survey and Evaluation of Flowing Surface Waters. Vienna：Austrian Standards Onormm 6232.

Bailey J, Jolly P K, Lacey R F. 1986. Domestic Water Use Patterns：Technical Report：225.

Bailey R G, Cushwa C T, Crowley J M. 1981. Ecoregions of North America, after the classification of JM Crowley. The Survey.

Bailey R G. 1976. Ecoregions of the United States 1：7 500 000. US Government Printing Office.

Bailey R G. 1996. Ecosystem Geography with Separate Maps of the Oceans and Continents at 1：80000000. New York：Springer-Verlag.

Baker J M, Spaans E J A. 1997. Mechanics of meltwater movement above and within frozen soil. Fairbanks, A K. Proceedings of the International Symposium on Physics, Chemistry, and Ecology of Seasonally Frozen Soils.

Beecher J A, Mann P C, Hegazy Y, et al. 1994. Revenue effects of water conservation and conservation pricing：Issues and practices. Columbus, OH：National Regulatory Research Institute.

Biggs B J F, Duncan M J, Jowett I G, et al. 1990. Ecological characterisation, classification, and modelling of New Zealand rivers：an introduction and synthesis. New Zealand Journal of Marine and Freshwater Research, 24 （3）：277-304.

Bittelli M, Flury M, Campbell G S. 2003. A thermodielectric analyzer to measure the freezing and moisture characteristic of porous media. Water Resources Research, 39 （2）：1041-1050.

Boavida I, Santos J M, Cortes R V, et al. 2011. Assessment of instream structures for habitat improvement for two critically endangered fish species. Aquatic Ecology, 45 （1）：113-124.

Burt T, Williams P J. 1976. Hydraulic conductivity in frozen soils. Earth Surface Processes, 1 （4）：349-360.

Cao Z, Qiu Y Q, Zhou Z H, et al. 2010. Water distribution of Songliao Basin in time and space//Tao J H, Chen Q W, Liong S Y. Proceedings of the 9th International Conference on Hydroinformatics. Beijing：Chemical Industry Press.

Chapman R J, Hinkley T M, Lee L C, et al. 1982. Impact of water level changes on woody riparian and wetland communities, volume X：index and addendum to volumes I- VIII/US Fish and Wildlife Service. Washington, DC：Department of the Interior.

Cheng H Y, Wang G X, Hu H C, et al. 2008. The variation of soil temperature and water content of seasonal frozen soil with different vegetation coverage in the headwater region of the Yellow River, China. Environmental Geology, 54 （8）：1755-1762.

Cherkauer K A, Lettenmaier D P. 1999. Hydrologic effects of frozen soils in the upper Mississippi River basin. Journal of Geophysical Research：Atmospheres, 104 （D16）：19599-19610.

Chèvre N, Guignard C, Rossi L, et al. 2011. Substance flow analysis as a tool for urban water management. Water Science and Technology：a Journal of the International Association on Water Pollution Research, 63 （7）：1341-1348.

Closs G E, Lake P S. 1996. Drought, differential mortality and the coexistence of a native and an introduced fish species in a south east Australian intermittent stream. Environmental Biology of Fishes, 47 （1）：17-26.

Dai Y J, Zeng Q C. 1997. A land surface model （IAP94） for climate studies part I：formulation and validation in off-line experiments. Advances in Atmospheric Sciences, 14 （4）：433-460.

Dai Y, Zeng X, Dickinson R E, et al. 2003. The common land model. Bulletin of the American Meteorological Society, 84 （8）：1013-1023.

de Jalón D G, Gortázar J. 2007. Evaluation of instream habitat enhancement options using fish habitat simulations：

case-studies in the river Pas (Spain). Aquatic Ecology, 41 (3): 461-474.

Dickinson R E, Henderson-Sellers A, Kennedy P J. 1993. Biosphere-Atmosphere Transfer Scheme (BATS) version 1e as coupled to the NCAR community Climate Model. Technique Note. NCAR/TN387+ STR. Boulder, CO.: National Center for Atmospheric Research.

Doran P T, McKay C P, Fountain A, et al. 2008. Hydrologic response to extreme warm and cold summers in the McMurdo Dry Valleys, East Antarctica. Antarctic Science, 20 (5): 499-509.

Dornes P F, Tolson B A, Davison B, et al. 2008. Regionalisation of land surface hydrological model parameters in subarctic and arctic environments. Physics and Chemistry of the Earth, Parts A/B/C, 33 (17-18): 1081-1089.

Espegren G D. 1996. Development of instream flow recommendations in Colorado using R2CROSS. Denver, Colorado, Water Conservation Board.

Falkenmark M. 1997. Society's interaction with the water cycle: a conceptual framework for a more holistic approach. Hydrological Sciences Journal, 42 (4): 451-466.

Fausch K D, Bestgen K R. 1997. Ecology of Fishes Indigenous to the Central and Southwestern Great Plains. Ecology and conservation of Great Plains vertebrates. New York: Springer.

Fisher S G. 1983. Stream Ecology. Boston: Springer.

Flerchinger G N, Saxton K E. 1989. Simultaneous heat and water model of a freezing snow-residue-soil system I. Theory and development. Transactions of the ASAE, 32 (2): 565-571.

Fox P, Rockström J. 2003. Supplemental irrigation for dry-spell mitigation of rainfed agriculture in the Sahel. Agricultural Water Management, 61 (1): 29-50.

Gannon R W, Osmond D L, Humenik F J, et al. 1996. Goal-oriented agricultural water quality legislation. Journal of the American Water Resources Association, 32 (3): 437-450.

Gleick P H. 1998. Water in crisis: paths to sustainable water use. Ecological Applications, 8 (3): 571-579.

Gore J A, King J M. 1989. Application of the revised physical habitat simulation (PHABSIM II) to minimum flow evaluations of South African rivers. Pretoria: Proceedings of the Fourth South African National Hydrological Symposium.

Gore J A, Nestler J M. 1988. Instream flow studies in perspective. Regulated Rivers: Research and Management, 2 (2): 93-101.

Greenberg L, Svendsen P, Harby A. 1996. Availability of microhabitats and their use by brown trout (Salmo trutta) and grayling (Thymallus thymallus) in the River Vojmån, Sweden. Regulated Rivers: Research and Management, 12 (23): 287-303.

Hansson K, Simunek J, Mizoguchi M, et al. 2004. Water flow and heat transport in frozen soil: numerical solution and freeze-thaw applications. Vadose Zone Journal, 3: 693-704.

Hardy M J, Kuczera G, Coombes P J. 2005. Integrated urban water cycle management: the urban cycle model. Water Science and Technology: a Journal of the International Association on Water Pollution Research, 52 (9): 1-9.

Harlan R L. 1973. Analysis of coupled heat-fluid transport in partially frozen soil. Water Resources Research, 9 (5): 1314-1323.

Hauer C, Unfer G, Schmutz S, et al. 2007. The importance of morphodynamic processes at riffles used as spawning grounds during the incubation time of nase (Chondrostoma nasus). Hydrobiologia, 579 (1): 15-27.

Hatfield T, Bruce J. 2000. Predicting Salmonid Habitat-Flow Relationships for Streams from Western North America. North American Journal of Fisheries Management, 20 (4): 1005-1015.

Hemsley F B, Wright J F, Sutcliffe D W, et al. 2000. Classification of the biological quality of rivers in England and Wales. Assessing the biological quality of fresh waters: RIVPACS and other techniques. Oxford: Proceedings of An International Workshop.

Horiguchi K, Miller R D. 1983. Hydraulic Conductivity of Frozen Earth Materials. Proc. 4th Intl. Conf. Permafrost. Natl. Acad. Press.

Hu P, Zhou Z H, Jia Y W, et al. 2010. The research of distributed hydrology model in frozen soil area//Tao J H, Chen Q W, Liong S Y. Proceedings of the 9th International Conference on Hydroinformatics. Beijing: Chemical Industry Press.

Hughes R M, Larsen D P. 1988. Ecoregions: an approach to surface water protection. Journal (Water Pollution Control Federation), 60 (4): 486-493.

Hämäläinen R, Kettunen E, Marttunen M, et al. 2001. Evaluating a framework for multi- stakeholder decision support in water resources management. Group Decision and Negotiation, 10 (4): 331-353.

IPCC. 2007. Climate Change Synthesis Report. Cambridge: Cambridge University Press.

Jame Y W, Norum D I. 1980. Heat and mass transfer in a freezing unsaturated porous medium. Water Resources Research, 16 (4): 811-819.

Jeppesen J, Christensen S, Ladekarl U L. 2011. Modelling the historical water cycle of the Copenhagen area 1850-2003. Journal of Hydrology, 404 (3-4): 117-129.

Junk W J, Bayley P B, Sparks R E. 1989. The flood pulse concept in river-floodplain systems. Canadian Special Publication of Fisheries and Aquatic Sciences, 106 (1): 110-127.

Kallis G, Butler D. 2001. The EU water framework directive: measures and implications. Water Policy, 3 (2): 125-142.

Kang S. 1997. The controlled alternative irrigation- A new approach for water saving regulation in farm land. Agricultural Research in the Arid Areas, 15 (1): 1-6.

Karim K, Gubbels M E, Goulter I C. 1995. Review of determination of instream flow requirements with special application to Australia. Journal of the American Water Resources Association, 31 (6): 1063-1077.

Karr J R, Dudley D R. 1981. Ecological perspective on water quality goals. Environmental Management, 5 (1): 55-68.

Keating B A, Gaydon D, Huth N I, et al. 2002. Use of modelling to explore the water balance of dryland farming systems in the Murray- Darling Basin, Australia. European Journal of Agronomy, 18 (1-2): 159-169.

Kecman J, Kelman R. 2002. Water allocation for production in a semi-arid region. Nternational Journal of Water Resources Development, 18 (3): 391-407.

King J M, Gorgens A H M, Holland J. 1995. In search for ecologically meaningful low flows in Western Cape streams. Grahamstown, South Africa: Proceedings of the Seventh South African National Hydrological Symposium.

Kitanidis P K. 1994. The concept of the dilution index. Water Resources Research, 30 (7): 2011-2026.

Koopmans R W R, Miller R D. 1966. Soil freezing and soil water characteristic curves 1. Soil Science Society of America Journal, 30 (6): 680-685.

Koren V, Schaake J, Mitchell K, et al. 1999. A parameterization of snow pack and frozen ground intended for NCEP weather and climate models. Journal of Geophysical Research Atmospheres, 1041 (D16): 19569-19585.

Kondolf G M, Larsen E W, Williams J G. 2000. Measuring and Modeling the Hydraulic Environment for Assessing Instream Flows. North American Journal of Fisheries Management, 20 (4): 1016-1028.

Kuchment L S, Gelfan A N, Demidov V N. 2000. A distributed model of runoff generation in the permafrost regions. Journal of Hydrology, 240 (1): 1-22.

Lekkas D, Manoli E. 2008. Integrated urban water modelling using the aquacycle model. Global NEST Journal, 10 (3), 310-319.

Lindström G, Bishop K, Löfvenius M O. 2002. Soil frost and runoff at Svartberget, northern Sweden——measurements and model analysis. Hydrological Processes, 16 (17): 3379-3392.

Livesley S J, Dougherty B J, Smith A J, et al. 2010. Soil-atmosphere exchange of carbon dioxide, methane and nitrous oxide in urban garden systems: impact of irrigation, fertiliser and mulch. Urban Ecosystems, 13 (3): 273-293.

Loucks O L. 1962. A forest classification for the Maritime Provinces. Proceedings of the Nova Scotian Institute of Science, 25: 1958-1962.

Lundin L C. 1990. Hydraulic properties in an operational model of frozen soil. Journal of Hydrology, 118 (1-4): 289-310.

Mannina G, Freni G, Viviani G, et al. 2006. Integrated urban water modelling with uncertainty analysis. Water Science & Technology, 54 (6-7): 379-386.

McCaulcy C A, White D M, Lilly M R, et al. 2002. A comparison of hydraulic conductivities, permeabilities and infiltration rates in frozen and unfrozen soils. Cold Regions Science and Technology, 34 (2): 117-125.

Mellander P E, Stähli M, Gustafsson D, et al. 2006. Modelling the effect of low soil temperatures on transpiration by Scots pine. Hydrological Processes, 20 (9): 1929-1944.

Merrett S. 1997. Introduction The Economics of Water Resources. London: University College London Press.

Merrett S. 2004a. The demand for water: four interpretations. Water International, 29 (1): 27-29.

Merrett S. 2004b. Integrated water resources management and the hydrosocial balance. Water International, 29 (2): 148-157.

Meneses M, Pasqualino J C, Castells F. 2010. Environmental assessment of urban wastewater reuse: Treatment alternatives and applications. Chemosphere, 81 (2): 266-272.

Miller R D. 1980. Application of Soil Physics. New York: Acdemic Press.

Minckley W L. 1995. Translocation as a tool for conserving imperiled fishes: experiences in western United States. Biological Conservation, 72 (2): 297-309.

Mitchell V G, Mein R G, McMahon T A. 2001. Modelling the urban water cycle. Environmental Modelling and Software, 16 (7): 615-629.

Mitchell V G, Diaper C. 2005. UVQ: A tool for assessing the water and contaminant balance impacts of urban development scenarios. Water Science and Technology, 52 (12): 91-98.

Montgomery W L, McCormick S D, Naiman R J, et al. 1983. Spring migratory synchrony of salmonid, catostomid, and cyprinid fishes in Rivière á la Truite, Québec. Canadian Journal of Zoology, 61 (11): 2495-2502.

Moog O, Schmidt-Kloiber A, Ofenböck T, et al. 2004. Does the ecoregion approach support the typological demands of the EU 'Water Framework Directive'? Integrated assessment of running waters in Europe. Dordrecht: Springer.

Molders N, Walsh J E. 2004. Atmospheric response to soil frost and snow in Alaska in March. Theoretical and Applied Climatology, 77: 77-115.

Murase M. 2004. Establishment of sound water cycle systems: developing hydrological cycle evaluation indicators. Special Features: Water Management. http://www.nilim.go.jp/english/report/annual2004/p050-053.pdf.

Mölders N, Walsh J E. 2004. Atmospheric response to soil frost and snow in Alaska in March. Theoretical and

Applied Climatology, 77 (1-2): 77-105.

Narayanan R, Larson D T, Bishop A B, et al. 1983. An economic evaluation of benefits and costs of maintaining instream flows. Utah Water Research Laboratory, Water Resources Planning Series.

Nesler T P, Muth R T, Wasowicz A F. 1988. Evidence for baseline flow spikes as spawning cues for Colorado squawfish in the Yampa River, Colorado. American Fisheries Society Symposium, 5: 68-79.

Newcastle Environment Advisory Panel (NEAP). 2004. A sustainable urban water cycle policy for Newcastle. Australia: Newcastle City Council.

Newman G P, Wilson G W. 1997. Heat and mass transfer in unsaturated soils during freezing. Canadian Geotechnical Journal, 34 (1): 63-70.

Naesje T F, Jonssons B, Skurdal J. 1995. Spring flood: a primary cue for hatching of river spawning Coregoninae. Canadian Journal of Fisheries and Aquatic Sciences, 52 (10): 2190-2196.

Omernik J M, Gallant A L. 1989. Defining regions for evaluating environmental resources. US EPA Environmental Research Laboratory.

Omernik J M. 1987. Ecoregions of the conterminous United States. Annals of the Association of American Geographers, 77 (1): 118-125.

Oogathoo S. 2006. Runoff Simulation in the Canagagigue Creek Watershed using the MIKE SHE Model. McGill University.

Pasqualino J, Meneses M, Castells F. 2010. Life cycle assessment of urban wastewater reclamation and reuse alternatives. Journal of Industrial Ecology, 15 (1): 49-63.

Pauwels V R N, Wood E F. 1999. A soil vegetation-atmosphere transfer scheme for the modeling of water and energy balance processes in high latitudes 1: Model improvements. Journal of Geophysical Research Atmospheres, 104 (D22): 27811-27822.

Poutou E, Krinner G, Genthon C, et al. 2004. Role of soil freezing in future boreal climate change. Climate Dynamics, 23 (6): 621-639.

Puckridge J T, Sheldon F, Walker K F, et al. 1998. Flow variability and the ecology of large rivers. Marine and Freshwater Research, 49 (1): 55-72.

Quinton W L, Carey S K. 2008. Towards an energy-based runoff generation theory for tundra landscapes. Hydrological Processes, 22 (23): 4649-4653.

Rawlins M A. 2006. Characterization of the spatial and temporal variability in pan-Arctic, terrestrial hydrology. Durham University of New Hampshire.

Rauch W, Bertrand-Krajewski JKrebs P, Mark, et al. 2002. Deterministic Modelling of Integrated Urban Drainage Systems. Water Science & Technology. 45 (3). 81-94.

Reeves G H, Benda L E, Burnett K M, et al. 1995. A disturbance-based ecosystem approach to maintaining and restoring freshwater habitats of evolutionarily significant units of anadromous salmonids in the Pacific Northwest. American Fisheries Society Symposium, 17: 334-349.

Report I F A. 2007. IPCC Fourth Assessment Report, Synthesis Report: Summary for Policymakers. Intergovernmental Panel on Climate Change.

Richter B, Baumgartner J, Wigington R, et al. 1997. How much water does a river need. Freshwater Biology, 37 (1): 231-249.

Richard M, Anthony R T. 2003. The Hydrosocial Contract Theory and the Lesotho Highlands Water Project. Water Policy. 5 (2). 115-126.

Rosegrant M W, Ringler C, McKinney D C, et al. 2000. Integrated economic-hydrologic water modeling at the basin scale: The Maipo River basin. Agricultural Economics, 24 (1): 33-46.

Scott C A, Silva-Ochoa P. 2002. Collective action for water harvesting irrigation in the Lerma-Chapala Basin, Mexico. Water Policy, 3 (6): 555-572.

Seegrist D W, Gard R. 1972. Effects of floods on trout in Sagehen Creek, California. Transactions of the American Fisheries Society, 101 (3): 478-482.

Sparks R E. 1992. Risks of altering the hydrologic regime of large rivers. Predicting Ecosystem Risk, 20: 119-152.

Sparks R E. 1995. Need for ecosystem management of large rivers and their floodplains. BioScience, 45 (3): 168-182.

Stähli M, Jansson P E, Lundin L C. 1999. Soil moisture redistribution and infiltration in frozen sandy soils. Water Resources Research, 35 (1): 95-103.

Slater A G, Pitman A J, Desborough C E. 1998. Simulation of freeze-thaw-cycles in a general circulation model land surface scheme. Journal of Geophysical Research, 103 (D10): 11303-11312.

Takata K, Kimoto M. 2000. A numerical study on the impact of soil freezing on the continental-scale seasonal cycle. Journal of the Meteorological Society of Japan, 78 (3): 199-221.

Taylor G S, Luthin J N. 1978. A model for coupled heat and moisture transfer during soil freezing. Canadian Geotechnical Journal, 15 (4): 548-555.

Tennant D L. 1976. Instream flow regimens for fish, wildlife, recreation and related environmental resources. Fisheries, 1 (4): 6-10.

Tharme R E. 2003. A global perspective on environmental flow assessment: emerging trends in the development and application of environmental flow methodologies for rivers. River Research and Applications, 19 (5-6): 397-441.

Trépanier S, Rodriguez M A, Magnan P. 1996. Spawning migrations in landlocked Atlantic salmon: time series modelling of river discharge and water temperature effects. Journal of Fish Biology, 48 (5): 925-936.

Turton A R, Schreiner B, Leestemaker J. 2001. Feminization as a critical component of the changing hydrosocial contract. Water Science & Technology, 43 (4): 155-63.

Walsh C. 2011. Managing urban water demand in neoliberal northern Mexico. Human Organization, 70 (1): 54-62.

Warrach K, Mengelkamp H T, Raschke E. 2001. Treatment of frozen soil and snow cover in the land surface model SEWAB. Theoretical and Applied Climatology, 69 (1-2): 23-37.

Watanabe K, Flury M. 2008. Capillary bundle model of hydraulic conductivity for frozen soil. Water Resources Research, 44 (12): 29-37.

Watanabe K, Ito M. 2008. In situ observation of the distribution and activity of microorganisms in frozen soil. Cold Regions Science and Technology, 54 (1): 1-6.

Welcomme R L. 1979. Fisheries Ecology of Floodplain Rivers. London: Longman.

Wells F, Newall P. 1997. An examination of an aquatic ecoregion protocol for Australia. ANZECC Secretariat.

Wharton C H, Lambour V W, Newsom J, et al. 1981. The fauna of bottomland hardwoods in southeastern United States. Developments in Agricultural and Managed Forest Ecology. Elsevier, 11: 87-160.

White R G. 1976. A methodology for recommending stream resource maintenance flows for large rivers. Maryland Bethesda: Proceedings of the Symposium and Specialty Conference on Instream Flow Needs II.

Whitaker S. 1999. The Method of Volume Averaging. Dordrecht: Springer.

Williams D D, Hynes H B N. 1977. Benthic community development in a new stream. Canadian Journal of

Zoology, 55 (7): 1071-1076.

Yamazaki Y, Kubota J, Ohata T, et al. 2006. Seasonal changes in runoff characteristics on a permafrost watershed in the southern mountainous region of eastern Siberia. Hydrological Processes, 20 (3): 453-467.

Zhao L T, Gray D M, Male D H. 1997. Numerical analysis of simultaneous heat and mass transfer during infiltration into frozen ground. Journal of Hydrology, 200 (1-4): 345-363.